服务计算系列教材丛书

服务互联网运行原理与实践

王菁　王桂玲　韩燕波　等著

電子工業出版社
Publishing House of Electronics Industry
北京・BEIJING

内 容 简 介

本书是国家重点研发计划“现代服务业共性关键技术研发及应用示范专项”中的“服务互联网理论与技术研究”项目有关服务互联网理论和技术介绍的系列图书之一。本书作者是承担和参与项目课题“服务互联网云平台的运行机制与演化技术”的主要人员。本书内容主要聚焦于服务互联网运行环境及其机制，通过系统地分析服务互联网运行环境的需求及特性，对服务互联网运行的相关基本概念、运行原理、关键技术和应用案例进行系统介绍。

本书的读者对象包括：分布式系统、软件工程、网络计算、服务计算、互联网服务、互联网应用、中间件与软件集成等相关方向的研究生和教师；想更新知识和跟上 IT 进步，深入了解服务互联网基本原理和关键技术的业界专业人士；从事与服务互联网应用集成的行业信息化专业相关工作的人员和管理者。

未经许可，不得以任何方式复制或抄袭本书之部分或全部内容。
版权所有，侵权必究。

图书在版编目（CIP）数据

服务互联网运行原理与实践 / 王菁等著. —北京：电子工业出版社，2022.6

（服务计算系列教材丛书）

ISBN 978-7-121-43286-6

Ⅰ. ①服… Ⅱ. ①王… Ⅲ. ①物联网－高等学校－教材 Ⅳ. ①TP393.4②TP18

中国版本图书馆 CIP 数据核字（2022）第 061130 号

责任编辑：米俊萍
印　　刷：北京虎彩文化传播有限公司
装　　订：北京虎彩文化传播有限公司
出版发行：电子工业出版社
　　　　　北京市海淀区万寿路 173 信箱　　邮编：100036
开　　本：720×1 000　1/16　印张：18.5　字数：346 千字
版　　次：2022 年 6 月第 1 版
印　　次：2024 年 1 月第 4 次印刷
定　　价：99.00 元

凡所购买电子工业出版社图书有缺损问题，请向购买书店调换。若书店售缺，请与本社发行部联系，联系及邮购电话：（010）88254888，88258888。

质量投诉请发邮件至 zlts@phei.com.cn，盗版侵权举报请发邮件至 dbqq@phei.com.cn。

本书咨询联系方式：mijp@phei.com.cn。

丛书指导委员会

陈俊亮、吴朝晖

丛书编委会主任

尹建伟、徐晓飞

丛书编委会委员

冯志勇、李　兵、王忠杰
王尚广、邓水光、刘譞哲

总 序

服务是人类永恒的话题。人类的社会大分工、个人欲望往往大于个人能力的现实，决定了人类“服务”消费的必然性。不同学科对服务有不同的认知，经济学认为服务是一种非物质性价值交换的经济活动；管理学认为服务是一次可消费、易消失的价值集合；计算机学科认为服务是一种软件功能或软件功能的集合，这些功能可以被不同的客户重用，满足不同的功能需求，并能根据策略控制功能行为。综合多个学科，我们认为，服务是为了满足消费主体精神、信息或物质需求，服务提供主体依托服务载体提供的无形的、有价值的交互行为及过程。

服务消费的必然性决定了服务业的长期存在。从古代的驿站到近代的邮差，从现代教育、传统金融再到以“互联网+”为代表的服务业，均属于服务业的范畴。现代服务业是信息和知识相对密集的服务业，包括因信息技术高速发展而产生的新兴服务业、传统服务业通过技术改造升级和经营模式更新而产生的升级服务业，以及服务业与传统产业融合而孵化的融合服务业。在新一轮科技革命与传统产业深度融合、数字经济蓬勃发展的今天，以数字服务为代表的现代服务业更成为服务业未来发展的重要方向和必然选择。

服务科学与工程是现代服务业的基础学科。早在 2004 年，IBM 就率先在中国提出服务科学与管理工程（SSME）的概念，包括服务经济、服务管理、服务计算等多个方面。服务计算是服务科学与工程的重要内容，是从计算机的视角研究业务服务与软件服务演化规律、定量分析、构造管理等计算方法的新兴交叉学科，也是 IEEE 计算机科学 15 个基础学科方向之一（代码 M），得到了来自美国、澳大利亚、日本、欧洲众多学者的关注。服务计算源于软件工程与分布式计算，从软件工程视角看，服务计算是面向开放、动态、多变的互联网环境而提出的一套以服务为核心的软件方法体系；从分布式计算视角看，服务计算是从面向对象和面向构件的计算演化而来的，是以服务间实现分布式协作为目标的计算模式。

过去 20 年，是服务计算学科高速发展和迅速成型的 20 年，也是服务计算广泛应用的 20 年。服务计算知识体系基本形成，主要包括：①服务学，研究服务科学理论、新型服务模型、服务认知机理、服务本质科学规律等；②服务计算理论与方法，研究服务模式计算、服务需求、服务生态体系、服务业务分析、服务流程构造与演化、服务编排与协同、服务选择、服务发现、服务推荐、服务组合方法、服务质量管理、服务业务管理与集成等；③服务系统与工程 ，研究服务基础设施、面向服务的体系结构、服务网络、微服务与容器、服务监控与优化、复杂服务系统构造与演化、软硬件协同的服务系统等；④服务管理与服务经济，研究服务价值理论、服务管理方法、服务经济学规律等；⑤新技术催生的新兴服务，包括跨界服务、大服务、云服务、物联网服务、5G 服务、认知服务、移动服务、边缘服务等；⑥ 服务+，即服务技术与领域应用技术融合衍生的各类应用服务，包括治理体系现代化服务、互联网服务、现代金融服务、医疗健康服务、现代教育服务、养老服务、服务型制造等。

知识体系的成熟、应用的发展与推动，也使得我国在服务计算领域的人才培养、学科建设及科学研究取得长足进步。早在 2006 年，浙江大学就设立了我国第一个“电子服务”博士点，北京大学也在同期开展了服务科学与工程人才的培养。2020 年，“服务科学与工程”专业首次获教育部批准，哈尔滨工业大学（威海）率先在国内设立“软件服务工程”本科专业。2020 年，教育部也组织专家开展了“服务科学”的战略研究；2011 年，国务院学位委员会在软件工程一级学科下设立了“软件服务工程”二级学科。

我国服务计算的研究已成为国际上引领推动服务计算研究的重要力量。在北京邮电大学陈俊亮院士的倡议下，中国计算机学会服务计算专委（CCF Technical Committee on Service Computing，CCF TCSC）于 2010 年 1 月在北京成立，并快速成为我国从事服务计算研究的学者的高层次学术交流平台，是一个特色鲜明的研究社区。我国学者先后提出了跨界服务、大服务、服务模式计算等原创性服务计算基础理论，并在服务推荐、服务组合、服务演化等服务计算的经典领域取得了多项世界一流的创新成果，中国学者已经成为

ICSOC/IEEE ICWS/IEEE SCC/IEEE SERVICES 几个顶尖国际会议及 *IEEE Transactions on Service Computing* 期刊的重要研究力量。国家自然科学基金委于 2016 年也在杭州举办了“服务科学跨学科研讨”第 166 期双清论坛，从计算机、经济、管理等多学科交叉角度对服务科学开展了研讨。

“服务计算系列教材丛书”正是在上述背景下，汇聚全国服务计算研究的优势单位和优秀学者编撰而成的。本丛书规划涵盖服务计算基础理论、模型、方法、技术、平台和应用等各方面，将陆续出版《服务计算导论》《服务计算十讲》《跨界服务融合》《大服务》《服务互联网》《移动边缘服务》《健康养老服务》《智慧金融服务》等特色教材与专著，旨在为我国服务计算学科的人才培养、科学研究和学科建设提供基础的教学参考书、研究指导书。

尹建伟

CCF 服务计算专委主任

前 言

随着人类社会进入“服务经济”时代，各类服务产业迅速发展，在云计算、大数据、物联网、移动计算等技术的支撑和驱动下，以互联网为载体提供的服务已经十分普遍，服务资源不断丰富，海量服务之间的互联互通形成服务互联网。服务互联网是由跨网跨域跨世界的服务构成的复杂服务网络形态，支持大规模顾客的个性化服务需求。服务互联网的发展对未来互联网、社会和国民经济的发展具有重要的意义，被认为是未来互联网和网络化社会的支柱之一，是打造新的信息化社会基础设施，支持现代服务业、服务型制造业、服务型社会可持续发展的动力引擎。

本书是国家重点研发计划“现代服务业共性关键技术研发及应用示范专项”中的“服务互联网理论与技术研究”项目有关服务互联网理论和技术介绍的系列图书之一。本书作者是承担和参与项目课题“服务互联网云平台的运行机制与演化技术”的主要人员。相比传统的服务应用技术，在日益复杂的服务世界及其网络环境下，服务互联网的内在机制、形态与性质的认识，服务互联网的建模、设计与构建、运行与性能优化等都面临新的挑战。其中，在服务互联网系统运行保障方面，所面临的主要挑战是如何建立灵活、易重构、易管理的服务互联网可靠运行支撑基础环境，如何进行服务互联网的运行优化控制与调度，实现可持续在线的性能优化，保障服务互联网的可靠运行。本书内容主要聚焦于服务互联网运行环境及其机制，是本书作者在近几年研究开发成果及应用实践的基础上，结合“服务互联网云平台的运行机制与演化技术”课题研究，从运行机制角度对服务互联网的认识、理解与研究成果的归纳。

本书通过系统地分析服务互联网运行环境的需求及特性，从服务互联网运行环境的体系结构、服务空间、服务智能交付交互、服务方案运行时演化、服务方案的云边端去中心执行与可靠性保障等方面，对服务互联网运行的相关基本概念、运行原理和关键技术进行系统介绍，并对作者所在团队研发的相关产品及应用案例进行介绍，希望抛砖引玉，为服务互联网运行环境的研究及开发人员提供些许指导与参考。

全书共 8 章。第 1 章和第 2 章为基础部分。其中，第 1 章主要从概况的角度介绍关于服务互联网运行环境的基本概念与机制研究的背景和意义，分析服务互联网运行环境面临的需求和挑战；第 2 章介绍与服务互联网运行原理及实践相关的基本概念和基本技术，作为后继章节的铺垫。第 3 章至第 7 章为原理部分。其中，第 3 章介绍服务互联网运行环境的体系结构；第 4 章介绍服务资源的组织和管理的概念、方法和算法等；第 5 章介绍服务智能交付交互的概念、方法及算法等；第 6 章介绍服务方案运行时演化方法；第 7 章介绍服务方案的云边端去中心执行与可靠性保障机制。第 8 章为实践部分，介绍服务互联网运行环境——服务互联网运行平台的实现，以及服务互联网运行平台在科技服务业中的应用案例，为读者开展服务互联网应用工作提供参考。

本书主要由王菁、王桂玲、刘晨、丁维龙、杨中国、高晶、杨冬菊、李寒、喻坚撰写。其中，王桂玲主要撰写了第 1 章、第 3 章、4.1～4.3 节，王菁主要撰写了第 6 章和 2.1、2.2、8.1.1 及 8.1.5 节，刘晨主要撰写了第 5 章和 8.1.4 节，丁维龙主要撰写了 2.3、7.1、7.3.2、7.4、7.5 节，杨中国主要撰写了 7.2、7.3.1、8.1.3.1 节，并和丁维龙合作撰写了 8.1.3.2 节，高晶主要撰写了 8.2 节，杨冬菊主要撰写了 8.1.2 节，李寒主要撰写了 8.1.6 节，奥克兰理工大学的喻坚和王桂玲合作撰写了 4.4 节。王菁负责了全书内容的校对和完善，韩燕波教授整体组织了本书的内容及结构，并对本书关键内容进行把关。硕士研究生焦博扬、叶盛、曹嘉琛、袁云静、栗倩文、陈高建、刘雯、胡建行、李修贤、刘霁、吕博等参与了本书的资料整理、部分内容撰写、校对、绘图及实例验证。奥克兰理工大学 Olayinka Adeleye 博士参与了本书 4.4 节实验的验证。

本书所介绍的相关研发产品是在北方工业大学数据工程研究院、大规模流数据集成与分析技术北京市重点实验室韩燕波教授、赵卓峰研究员带领下全体人员努力的结果。本书得到了国家重点研发计划项目“服务互联网理论与技术研究”（2018YFB1402500）课题“服务互联网云平台的运行机制与演化技术”的资助。

本书在写作过程中得到了哈尔滨工业大学徐晓飞教授的大力指导与

帮助，得到了中国计算机学会服务计算专委的大力支持，还得到了清华大学范玉顺教授、哈尔滨工业大学王忠杰教授、清华大学黄双喜老师、哈尔滨工业大学徐汉川老师、哈尔滨工业大学涂志莹老师、中科院软件所王焘老师等许多师友的帮助，在这里无法一一列举，谨向他们表示真挚的感谢。

电子工业出版社的编辑董亚峰、米俊萍对本书的出版给予了大力帮助，尤其是米俊萍为此书的出版付出了巨大的努力，在此表示衷心的感谢！

由于作者水平有限，书中难免存在不足之处，欢迎广大读者批评指正。

作 者
2022年5月

目　录

第 1 章

服务互联网运行环境与机制概述

人类社会已进入“服务经济”时代，以互联网为载体提供的服务已经十分普遍，各类服务互相关联，跨网跨域跨世界的服务构成复杂服务网络形态，形成服务互联网。服务互联网的发展对未来互联网、社会和国民经济的发展具有重要的意义，它被认为是未来互联网和网络化社会的支柱之一，是打造新的信息化社会基础设施和支持现代服务业、服务型制造业、服务型社会可持续发展的“动力引擎”。然而，服务互联网给信息技术带来了诸多挑战。本章是关于服务互联网运行环境与机制的概述。本章首先介绍了服务互联网运行环境的基本概念与机制研究的背景和意义，其次分析了服务互联网运行环境面临的需求和挑战，最后介绍了本书的主要内容。

1.1 背景与意义

自 20 世纪 60 年代起，人类社会就已进入“服务经济”时代。2018 年，全球服务业产出在整个经济中的比重已经上升到 69%；2019 年，我国服务业占国内生产总值的比重为 53.9%，对国民经济增长的贡献率为 60.3%。以互联网为载体提供的服务已经十分普遍，从日常生活中的出行服务、电子商务中的支付和金融服务，到产品制造中的网络化协同制造服务，再到科技服务业中的第三方/第四方科技中介服务，传统线下服务基于互联网逐步演化，与线上服务融为一体，各类服务互相关联，给各行各业带来新的便利、新的价值。互联网已经从过去实现网络互联、网页互联、应用程序互联的载体，发展成一个各类应用程序及应用服务开发和运行的平台、一个提供服务的超大型商业平台、一个人类协同从事生产生活的场所、一个表现为“人类社会—信息空间—物理世界”的三元空间乃至“人—物理世界—智能机器—虚拟信息世界”的四元空间的主要载体。

在这种背景下，“服务互联网”（internet of services, IoS）的概念产生了。服务互联网是由跨网跨域跨世界的服务构成的复杂服务网络形态。相比于传统服务系统，服务互联网中存在多种智能物种（人类、机器及二者的融合），服务互联网的服务互联互通性、服务泛在普适性、服务聚合集成性、服务定制个性化、服务质量和顾客满意度、服务可信性等特征给信息技术带来了诸多挑战，目前针对服务互联网的本质规律、工程设计方法、运行机制与演化技术等还缺少系统的研究、梳理和归纳，服务互联网的本质和关键技术仍旧是探索中的问题（徐晓飞等 2011）。

本书主要对服务互联网上述挑战性问题和关键技术中的一个方面，即服务互联网运行环境及其机制展开讨论，并从服务互联网运行环境的体系结构、服务空间、服务智能交付交互、服务方案运行时演化及服务方案的云边端去中心执行与可靠性保障等方面对服务互联网运行的相关基本概念、服务互联网运行原理和平台关键技术进行系统介绍。本书是国家重点研发计划“现代服务业共性关键技术研发及应用示范专项”中的“服务互联网理论与技术研究”项目输出的有关服务互联网理论和技术介绍的系列图书之一。本书作者是承担和参与“服务互联网云平台的运行机制与演化技术”这一项目课题的主要人员。本书是作者在项目课题开展过程中，从运行机制角度对服务互联网的认识理解与研究成果的归纳。

1.1.1 服务的基本概念与发展趋势

服务有很多定义。《新牛津英语词典》将“服务”定义为“为他人提供帮助或做事情的活动”，将“服务提供者”定义为提供服务的人或物，使用服务的对象则是“服务消费者”。

从信息技术的角度，我们可以通过服务在计算价值链上的位置来理解服务。根据当前计算价值链发展演进的过程，服务位于最顶端（Bouguettaya et al. 2017）。如图 1-1 所示，位于计算价值链最底层的是“数据”。早期的计算面临的主要挑战是如何将待交换和传输的信息表示为机器可读、可处理的二进制形式，也就是信息技术视角的“数据”。可以将这种计算称为“数据计算”。当机器具有对数据进行采集、存储、计算的能力之后，就可以通过对数据进行抽象、组织，建立适合的模型来对其进行加工处理，将无意义的二进制数据转化为用来区分不同事物、表达不同事实的符号，即“信息”。可以将这种计算称为“信息计算”。在信息计算之上，计算的更高级抽象形式是对信息的解释，即知识的表示和推理，可以称之为“知识计算”。当前，计算机已经具备了获取知识并应用知识推理的初步能力，即拥有了一定程度的机器智能。人们在不断完善机器智能、追求更高智能的过程中认识到，在知识计算之上，更高层次的需求是在知识中加入行为或活动，形成服务，这也是一种比仅拥有知识更高层次的智能。服务是为了满足人类基于知识开展活动、基于知识为他人提供有价值的劳动的需要。服务为知识提供了一种实现并交付其价值的方式和方法。仅仅使机器拥有知识是不够的，重要的是采取行动、执行活动以给人类带来益处。因此，目前，服务被认为是位于计算价值链的最顶端。

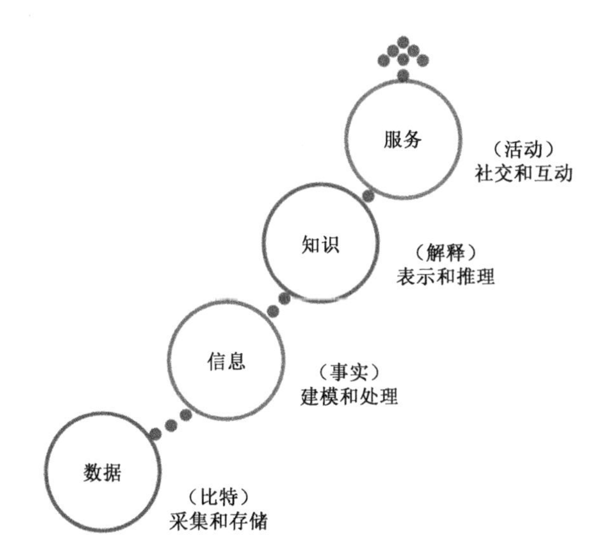

图 1-1 从计算价值链的演进角度理解服务的概念（Bouguettaya et al. 2017）

在信息技术领域，相关研究者早在 20 世纪末就开始了对服务计算的研究，迄今已经有 20 多年的历史。

服务计算旨在支持服务的创建和交付。服务计算早期的发展和 Web 服务技术紧密相关。Web 服务是将互联网从一个信息和功能提供平台发展成一个分布式计算平台、一个应用程序及应用服务开发和运行平台的基础技术。可以简单地把 Web 服务理解为部署在 Web 上的一种软件构件，它具有良好的互操作性，基于任何平台/编程语言的应用都可以采用标准的互联网技术和协议方便地访问 Web 服务。在服务计算早期的发展中，一系列以 Web 服务为基础的技术标准规范被提出并被各大厂商采纳，企业软/硬件产品均以定制化 Web 服务的形式提供。

随着互联网公司进行商业实践及云计算的出现和发展，服务计算逐步深化，服务也有了新的形式。云计算使在互联网上建立大规模数据中心等 IT 基础设施，以及通过面向服务的商业模式为各类用户提供计算、存储、平台和服务等各种资源成为可能。服务部署在多个数据中心构成的云端（云服务），用户通过互联网使用服务，服务和用户之间可达成细粒度的服务质量保障协议，云端统一对服务所需要的计算、存储、带宽资源进行资源共享和优化，并且能够根据实际负载进行性能扩展。云服务成为实现资源池化和业务资产服务化的主要手段，得到广泛应用。

近年来，随着与大数据、物联网、人工智能等的深入融合，服务计算继续深化。服务不再局限于 Web 服务、云服务等具体的形式，而是有了更深入的内涵和更广泛的外延。服务的本质是以满足顾客需求为目标、供需双方通过协同生产来创造价值的过程。服务的概念内涵既涉及商务业务服务功能与过程，也涉及计算机软件服务功能体与过程。研究者们从更高层次上以更广阔的视野对服务开展了研究。哈尔滨工业大学提出大数据环境下的跨网跨域跨世界的新型服务生态系统，即“大服务”（Xu et al. 2015）；浙江大学提出“新型现代服务业需要将跨越不同行业、组织、价值链等边界的服务进行深度融合和模式创新，为用户提供多维度、高质量、富价值的跨界服务”（Wu et al. 2016）；北京大学、南京大学、华中科技大学和复旦大学等的学者对云-端融合模式下的软件技术和系统挑战开展研究，围绕云端和终端的基础设施资源、数据资源、用户资源的开放融合及典型应用与平台建设进行探索和实践（黄罡等 2016）。总之，服务业务和服务系统已经越发复杂化，呈现为跨平台、跨域、跨世界的服务生态特征，体现为互联网+体系下的大服务、跨界服务等内容丰富、形式多样的服务形态。服务的上述发展直接促成了“服务互联网”的诞生。

1.1.2 服务互联网的基本概念

互联网是人类技术发展史上的一项创举。如图 1-2 所示，互联网的发展大致经过了计算机互联、网页互联、应用互联、服务互联的发展阶段。20 世纪 60 年代，第一台主机连接到阿帕网（ARPANET）上，标志着互联网的诞生和计算机互联发展阶段的开始。在这一阶段，TCP/IP 协议成为全球通用、统一的网络互联和传输协议标准。计算机通过 TCP/IP 协议互联互通。20 世纪 80—90 年代，出现了电子邮件、远程登录、文件传输等影响深远的互联网应用，其中，统一资源定位符（uniform resource locator，URL）、超文本标记语言（hypertext mark-up language，HTML）及超文本传输协议（hypertext transfer protocol，HTTP）等通用的资源定位方法、文档格式和传输标准的诞生和广泛使用，标志着互联网从早期的计算机互联阶段进入网页互联阶段。从 20 世纪 90 年代末至 21 世纪第一个 10 年结束，出现了包含网格、云计算、服务计算的技术体系，出现了以 Web 服务为基础的技术标准规范，企业软/硬件产品以定制化 Web 服务的形式提供，互联网进入了以 Web 服务技术体系为基础的应用互联阶段。从 21 世纪第二个 10 年开始至今，随着服务计算、云计算、普适计算、边缘计算等概念和技术体系的发展与成熟，互联网超越了应用互联的阶段，以服务的互联为特征，逐渐形成了“服务互联网”这种新的网络化应用形态。

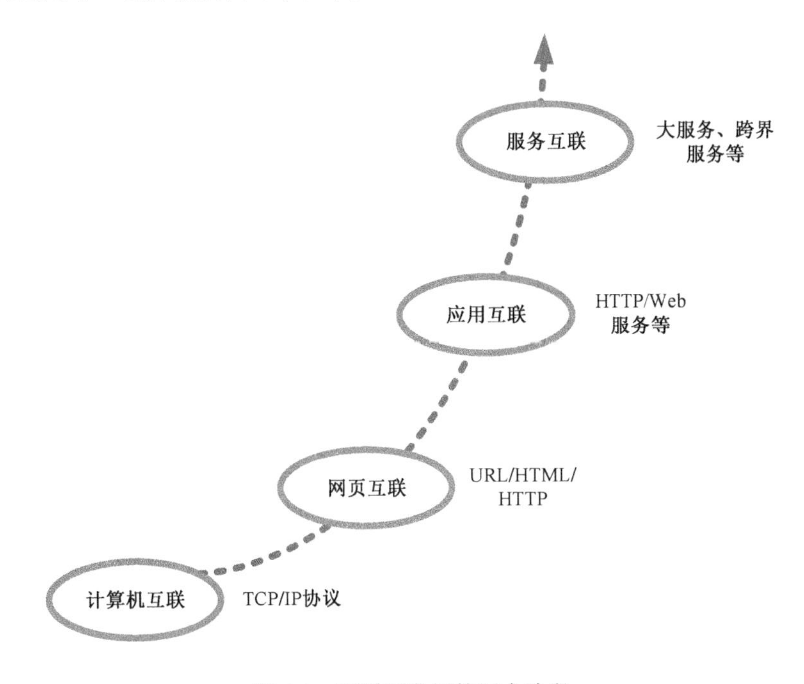

图 1-2 互联网发展的四个阶段

服务互联网最初是由欧盟于 2007 年在第七框架计划（the 7th framework programme，FP7）中首先提出的。随着万物皆互联与万物皆服务的逐步成熟，海量服务之间的互联互通形成了服务互联网。本书引用国家重点研发计划“现代服务业共性关键技术研发及应用示范专项”中的“服务互联网理论与技术研究”项目对服务互联网的定义：服务互联网是互联网环境下由众多服务实体互联和协作构成的网络空间，是互联网中的一种复杂服务网络化应用形态，以跨网跨域跨世界的集成服务的形式实现和提供各种业务服务。服务互联网不是为了满足单个顾客的需求，而是为了支持大规模顾客的个性化服务需求，可以把它简单看作一个网络化的综合性服务生态系统。例如，微信生态平台就是一个服务互联网的例子。该生态平台有 100 多万个小程序，覆盖 200 多个细分行业，服务 10 多亿用户，可满足其各种服务需求。

服务互联网中的众多服务实体在互联网中被标注和发布，以相互关联或部分组合的形式存在。它们可被服务消费者发现，并按需实现聚合或组合，形成服务解决方案（或称服务方案）。基于服务互联网，由跨世界（现实世界与数字世界）、跨领域、跨区域、跨网络的海量异构服务经过聚合与协同而形成的复杂服务形态（或复杂服务网络）称为“大服务”（Xu et al. 2015）。它是随着现代服务业、服务型生产与社会、服务互联网的发展，尤其是在大数据环境下服务生态体系中的服务资源不断丰富、跨网跨域跨世界的服务方案日益复杂的情况下逐步形成的一种服务世界的高级阶段，基于大服务构成的系统称为大服务系统。

以科技服务产业为例，随着产业的迅速发展和新兴业态的不断出现，企业用户的需求越来越复杂，不再能从传统的单一科技服务机构得到满足，往往需要来自不同行业、不同地区的多个服务提供商协同来满足。为了汇聚服务提供商，为服务的协同提供载体，在海量的服务消费者和众多的服务提供者之间出现了第三方或第四方的“科技大服务平台”，实现了对科技服务提供商、科技服务用户、科技服务中介机构的集成，从而可利用多方资源为广大用户提供新型科技服务方案。以“猪八戒网”“科易网”等平台为例，它们是初步成形的大服务系统，依托互联网汇聚各领域、各地区的用户、服务提供商及服务资源，支持企业、技术、人才等资源的展示、对接和交易，建立网上交易市场，汇聚科技服务产业链上的各类服务，初步形成一个网络化的科技服务生态系统。“猪八戒网”“科易网”这样的平台使原先难以得到合作的服务消费者和服务提供者实现了交互，增加了企业收获更多用户、实现创新和创收的可能性。

1.1.3 服务互联网运行环境

相比传统的服务应用技术，服务互联网在生态融合、跨域服务聚合、价值知觉、需求与服务资源精准匹配、平台系统运行保障、服务智能交互等多个方面存在理论和技术方面的挑战。在服务互联网系统运行保障方面，我们主要关注如何建立灵活、易重构、易管理的服务互联网可靠运行支撑基础环境，以及如何进行服务互联网的运行优化控制与调度，实现可持续在线性能优化，保障服务互联网的可靠运行，相关的问题如下。

（1）服务互联网运行环境的体系结构。体系结构设计是实现灵活、易重构、易管理的服务互联网可靠运行支撑基础环境的基础。具体任务包括在服务互联网整体的参考体系结构基础上，设计服务互联网运行环境的体系结构风格、节点拓扑结构、节点和软件构件间的通信机制及协议、非功能属性及保障机制选择等。

（2）服务互联网运行环境中服务资源的组织和管理。在大规模、动态的服务互联网的运行过程中，服务间的联系存在动态变化性，如何有效地动态组织大规模的服务间的各种联系是一个具有挑战性的问题。具体任务包括对服务互联网运行环境中的大规模服务资源的动态性进行建模，评估不同模型对运行时组织管理服务互联网的有效性，以及设计运行时服务资源的发现机制和算法。

（3）服务互联网运行优化、资源调度与性能保障。在分布式的、动态的环境中，支持服务方案的运行优化是一个具有挑战性的问题。具体任务包括深入分析影响服务可靠运行的各类因素，构建服务互联网执行环境和保障机制，提出面向服务互联网的运行时优化控制与资源调度方法；建立服务互联网运行的性能指标体系，以及实时性能监测、评估、调度与在线优化模型，及时发现甚至预测服务互联网运行时的关键性能瓶颈，实现动态甚至主动式的资源按需分配与伸缩。

（4）面向顾客需求的服务交互与交付。服务互联网面向的是大规模的用户，用户的需求千差万别，通过最佳的交互方式、以适当形式将服务方案交付给用户，以获得最佳用户满意度与服务价值是一项具有挑战性的任务。具体任务包括获取和理解大规模用户的个性化需求，设计智能服务交互和交付的支撑手段及算法。

（5）服务互联网运行时动态演化与重构。对跨网、跨域、动态的服务互联网来说，用户需求、应用情境及生态环境都在发生频繁变化，加剧了软件系统发生变化的复杂程度，软件运行时演化和重构研究面临更大的挑战。具体任务包括针对用户需求的多样性、数据的时变性和情境事件的不确定性，从服务互联网优化执行和演化视角，分析服务所具有的细粒度、灵活多变和去中心等特征给服务互联网的持续演化带来的诸多影响，支持运行时服务方案动态演化，通过感知用户需求、服务价值、运行环境等诸多变化因素，并通过探索式的交互方式动态发现可用服务，将其即时组合到服务应用系统中，形成支持服务互联网自适应演化与重构的方法。

1.2 服务互联网运行环境需求与挑战

对服务互联网的研究囊括了总体体系结构、设计、运行和重构等各方面，本书则主要聚焦其中一个方面，也是其中一个关键方面，即服务互联网运行机制。服务互联网运行环境需要满足如下需求。

（1）服务互联网运行环境需要支持复杂服务网络的分布式运行。该服务网络依托一个第四方服务平台（集成服务提供商、服务用户及服务中介），支持服务中介利用多方计算资源提供新型服务方案，服务方案的物理分布对服务中介是透明的。以科技服务业为例，新型科技服务方案是指根据用户的需求，将各领域、各行业的科技服务资源汇聚在一起，通过多个参与方的协同来完成科技服务，满足用户的需求。服务互联网运行环境需支持新型服务方案的部署和运行。由于不同的参与方可能有自己的数据中心或计算资源，方案的运行是中介利用多个参与方的计算资源协同完成的，因此，服务互联网运行环境是一个分布式的服务互联网部署运行环境。在这个环境中，服务方案的物理分布对服务中介是透明的，运行环境的管理者（往往是第四方科技服务中介）可以利用多方计算资源对服务方案的运行进行优化。

（2）服务互联网运行环境中服务方案的部署运行需要满足各方对资源的约束。服务方案的部分片段由于数据和流程保护等原因，具有天然的业务约束，如只能部署在特定参与方且由该参与方负责片段运行的控制、参与方对服务方案运行所占用计算资源的约束、用户对服务质量的需求等。

（3）服务互联网运行环境需要支持多租户的运行、管理及监控，保障服务方案运行的可靠性，优化运行效率。在服务互联网运行环境中，服务提供者（如第三方中介）是以租户为单位、以软件即服务的模式使用服务互联网运行环境的。在运行环境中，运行的服务方案具有多样性，既有实例密集型的，如在医疗养老服务领域，病人或老人用户以千万计，许多服务（如诊断服务）都需要为每个用户生成一个服务方案的实例；也有数据密集型的，如科技服务中的科技检验检测服务往往涉及大量实验数据的存储和处理。在多样性的服务方案部署运行时，需要利用其特点，有针对性地采用不同的优化手段利用资源，并且在各参与方的计算环境或服务方案变化时，持续进行优化。

（4）服务方案运行时重构、智能交互与交付。在现实世界中，存在大量无法预先进行完整定义的服务方案。例如，科技服务中的技术预见服务，由于涉及深入的专业知识，任务本身具有很大的不确定性。其往往需要科技咨询服务人员、相关领域的多位专家协同，在服务方案运行的过程中，根据服务方案运行的中间结果，以探索的方式来调整后续执行的活动或服务。调整的中间结果往往又需要反馈到系统中，再由用户根据系统反馈结果进一步调整，如此反复迭代，逐步完善服务方案的执行，最终生成服务方案的交付物。

针对上述四个方面的需求，本书主要从服务互联网运行环境的体系结构、服务资源的组织和管理、服务的智能交互与交付、服务方案的分布式调度与可靠运行、服务方案的运行时演化方法五个方面关注服务互联网运行环境。

在服务互联网运行环境的体系结构方面，在服务互联网的参考体系结构的基础上，本书聚焦探讨服务互联网运行架构的原理和实现。在早期分布式环境下，系统一般是 C（Client）/S（Server）体系结构，在运行时，服务器通常采用紧耦合的消息应答方式来为客户端提供服务。由于在分布式环境下，紧耦合的消息应答方式不能对程序员隐藏分布的特性，于是出现了分布式对象。分布式对象将分布的特性隐藏在对象接口之后，在分布式对象范型中，客户端和服务器之间简单消息应答方式的通信，渐渐融入了事件与通知、消息队列、命名、安全、事务、持久化存储和数据复制等服务。随着面向服务体系结构（service oriented architecture，SOA）的出现和发展，客户端和服务器之间消除了对语言、平台、厂商、访问地址的人工依赖，具有了更好的松耦合特性。随后出现的事件驱动的面向服务体系结构（event driven service oriented architecture，EDSOA）则进一步从空间、时间和同步、控制流等维度消除了客户端和服务器之间的依赖。从分布式系统运行控制的角度，根据控制是单一机器或数据中心集中控制还是分散控制，可将相应的体系结构分为集中式体系结构与去中心体系结构（或分散式体系结构），与前者相比，去中心体系结构具有可靠性更高、参与节点自治、有效利用边缘计算资源等优势。

动态性和大规模性是服务互联网的特点之一。在服务资源的组织和管理方面，由于服务互联网是大规模的服务生态系统，传统基于分类的方法无法有效组织大规模服务间的各种联系。Fallatah 等人提出建立服务间、用户间及用户-服务间的链接以构造服务网络，基于这种网络可以测量服务的流行度和用户满意度等指标，但该工作并未给出构造这种服务网络的具体方法（Fallatah et al. 2014）。为了给服务间加上链接，从服务的文本描述挖掘的语义相似性可以作为服务间联系紧密度的指标，Wang 等人利用领域知识计算服务间的语义匹配度并用简单的设定阈值参数的方法来决定服务网络中链接的数量（Wang et al. 2010）。Feng 等人基于服务间的包含、输出包含输入及输出部分包含输入关系建立服务网络（Feng et al. 2015）。显然，上述工作是构造静态服务网络的方法，服务的动态性和瞬时性并没有被考虑在内。在过去的 20 多年里，复杂网络理论伴随互联网的快速发展也取得了一些重大突破。其中，进化网络模型研究探索网络的动态行为（包括节点和边随时间的动态增减）对网络拓扑结构的影响，如对现实存在的互联网、万维网和社交网络等大规模网络的拓扑结构的影响，因此其非常适合用来为具有动态性和大规模特性的系统建模。因此，不少研究者基于进化网络模型研究服务网络，如 Chen 等人提出一种基于 Bianconi-Barabási 模型（BB 模型）（Bianconi et al. 2001）的服务网络构造方法（Chen et al. 2015），但在基于进化网络模型研究服务网络的工作中，探索网络的动态行为方面的工作还比较缺乏。总之，服务互联网中服务资源的组织和管理仍然处于起步阶段，如何构造服务网络、如何评估基于不同模型的网络对组织管理服务互联网的有效性，以及如何设计基于服务网络的发现机制和算法等问题有待进一步探索和研究。

在服务或服务方案运行过程中的服务交互可分为两种：一种是服务或服务方案相关的人机交互；另一种是服务/服务方案之间的交互。早在 20 世纪 90 年代，路甬祥等人就提出了“人机一体化系统”的科学发展方向、理论体系和关键技术，认为要充分发挥人在系统中的作用，建立一种新型、和谐的人机协作关系，以产生高效益、高性能的系统（路甬祥等 1994）。国际上关于智能人机交互的研究主要包括多通道交互、自适应交互等方面。多通道交互是指利用物联网、虚拟现实等技术，融合物理世界和信息世界，将文字、语音、动作等多种交互通道利用起来；而自适应交互是指根据用户的偏好或特征，为用户提供适合的交互方式和交互内容。近年来，让大规模及具有不同期望、价值和目标的用户以动态群组的方式实现复杂任务处理的众包、群体智能也成为一种重要的发挥人在系统中作用的手段。服务或服务方案相关的人机交互方式，即用户参与服务/服务方案构建和运行的方式，主要包括在建模时允许用户参与参数设置与修改、服务组合逻辑的配置等，以及在运行时让用户参与服务组合逻辑的在线调整、系统对用户的推荐提供及迭代优化。本书作者提出了服务超链，使最终用户在组合过程不确定的情况下，可以像“网页超链接”一样选择业务层面的用户可理解的服务，使系统能即时向用户推荐服务，辅助用户快速完成编程和组合过程，实现探索式的即时服务组合和应用构造（韩燕波等 2006，Yan et al. 2008）；还提出了一种基于嵌套表格的在运行时对服务组合进行调整的交互方式（Wang et al. 2009，Wang et al. 2015）。中科院软件所则提出了一种在移动计算环境下的探索式服务交互机制

（白琳等 2015）。虽然已经有这些研究基础，在大规模服务个性化定制、追求更高的服务质量和更好的用户满意度的服务互联网环境下，还需要对运行时探索式的服务交互机制进行深入探索。

根据前面的介绍，纵观服务计算的发展，服务的交付方式经历了从 Web 服务、云服务到服务方案或大服务的发展过程。能够满足包括第三方/第四方服务中介用户在内的大规模用户需求的服务交付方式不再是单一的 Web 服务或云服务，而是由跨世界（现实世界与数字世界）、跨领域、跨区域、跨网络的海量异构服务经过聚合与协同形成的复杂服务形态（或复杂服务网络）。服务互联网环境下的服务交付的分类、层次结构、实现机制等亟待进一步研究。

在服务或服务方案运行过程中还存在另一种服务交互，即服务/服务方案之间的交互，其主要需求来自服务互联网中跨组织、跨域的服务协同，其主要问题是服务方案的分布式调度与可靠运行。传统集中式的流程执行方法需要将数据移动到位于集中控制节点的服务流程中统一处理，增加了网络通信负担和流程执行时延。可以通过将大服务或服务方案对应的流程切分为若干个子流程，并将这些子流程以分布的方式部署和执行来缓解此问题。现有工作有基于流程元素的空间属性等特定属性进行流程切分的方法，但如何在特定不同的约束条件下对流程进行切分以达到某一种或某几种性能优化的表现，需要考虑流程元素的外部和内部多种因素。传统的方法往往只解决流程元素负载事先已知的流程切分问题，对运行过程中流程元素负载动态变化的问题无能为力。

相比传统服务集成/协同，跨网跨域的服务互联网的客户需求及计算环境更加复杂且更加频繁地发生变化，加剧了软件系统发生变化的频率和复杂程度，软件运行时演化和重构研究面临更大的挑战。然而，目前针对服务互联网应变动态演化方法与重构理论还缺少系统性的研究。当前，关于服务协同软件演化与重构的研究主要关注在系统持续迭代过程中，服务的按需动态组合共享和性能持续优化。服务的演化可分为静态演化和动态演化两个方面，前者指服务实例处于非运行状态时服务从原版本升级为新版本，后者指正在运行的服务实例发生的服务模型变化。服务的演化从实现方式上来看，主要包括服务接口参数演化、失效服务替换、结构演化等接口参数、接口、流程结构等不同层面的演化。静态演化研究的主要挑战在于如何保障演化后服务模型的正确性及其与已有服务约束间的一致性；动态演化涉及如何将变化动态地传播到正在运行的服务实例上的问题，其主要挑战在于如何保障服务实例迁移的正确性和迁移检验的高效性。无论是静态演化还是动态演化，都离不开模型层面的演化研究，本书主要关注演化模型的验证和分析。除了关注个体服务及服务流程的功能、行为特征演化研究，还有学者关注对服务协同软件系统及其所处环境的整体分析，即从复杂系统角度，基于复杂网络建模分析等方法对服务协同软件系统整体拓扑形态和特性的演化进行分析。然而，在动态的、去中心、云与端融合的服务互联网运行环境下，服务运行优化及演化方面的研究还不够成熟，尚存亟待解决的难题。

1.3 本书内容概览

根据 1.2 节对服务互联网运行机制关键技术的分析，本书后续章节内容安排如下（见图 1-3）：第 2 章介绍后续阐述服务互联网运行原理和实践所涉及的基本概念、基本技术；第 3 章介绍服务互联网运行环境的体系结构；第 4 章介绍服务资源的组织和管理的概念、方法和算法等；第 5 章介绍服务的智能交付与交互的概念、方法及算法等；第 6 章介绍服务方案的运行时演化方法；第 7 章介绍服务方案的云边端去中心执行与可靠性保障机制；第 8 章介绍服务互联网运行环境——服务协同平台的实现，以及服务协同平台在科技服务业中的应用案例。

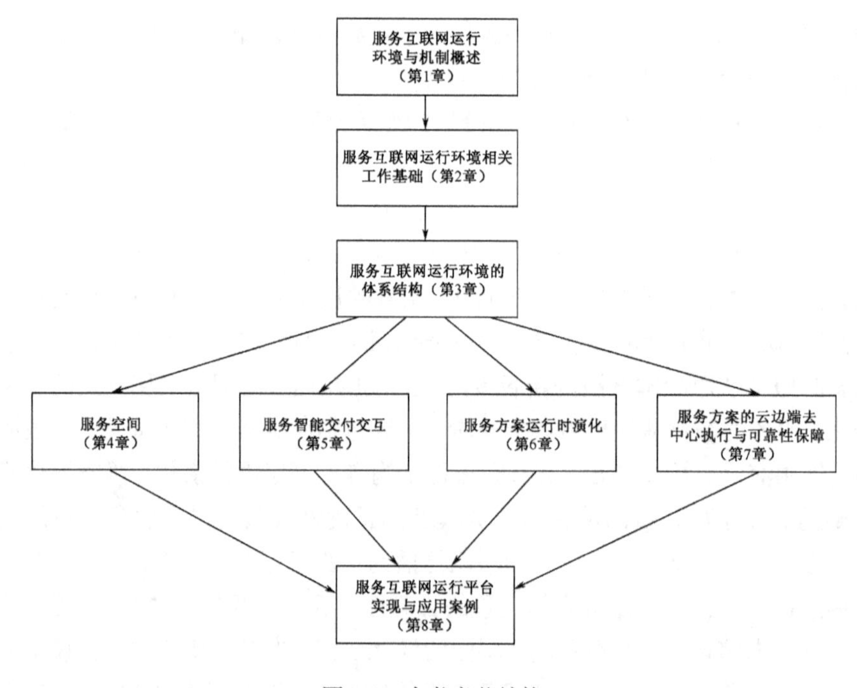

图 1-3　本书章节结构

第2章

服务互联网运行环境相关工作基础

本章介绍服务互联网运行环境的相关基础知识，以帮助读者理解后续章节中阐述的服务互联网运行环境的相关原理。

本书第1章介绍了“服务”和“服务互联网”的基本概念并回顾了其发展演变。服务发展与Web服务技术紧密关联，Web服务封装了各类资源，并对外提供了规范的描述和调用方式。当前主要有两类Web服务：使用SOAP的Web服务和采用REST风格实现的Web服务。2.1节将介绍这两类服务的基本概念及原理，分析两者的区别与联系。

服务组合是以特定的方式按某种应用逻辑将若干服务组织成一个逻辑整体的方法、过程和技术。通过服务组合，可将服务互联网中跨越不同组织的服务组合成粒度更大的、具有业务语义的服务方案。2.2节将介绍服务组合技术，以及服务组合建模语言BPMN，以帮助读者理解服务方案的实例化及运行原理。

云计算与容器云技术是服务互联网运行环境的基础支撑，提供了对服务互联网的监控管理及可靠保障。2.3节将介绍云计算与容器云技术，具体包括Docker容器、Kubernetes及微服务技术。

2.1 服务

2.1.1 SOAP 服务

Web 服务及其协议栈是对 SOA 理念最初的一种尝试。它将服务实现为一种可以自包含、自描述及模块化的 Web 组件，并通过 Web 进行发布、查找和调用。WSDL、SOAP 和 UDDI 是对 Web 服务来说最重要的三个协议。WSDL 定义了如何描述一个 Web 服务；SOAP 定义了怎样调用并触发一个 Web 服务；UDDI 则定义了如何发布、管理及查找 Web 服务的描述信息。为了和后面介绍的 REST 服务区分，本书将使用 SOAP 的 Web 服务统称为 SOAP 服务。

W3C（万维网联盟）对 SOAP 服务的定义如下。

定义 2.1 SOAP 服务（SOAP service）：一种支持机器间通过网络交互的软件系统。它的接口描述是机器可处理的（通常采用 WSDL 语言）。服务之间的交互采用 SOAP 消息，并通过 Web 相关标准及基于 HTTP 协议的 XML 消息交换方式实现交互（Haas et al. 2004）。

作为一个新兴的分布式计算平台，SOAP 服务除了达成互操作方面的承诺，在可靠通信、安全、事务、管理、编程模型和协作协议等方面都有相应的规范和协议。

2.1.1.1 SOAP

SOAP（simple object access protocol）是“简单对象访问协议”的简称，它的初始目的是提供一种基于 XML 文本的通信协议，以实现 DCOM 和 CORBA 之间的互操作。但是，随着 Web 服务理念和技术的逐渐成熟，SOAP 规范的重心很快从对象转移到通用的 XML 消息处理框架上。这种重心的变化给 SOAP 这一缩写词的定义带来了一点小问题。SOAP 1.2 工作组沿用了 SOAP 这个名称，但决定不再使用该词的起始全称以免误导开发人员，因此在最新的 SOAP 1.2 规范中，其正式的定义并不提及“object”一词。

SOAP 是一个轻型的分布式计算协议，它允许在一个分布式的环境中交换信息。SOAP 没有与硬件平台、操作系统、编程语言或网络硬件平台捆绑。与其他分布式计算系统不同的是，SOAP 建立在开放式标准的顶部，如 HTTP 和 XML。SOAP 用基于文本的 XML 协议与分布式系统通信，而非用其他分布式计算协议（如 CORBA、RMI 和 DCOM）使用的二进制格式。这使得 SOAP 具有跨硬件平台、操作系统、编程语言和网络硬件平台的高度互操作性。SOAP 可以在 HTTP 上传输，HTTP 允许它利用已有的基础设施投资，如 Web 服务器、代理服务器和防火墙。SOAP 也可以用其他协议（如 SMTP 和 JMS）进行传输。

SOAP 规范的主要目标是简单性和可扩展性。

（1）简单性：SOAP 规范定义的消息结构非常简单，除了这个基本消息结构，SOAP 没有定义额外的表述结构标准，没有定义自己的编码格式，也没有定义自己的传输协议；而且，SOAP 还避免了许多与组件模型有关的复杂功能，如分布式垃圾收集、对象引用、对象激活及消息批处理等。

（2）可扩展性：SOAP 使用 XML 来封装远程调用和交换的数据，SOAP 非常具有弹性，因为它可以使用 XML 来封装所有的数据，并且扩充它的功能和意义，同时能够通过标准的 XML 分析技术来进行消息解析。

2.1.1.2　SOAP 消息处理模型

最简单的 SOAP 消息处理模型如图 2-1 所示：XML 格式的 SOAP 消息通过某种网络通信协议（如 HTTP、SMTP 等）在 SOAP 消息发送方和接收方之间传送。

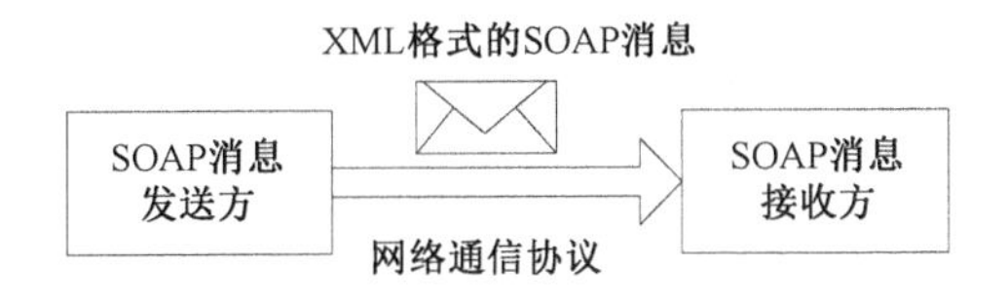

图 2-1　最简单的 SOAP 消息处理模型

高级 SOAP 消息处理模型如图 2-2 所示：SOAP 消息从起始发送方发出后，经过多个中间节点到达最终接收方。

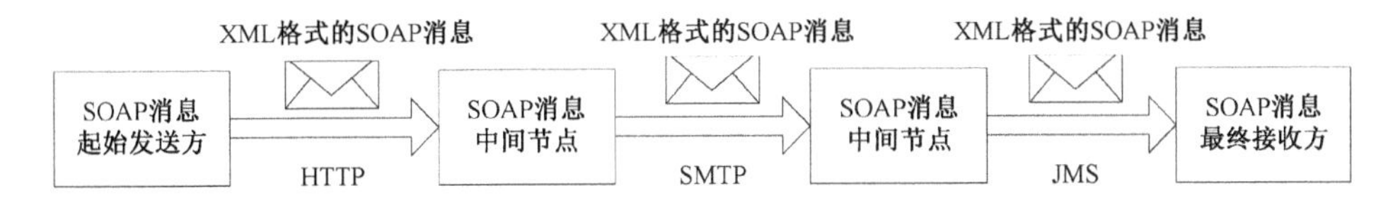

图 2-2　高级 SOAP 消息处理模型

SOAP消息中间节点(简称SOAP节点)位于起始发送方和最终接收方之间，截获SOAP消息并进行相应的处理。大体来说，SOAP消息由消息头和消息体构成，中间节点只能对SOAP消息头进行处理和修改，而无权处理和修改SOAP消息体，这点在SOAP1.2规范中有明确定义。

在处理消息时，SOAP节点将会承担一个或多个角色，SOAP节点的角色决定节点如何处理SOAP消息头。当SOAP节点接收到一条消息时，它首先必须确定其自身的角色，其次看自己是否必须处理该消息(由消息头中的mustUnderstand属性决定)。

2.1.1.3 SOAP消息结构

SOAP消息结构的基本模型如图2-3所示：整个SOAP消息包含在一个信封中，信封内有一个SOAP消息头和一个SOAP消息体，其中SOAP消息头是可选的，消息头和消息体可以包含多个条目，SOAP消息体可以包含SOAP故障。

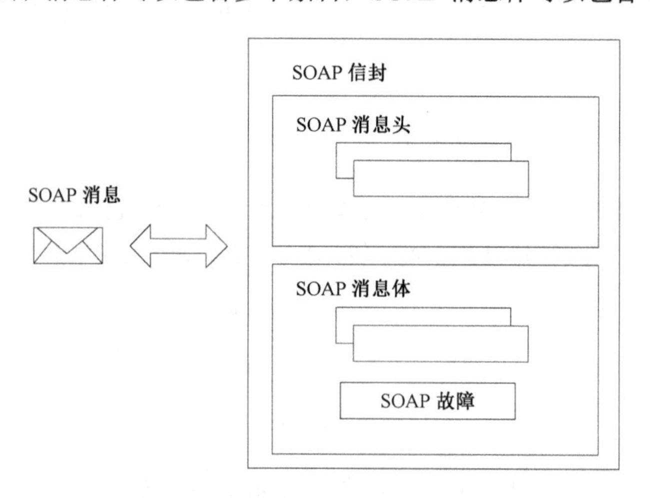

图2-3 SOAP消息结构基本模型

上述SOAP消息的概念模型如图2-4所示。

对SOAP消息概念的解释如下。

(1) 信封(Envelope)：信封是SOAP消息的根元素，包含一个可选的SOAP消息头元素和一个必需的SOAP消息体元素。

(2) 消息头(Header)：消息头是可选元素，其中可以包含多个任意格式的项，比如描述安全性、事务处理、会话状态信息的项。

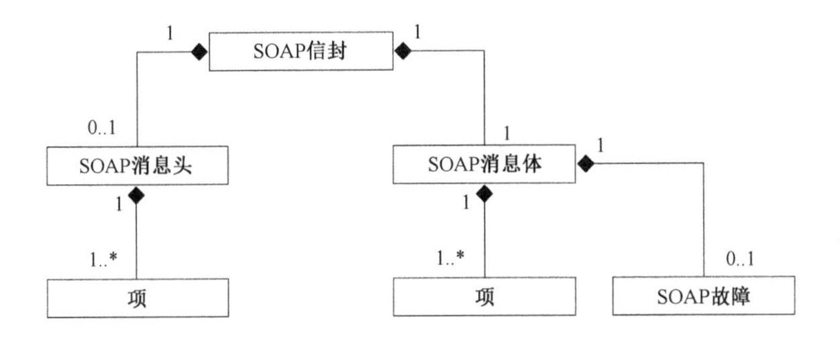

图 2-4　SOAP 消息概念模型

（3）消息体（Body）：消息体是必需元素，代表实际的消息负载，可以包含多个任意格式的项，这些项可以采用两种 XML 结构风格，即文档风格或 RPC 风格，本节后续会详细讨论这两种风格。

（4）故障（Fault）：故障是可选元素，用于携带出错信息。故障只能作为消息体元素的直接子元素，并且一个消息体元素只能包含一个故障元素。

下面详细介绍 SOAP 消息的各组成部分。

1. SOAP 信封

SOAP 信封是 SOAP 消息的根元素，SOAP 信封包含两个子元素：一个是可选的消息头，另一个是必需的消息体。在 SOAP 信封元素中，可以通过 XML 命名空间定义 SOAP 消息的版本信息，也可以通过 XML 命名空间定义编码风格。

1）soapEnv：SOAP 消息版本

soapEnv 命名空间标明了 SOAP 消息的版本，其中：

SOAP1.1 命名空间的 URI 是：http://schemas.xmlsoap.org/soap/envelope/；

SOAP1.2 命名空间的 URI 是：http://www.w3.org/2003/05/soap-envelope/。

按照 SOAP 规范，一个 SOAP 信封必须与上述命名空间中的一个相关联，不遵守上述命名空间声明的 SOAP 消息会被视为一个版本错误。

2）encodingStyle：编码风格

SOAP 消息通常需要定义的另一个命名空间是 SOAP 消息的编码风格 encodingStyle（关于编码风格详见 2.1.1.4 节）。

SOAP1.1 编码风格的 URI 是：http://schemas.xmlsoap.org/soap/encoding/；

SOAP1.2 编码风格的 URI 是：http://www.w3.org/2003/05/soap-encoding/。

2. SOAP 消息头

SOAP 消息头是可选的。如果 SOAP 信封中包含消息头元素，那么它必须作为根元素信封的第一个子元素出现。SOAP 消息头也是可扩展的，用户可以自行添加一些用于描述安全性和事务处理的数据，Web 服务规范 WS-Security、WS-Transaction 等都是 SOAP 消息头的扩展规范。

SOAP 消息头主要有如下几个属性。

1）role

在 SOAP 规范中，一条 SOAP 消息在到达最终目的地之前，可能会通过多个 SOAP 节点。每个 SOAP 节点都能接收和处理 SOAP 消息并将它转发到下一个 SOAP 节点。通过设定 role 属性，可以指明由哪个 SOAP 节点来处理 SOAP 消息头。如果选择默认的 role 属性项，则表明 SOAP 消息头将被定位至最终的 SOAP 节点。

2）mustUnderstand

该属性指明接收消息的 SOAP 节点是否必须理解和处理 SOAP 消息头。如果 mustUnderstand=“false”，表明接收消息的 SOAP 节点可以忽略 SOAP 消息头；如果 mustUnderstand=“true”，表明接收消息的 SOAP 节点必须理解并处理 SOAP 消息头，否则必须返回一个 SOAP 故障。

3）relay

当 relay 属性值为“true”时，未被处理的 SOAP 消息头必须被继续发送。

3. SOAP 消息体

SOAP 消息体包含的是 SOAP 消息的实际负载，因此在 SOAP 消息中是必需元素。SOAP 消息体由 SOAP 消息的最终接收方接收并处理。

SOAP 消息体中的项可以包含一个可选的 encodingStyle 属性，代表该项的编码风格，如果消息体中的某项为自己定义了编码风格属性，那么该属性将替代（override）在信封中定义的编码风格。

SOAP 消息体可以包含任意内容，但 SOAP 规范定义了两种消息风格供发送者和接收者使用。这两种消息风格分别被称为 RPC 风格（RPC style）和文档风格（document style）。SOAP 消息体可以包含可选的 SOAP 故障。

RPC 风格的消息遵从 SOAP 标准，封装的是 RPC 调用的请求和返回消息，对该类消息的主要约束是必须把操作名称作为封装了对操作的调用请求和返回消息负载的根元素名称，如图 2-5 和代码 2-1（RPC 风格的调用请求消息）、代码 2-2（RPC 风格的返回消息）所示。一般 RPC 风格的消息可以由 SOAP 工具自动产生。而由文档风格的消息封装的 XML 文档可以是消息发送方和消息接收方约定的任意格式。

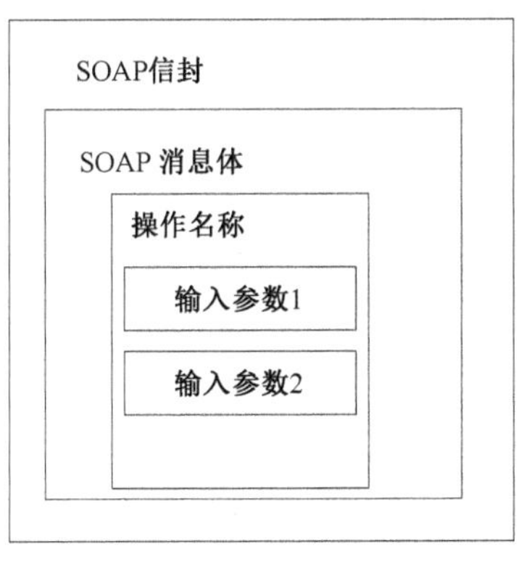

（a）调用请求消息

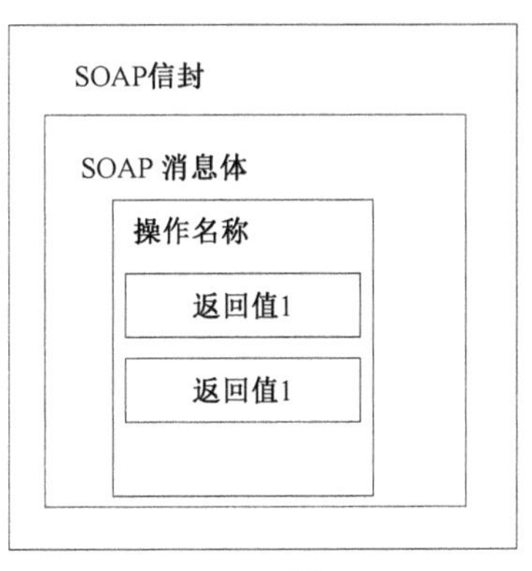

（b）返回消息

图 2-5　RPC 风格的调用请求消息和返回消息

```
代码 2-1
<soap-Env:Envelope
      xmlns:soapEnv= " http://www.w3.org/2003/05/soap-envelope/ "
      soapEnv:encodingStyle= " http://www.w3.org/2003/05/soap-encoding/ " >
  <soap-Env:Body>
    <!-- 操作名称作为 SOAP 消息负载的根元素名称 -->
    <m:GetOrderStatus
soapEnv:encodingStyle= " http://www.w3.org/2003/05/soap-encoding/ "
        xmlns:m="www.advantwise.com/order">
      <orderno>12345</orderno>
    </m:GetOrderStatus>
  <soap-Env:Body>
</soap-Env:Envelope>
```

```
代码 2-2
<soap-Env:Envelope
      xmlns:soapEnv= " http://www.w3.org/2003/05/soap-envelope/ "
      soapEnv:encodingStyle= " http://www.w3.org/2003/05/soap-encoding/ " >
  <soap-Env:Body>
    <!-- 操作名称作为 SOAP 消息负载的根元素名称 -->
```

```
        <m:GetOrderStatus
soapEnv:encodingStyle= " http://www.w3.org/2003/05/soap-encoding/ "
            xmlns:m="www.advantwise.com/order">
          <status>under processing</status>
        </m:GetOrderStatus>
    <soap-Env:Body>
</soap-Env:Envelope>
```

4. SOAP 故障

SOAP 故障用于携带出错信息，SOAP 故障只能作为 SOAP 消息体的直接子元素出现，且至多出现一次。

SOAP 故障包含如下几个子元素。

（1）Code（SOAP 1.1 规范中为 faultCode；SOAP 1.2 规范中为 Code）：Code 元素在故障元素中是必需的。Code 元素中包含一个必需的 Value 子元素和一个可选的 Subcode 子元素。Value 元素的可能取值为故障代码；每个 Subcode 元素是迭代的，它由一个必需的 Value 子元素和一个可选的 Subcode 子元素组成。表 2-1 列出了 SOAP 1.2 规范中的故障代码及其含义。

表 2-1 SOAP 1.2 规范中的故障代码及其含义

故障代码名称	代码含义
VersionMismatch	SOAP 信封中定义了非法的用于版本标识的命名空间或不支持 SOAP 消息的版本
MustUnderstand	SOAP 消息头的一个直接子元素 mustUnderstand 被设为“true”或“1”（SOAP 1.1 规范中为“1”，SOAP 1.2 规范中为“true”），而 SOAP 节点无法识别和处理该子元素
DTDNotSupported	SOAP 消息非法包含了一个 DTD。该属性是在 SOAP 1.2 规范的工作草案中被提出的
DataEncoding Unknown	编码风格不被当前的 SOAP 节点所识别和支持。该属性也是在 SOAP 1.2 规范的工作草案中被提出的
Sender	（SOAP 1.1 规范中为 Client，SOAP 1.2 规范中为 Sender）SOAP 消息的格式有误或 SOAP 消息缺乏能被成功处理所必需的信息。SOAP 消息在没有修改的情况下重发会造成同样的错误
Receiver	（SOAP 1.1 规范中为 Server，SOAP 1.2 规范中为 Receiver）SOAP 消息是正确的，而由于当前 SOAP 节点的原因，其不能成功地处理 SOAP 消息。在这种情况下，重发 SOAP 消息可能会成功

（2）Reason（SOAP1.1 规范中为 faultString；SOAP1.2 规范中为 Reason）：Reason 元素在故障元素中是必需的，该元素不是为处理程序设定的，而是为故障代码提供可以读懂的故障解释；Reason 元素可以存在多个 Text 子元素。

（3）Node：Node 元素在故障元素中也是可选的，它指明了在消息传递路径中，哪个 SOAP 节点引发了故障。

（4）Role：Role 元素在故障元素中是可选的，它指明了引发故障的 SOAP 节点的角色。

（5）Detail：Detail 元素在故障元素中是可选的。在 SOAP1.1 规范中，如果 SOAP 消息体元素的内容无法被处理，那么就需要用到 Detail 元素，也就是说，Detail 元素提供了与消息体元素相关的应用程序的故障信息；SOAP 1.2 规范则不再区分是消息头故障还是消息体故障。

2.1.1.4 SOAP 消息编码

SOAP 信封及 SOAP 消息体中的元素都可以设定 encodingStyle 属性，该属性指明了 SOAP 消息的编码风格，在信封中设定的编码风格作用于整个 SOAP 消息体，而消息体包含的元素自己设定的编码风格仅作用于自身的范围。现在，SOAP 规范并没有限定 encodingStyle 属性的取值，但常见的是 SOAP 编码风格和字面（literal）编码风格。所谓字面编码就是没有编码风格（不设定 encodingStyle 属性），SOAP 消息的格式完全由交互双方自行约定。而 SOAP 编码风格的消息必须遵从 SOAP 编码风格。

SOAP 1.1 规范的第 5 部分定义了 SOAP 编码风格。到 SOAP 1.2 规范时，SOAP 编码风格不再是 SOAP 规范的一部分，而是单独成为一个可选规范。SOAP 1.2 编码风格的 URI 为 http://www.w3.org/2003/05/soap-encoding，如果 encodingStyle 属性被赋予该 URI，则表明使用的是 SOAP 编码风格。

SOAP 编码的原理：在 SOAP 模式的约束下，应用级对象（如 Java 对象、C#对象）基于 SOAP 数据模型规则被转换为 SOAP 编码的 XML 消息负载。在发送者和接收者不另行约定消息内容模式的情形下，它们可以使用 SOAP 编码来实现从应用级对象到 XML 消息文档的自动处理，在转换过程中，程序设计语言的类型被转换为 XML Schema。

下面简单介绍一下 SOAP 编码是如何把程序设计语言的类型转换为 XML Schema 的。程序设计语言的类型一般可以分为简单类型和复合类型，简单类型是无法包含其他元素的类型。

1. 简单类型的编码

简单类型都可以采用叶节点元素来表示，如代码 2-3 所示。

```
代码 2-3
<xs:schema xmlns:xs="http://www.w3.org/2001/XMLSchema">
      <xs:element name="userName" type="xs:string"/>
      <xs:element name="salary" type="xs:float"/>
</xs:schema>
```

程序设计语言中的枚举类型直接对应 XML Schema 中的枚举类型。代码 2-4 给出的是 Month 枚举类型。

```
代码 2-4
<xs:simpleType name="Month">
      <xs:restriction base="xs:string" >
         <xs:enumeration value="January"/>
         <xs:enumeration value="February"/>
             …
         <xs:enumeration value="December"/>
      </xs:restriction>
</xs:simpleType>
```

2. 复合类型的编码

SOAP 编码提供了对结构（Structs）和数组（Arrays）两种复合类型的编码。结构允许把不同类型的值混合在一起，每个值用唯一的存储器存储和接收；数组由多个值组成，这些值用一个顺序位置号存储和检索。

1）结构

在结构类型中，允许把不同类型的值混合在一起，但同一结构中的不同组成元素的名称必须是唯一的。SOAP 编码把结构映射为 XML Schema 复合类型，如代码 2-5 所示。

```
代码 2-5
<xs:element name="Author" xmlns:xs="http://www.w3.org/2001/XMLSchema">
  <xs:complexType >
    <xs:sequence >
      <xs:element name="authorName" type="xs:string">
      <xs:element name="address" type="xs:string">
      <xs:element name="age" type="xs:int">
    </xs:sequence>
  </xs:complexType>
</xs:element>
```

2）数组

数组采用顺序位置来标识多个值。数组被定义为“soapEnv:Array”类型或从“soapEnv:Array”衍生的类型。数组表示元素值，对元素名没有特别的约束。数组中包含的元素可以是简单类型或复合类型，数组成员值也可以是数组。数组可以单引用或多引用。代码 2-6 给出的是一个整型数组的片段示例。

```
代码 2-6
<element name="myFavoriteNumbers" type="soapEnv:Array"/>
  < myFavoriteNumbers soapEnv:arrayType="xsd:int[2]">
      <number xsi:type="xsd:int">4</number>
      <number xsi:type="xsd:int">7</number>
  </myFavoriteNumbers>
</element>
```

代码 2-6 中数组元素的类型也可以直接通过“soapEnv:arrayType”属性来指明，如代码 2-7 所示。

```
代码 2-7
<element name="myFavoriteNumbers" type="soapEnv:Array"/>
  < myFavoriteNumbers soapEnv:arrayType="xsd:int[2]">
      <soapEnv:int>3</soapEnv:int>
      <soapEnv:int>4</soapEnv:int>
  </myFavoriteNumbers>
</element>
```

2.1.1.5　SOAP 和网络传输协议的绑定

SOAP 消息可以和各种网络传输协议绑定，如 SOAP 1.0 规范最初规定的 HTTP 协议，以及新 SOAP 规范和主流的 SOAP 供应商推出的 SMTP、FTP、POP3、BEEP、JMS、MSMQ 等协议。

由于当前几乎所有的操作系统都支持 HTTP，因此虽然 HTTP 绑定是可选的，几乎所有 SOAP 实现方案都支持 HTTP 绑定，SOAP 规范中也只对 SOAP 的 HTTP 绑定进行了详细说明。

本节介绍如何实现 SOAP 的 HTTP 绑定，SOAP 会遵守 HTTP 请求/响应消息交换模式，在 HTTP 请求中提供 SOAP 请求参数，并且在 HTTP 响应中包含 SOAP 响应参数。

1. SOAP 请求

根据 SOAP Web 方法（SOAP Web method）[1]的定义，在与 HTTP 等网络传输协议进行绑定实现 SOAP 消息传输时，需要指出所使用的 SOAP Web 方法，如 GET、POST 等。GET 方法通常被用来取得 Web 上的信息，POST 方法则被用来将信息从客户端传送给服务器，然后利用 POST 方法所传送的信息就会被服务器上的应用程序使用。利用 GET 方法只能传送特定类型的信息，而利用 POST 方法则可以传送各种类型的数据。

代码 2-8 是用 HTTP POST 方法表示的 SOAP 请求。

```
代码 2-8
POST /getOrderStatus HTTP/1.1
Host:www.advantwise.com
Content-Type:text/xml;charset="utf-8"
Content-Length:nnnn
SOAPAction:"/geOrderStatus"

<?xml version="1.0"?>
<!--SOAP 消息开始 -->
<soap-Env:Envelope
      xmlns:soapEnv= " http://www.w3.org/2003/05/soap-envelope/ "
      soapEnv:encodingStyle= " http://www.w3.org/2003/05/soap-encoding/ " >
  <soap-Env:Body>
    <m:GetOrderStatus
        soapEnv:encodingStyle= " http://www.w3.org/2003/05/soap-encoding/
        xmlns:m="www.advantwise.com/order">
      <orderno>12345</orderno>
    </m:GetOrderStatus>
  <soap-Env:Body>
</soap-Env:Envelope>
```

在这个代码中，第一行包含了三个不同的部分：请求的方法（POST）、请求的 URI（/OrderStatus），以及使用协议的版本（HTTP/1.1）。

第二行是请求消息被传送的目标服务器的地址。

第三行包含了媒体类型和字符编码类型，text/xml 表示负载是纯文字形式的 XML。当 HTTP 信息中包含 SOAP 数据主体时，HTTP 应用程序必须遵循 RFC 2376 的内容型别 text/xml。负载指的是被传送的数据。SOAP 要求必须使用

[1] http://www.w3.org/2003/05/soap/features/web-method/。

text/xml 作为媒体类型；SOAP 使用 utf-8 作为字符编码类型。

第四行则指定负载的大小，以位为单位。

第五行的 SOAPAction 在 SOAP 1.2 规范中是可选的，用来指定 SOAP HTTP 要求的目标。如果 SOAP 消息的接收节点希望在处理 SOAP 信封元素之前就能了解 SOAP 消息的一些确切信息，则可以通过 HTTP 绑定中的 SOAPAction 来实现。

2. SOAP 响应

代码 2-9 是代码 2-8 中请求消息的 HTTP 响应。

```
代码 2-9
HTTP/1.1 200 OK
Content-Type: application/soap; charset=utf-8
Content-Length: nnn

<!--SOAP 消息开始 -->
<?xml version="1.0"?>
<soap-Env:Envelope
      xmlns:soapEnv= " http://www.w3.org/2003/05/soap-envelope/ "
      soapEnv:encodingStyle= " http://www.w3.org/2003/05/soap-encoding/ " >
 <soap-Env:Body>
   <m:GetOrderStatus
        soapEnv:encodingStyle= " http://www.w3.org/2003/05/soap-encoding/
        xmlns:m="www.advantwise.com/order">
      <status>under processing</status>
   </m:GetOrderStatus>
 <soap-Env:Body>
</soap-Env:Envelope>
```

代码 2-9 的第一行包含了状态码（200）及与状态码相关联的信息（OK）。SOAP HTTP 完全遵循 HTTP 状态码的语法，主要包括如下几种状态码。

（1）成功状态码。2XX HTTP 成功状态码用来说明 SOAP 请求消息已经被接收或被成功处理。其中，200 OK 表示请求消息被成功接收，并返回一个响应消息，该响应消息不是一个错误，而是一个正常的 SOAP 响应；202 Accepted 表示请求消息被成功接收和处理，但不会返回响应消息。

（2）错误状态码。通常情况下，HTTP 使用 4XX 表示 SOAP 消息传送中在客户端出现的错误，使用 5XX 表示在服务器端出现的错误。其中，400 Bad Request 表示 HTTP 请求或 SOAP 消息中的 XML 文档格式错误；405 Method Not Allowed

表示服务提供者不支持请求消息中选用的 Web 方法；415 Unsupported Media Type 表示服务提供者不支持 HTTP POST 消息中 Content-Type 选用的值。500 Internal Server Error 表示服务器内部错误，或者 SOAP 响应消息包含了 SOAP 故障元素。

（3）3XX Redirection。它表示请求的资源被迁移了，需要使用传回的相关联的 Location 头字段的 URI 值重试请求。

2.1.2 REST 服务

近年来，以 SOAP 服务为代表的 Web 服务获得蓬勃发展。它倡导了基于服务组合技术的新型应用构造方式，解决了传统分布式系统所面对的难以互操作和系统紧耦合两大难题。但是，以 SOAP 服务为代表的 Web 服务在实际应用过程中表现出了协议栈不成熟、过于复杂、轻视部署和运营等缺点。

为了降低 Web 应用开发的复杂性，提高系统的可伸缩性，REST 体系结构风格被提出，并逐步为人们所接受。基于 REST 体系结构风格来实现 SOA，可以弥补 SOAP 服务的诸多缺点，如保障服务的简单性和易用性、提高应用系统的可伸缩性等。当前，REST 体系结构风格已经受到很多厂商的支持，越来越多的厂商基于 REST 体系结构风格来对外提供服务。

2.1.2.1 REST 体系结构的基本原理

在 REST 体系结构风格中，一切需要被引用的事物都可以被看成资源（Richardson et al. 2007）。资源的类型非常丰富，包括文档、图片、网页、服务及资源集合等，甚至不在互联网上的事物也可以被看作资源，如人等。每个资源都将通过一个 URI 唯一标识。资源具有一个或多个表述（representation）。表述是一组数据，用来刻画资源的当前状态（Richardson et al. 2007）。例如，“销售数据”资源可以具有数值方式的表述，也可以具有图表方式的表述。资源的表述和状态是紧密相关的。对于一个资源来说，它的状态就是存储在服务器的资源信息，通常以表述的形式从服务器发送到客户端。客户端也同样存在状态，它在接收到资源表述后将做出某些改变（如进入一个新的链接以请求新的资源等），从而从一个状态进入另一个状态。采用 REST 体系结构风格构建的应用从本质上来看就是一个个状态表述在服务器和客户端间转移的过程，这也是 REST 体系结构风格被称为“表述性状态转移”的主要原因。下面将通过如图 2-6 所示的示例来理解这一点。

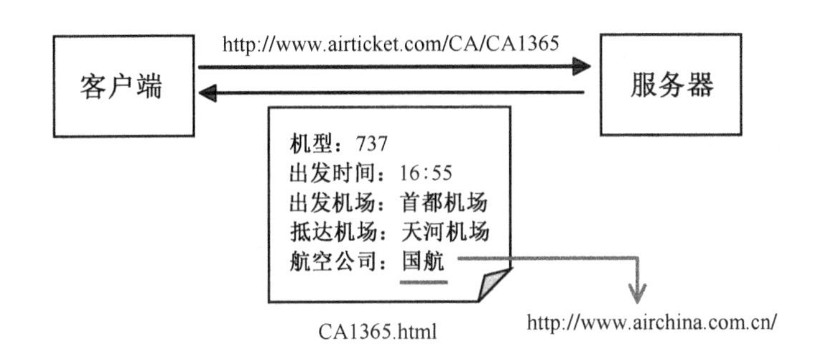

图 2-6　表述性状态转移示例

如图 2-6 所示，客户端通过 URL“http://www.airticket.com/CA/CA1365”来请求航班 CA1365 这一资源。服务器以表述的形式返回这一资源的状态信息。图 2-6 所示的表述信息是 CA1365.html，但需要注意的是，服务器可能会针对一个资源维护多种状态信息，如航班 CA1365 资源也可以采用 XML 形式表示。接收到航班 CA1365 资源的表述后，客户端将进入一个新的状态。此时，客户端可能会根据“航空公司”这一属性的链接“http://www.airchina.com.cn/”来进一步向服务器请求“国航”这一资源的表述信息。当接收到新的资源表述信息后，客户端又将转移到另一个新的状态。也就是说，客户端将根据每个资源的表述信息发生状态转移，这也就是所谓“表述性状态转移”的实质。

此外，REST 体系结构风格要求服务器不能维护与客户端相关的任何状态，这通常被称为无状态性。无状态性是 REST 体系结构风格的一个重要属性。它是指从客户端到服务器的每个请求都必须包含理解该请求所必需的所有信息（Richardson et al. 2007）。无状态性能够显著提升系统的可靠性和可伸缩性。例如，无状态性减少了服务器从局部错误中恢复的任务量，因此系统将变得更加可靠；服务器不必在多个请求中保存状态，容易释放资源，这就加强了系统的可伸缩性等。但是，无状态性也有缺点：由于不能将状态数据保存在服务器的共享上下文中，因此增加了在一系列请求中发送重复数据的开销，严重降低了效率。

2.1.2.2　REST 服务的原理与实现

为了改变 SOAP 服务协议栈过于复杂的情况，以及提升分布式系统的可伸缩性等，人们开始构建 REST 体系结构风格的 Web 服务。这类 Web 服务一般被称作 REST 服务，它是一种面向资源的服务，可以通过统一资源标识符来识别、定位及操作各类资源。

REST 服务具有很多优点。首先，它简洁、高效，正确使用了成熟的网络协议（如 HTTP），充分利用了已有的互联网基础设施。如图 2-7 所示为 REST 服务的常见协议栈。从图中可以看出，REST 服务使用的协议大多是常见的互联网协议，如安全协议使用了 SSL/TLS 等；传输协议使用了 URI、HTTP 及 MIME 等；数据表示规范多用 XML/JSON；聚合规范和服务发布协议分别选用 RSS/ATOM 和 AtomPub 等。其次，REST 服务实现简单，对客户端实现要求较低，大多数情况下浏览器就足以胜任。最后，REST 服务容易使用，降低了消费者使用服务的学习曲线，服务提供者对服务的维护成本也比较低。因此，REST 服务获得了较高的支持率，包括 Google 在内的各大网站都已经开始提供 REST 服务。

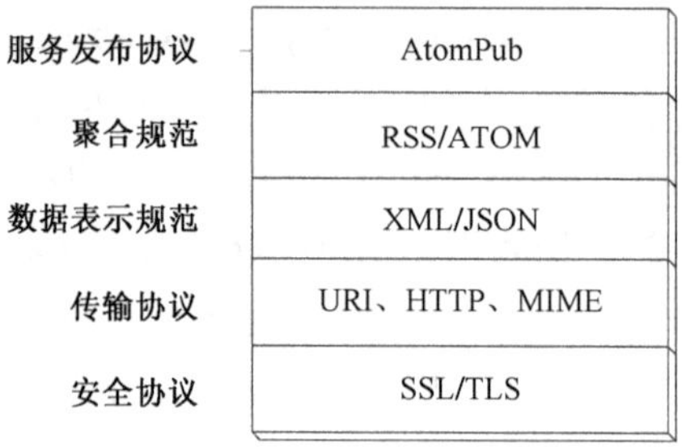

服务发布协议	AtomPub
聚合规范	RSS/ATOM
数据表示规范	XML/JSON
传输协议	URI、HTTP、MIME
安全协议	SSL/TLS

图 2-7　REST 服务的常见协议栈

然而，REST 服务毕竟是一个新兴产物，还有一些不够成熟的地方，有其自身的适用范围。例如，REST 服务不像 SOAP 服务那样有比较严格的实现标准，REST 服务的消息格式大多都是私有的，通用性较差。REST 服务对安全性和事务性考虑较少，在面向事务等复杂应用中的表现还不令人满意。此外，REST 服务也不是在任何场合都适用的。当设计资源型数据服务（如对某个互联网资源的获取和修改等服务）时，采用 REST 体系结构风格的思想相对直观，但对于其他一些复杂的服务，按 REST 体系结构风格来设计会有些牵强，因此很多网站采用 REST 和 RPC 混用的实现方式。

REST 服务的设计和开发过程并不复杂，有文献（Pautasso et al. 2009）总结了 REST 服务设计与开发的几个主要步骤，下面将逐一介绍这些步骤及实现 REST 服务的相关技巧。

1. 分析需求和识别资源

设计人员应该对应用需求进行分析，识别具有什么资源，以及哪些资源需要被暴露为服务。

2. 设计资源 URI

为每个服务设计一个 URI 来对服务进行唯一标识，以便客户端程序访问服务。如图 2-8 所示为 URI 的一个简单示例。

http://www.w3.org/TR/wsdl
URI Scheme　Authority　Path

http://www.baidu.com/s?wd=rest&pn=10&usm=1#2
Query　Fragment

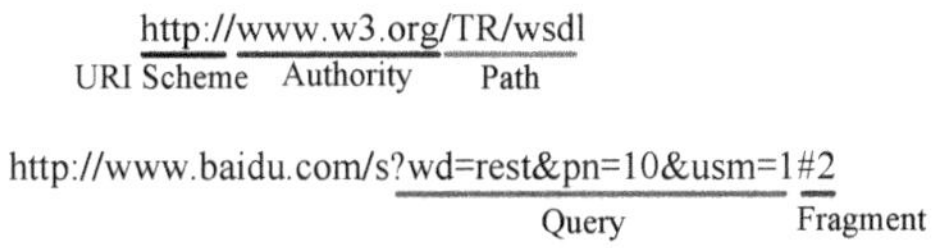

图 2-8　URI 的一个简单示例

在为 REST 服务设计 URI 时，应该遵循一些基本原则，以保障设计出来的 URI 是定义良好的且易于理解的。其主要应遵循以下几项基本原则：① URI 应保持简短，不宜过长；② URI 应具有描述性，URI 和其所代表的资源应该具有直觉上的联系，如可以使用/movie 来表示一部电影，而不用来表示一个人；③ URI 应具有一定的结构和模式，如搜索电影的 URI 如果被设计为/search/movie，那么搜索电视的 URI 也应被设计为/search/TV，而不是换一个新的结构；④ 不要对 URI 本身做出改变，当需要改变时可以选择重定向（redirection）URI；⑤ 一个资源可以有多个 URI，但一个 URI 仅能指示一个资源。

3. 设计资源操作

针对每个 URI，设计人员需要明确地定义在其上的 GET、POST、PUT、DELETE 四种操作的具体含义和行为，以及每个 URI 应该支持哪些操作。这需要设计人员对这四种操作有比较深刻的理解。

表 2-2 给出了基于 HTTP 协议的四种资源操作。下面将进一步区分其中两组容易混淆的操作。

表 2-2　REST 体系结构风格下的资源操作

CRUD 操作	REST	备注
创建	POST	创建资源
读取	GET	获取资源的当前状态
更新	PUT	初始化或更新给定 URI 资源的状态
删除	DELETE	当 URI 失效后清除资源

1）GET 和 POST 操作

GET 操作是只读操作，具有幂等性，即可以被重复执行，但不会改变资源状态。POST 操作是读写操作，会改变资源状态，可能会给服务器带来副作用。当执行 POST 操作时，浏览器通常会进行提示。

2）PUT 和 POST 操作

PUT 和 POST 操作都可以用来创建资源（初始化资源状态），但它们的语法格式和语义是不同的。PUT 操作的语法格式是“PUT /resource/{id}”，当它执行成功后将返回“201 Created”，代表新资源创建成功。POST 操作的语法格式是“POST /resource”，当它执行成功后将返回“301 Moved Permanently”，代表旧资源已被成功移除。

4. 设计资源表述

我们需要给每个会被访问的资源设计它的表述形式。常见的表述形式有 HTML、XML 和 JSON 等。JSON（JavaScript object notation）是一种轻量级的数据交换格式，独立于编程语言，易于阅读，同时易于机器解析和生成。代码 2-10 给出了 JSON 的一个示例。

```
代码 2-10
{"employeeData":
[/*数组开始*/
    {
    "name":"Zhang Gang",
    "address":{
        "city"/*字符串*/:"Beijing"/*值*/,
        "postcode":"100000"
    }
    }/*对象*/
,
    {
    "name":"Wang Cheng",
    "address":{
        "city"/*字符串*/:"Shanghai"/*值*/,
        "postcode":"200000"
    }
    }/*对象*/
] /*数组结束*/
}
```

另外，需要注意的是，当一个资源有多个表述形式时，可以根据 URI 的后缀（扩展名）来选择特定的表述形式。如代码 2-11 所示，Accept 语句指出了资源的三种表述形式，然后在 GET 语句中可以通过不同的文件扩展名来获取相应的资源表述形式。

```
代码 2-11
GET /resource
Accept: text/html, application/xml, application/json

GET /employee.html
GET /employee.xml
GET /employee.json
```

5. 建模资源关系

在设计资源表述的过程中，还需要考虑如何采用超链的形式来建模资源之间的关系。超链的作用是连接不同的资源或表示资源的当前状态可以进入哪些后续状态。超链信息将被包含在资源的表述中。代码 2-12 给出了一个包含超链信息的资源表述。

```
代码 2-12
<?xml version="1.0"?>
<p:Employees xmlns:p="http://sigsit.ict.com.cn"
xmlns:xlink=http://www.w3.org/1999/xlink
xmlns:xsi=http://www.w3.org/2001/XMLSchema-instance
xsi:schemaLocation= http://sigsit.ict.com.cn/employees.xsd">

<Employee id="001" xlink:href="http://sigsit.ict.com.cn/employees/001"/>
<Employee id="002" xlink:href="http://sigsit.ict.com.cn/employees/002"/>
<Employee id="003" xlink:href="http://sigsit.ict.com.cn/employees/003"/>
</p:Employees>
```

6. 开发与部署

根据前面的设计内容，开发具体的 REST 服务，并将其部署到服务器上。

2.1.3 REST 服务与 SOAP 服务的区别和联系

SOAP 服务和 REST 服务是容易让人混淆的两种实现技术。在实际应用中，选择哪种技术要视实际需求而定。下面将从多个视角对这两种技术进行对比分析，帮助读者对它们的优缺点和适用场景有直观的认识。

1. 发展现状

基于传统 Web 服务协议栈发展起来的 SOAP 服务历时较长，在众多厂商的支持下，已经达到了一个相对成熟的程度。采用不同平台和不同语言实现的 Web 服务之间通过 SOAP 消息已经能够很好地实现交互。相对而言，REST 服务虽然备受重视，获得比较广泛的支持，但还不够成熟。这主要表现在两个方面：一是 REST 服务的协议栈不够完善；二是 REST 服务的实现技术和过程不够规范。

首先，对比一下 SOAP 服务和 REST 服务正常运转所依赖的协议栈。如图 2-9 所示，SOAP 服务协议栈比 REST 服务协议栈更规范、更完善。但是，SOAP 服务协议栈中的大部分协议都是重新制定的，开发者使用时需要有一个较长时间的学习过程。相对地，REST 服务协议栈还不够完善，缺少规范的服务描述、服务组合及事务性等多个重要协议。但是，REST 服务采用的大多是比较成熟的互联网协议，尽可能地重用已经建设好的互联网基础设施，因此 REST 服务的开发和使用更简单、更方便。

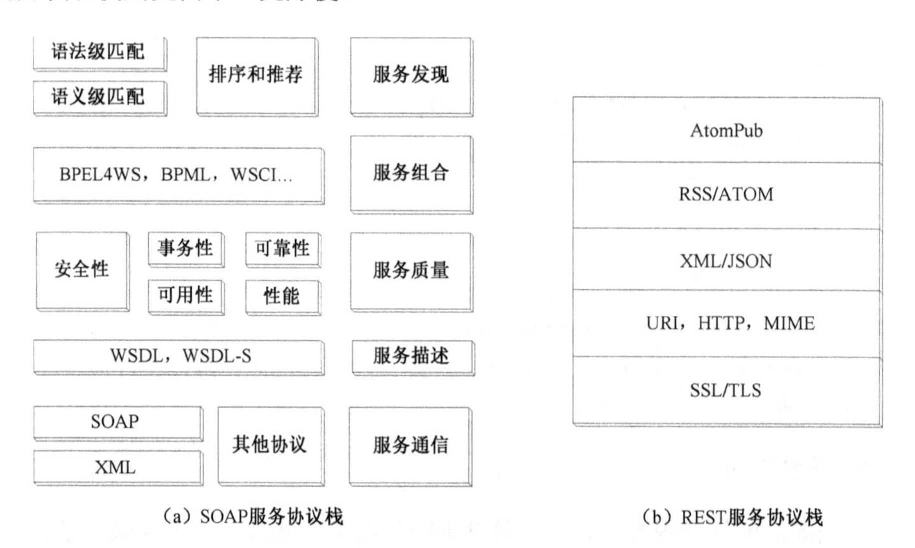

图 2-9　SOAP 服务协议栈和 REST 服务协议栈对比

其次，REST 服务已逐渐被各大厂商接受，越来越多的厂商在对外发布服务时都采用了 REST 体系结构风格。但是，REST 服务还没有一个规范的实现方式，存在太多的随意性。例如，不同厂商发布的 REST 服务可能采用不同的消息格式，这使 REST 服务在互操作性和通用性上远不如 SOAP 服务。

最后，现在的 SOAP 服务协议栈和 REST 服务协议栈出现了相互借鉴与相互融合的趋势。例如，SOAP 1.2 规范开始使用 GET 操作来获取资源，从而保障更好的安全性；WSDL 2.0 规范也开始支持对 REST 服务的描述等。

2. 实现要素

SOAP 服务和 REST 服务的实现过程有着极大的不同。下面将通过资源寻址、消息格式、操作接口、状态转移等几个实现要素来对两者的实现方式进行对比。

1）资源寻址

REST 服务重用了 Web 上正在使用的资源寻址模型。它要求为每个资源定义一个 URI 来唯一标识。使用 URI 能够以一个规范的方式来访问并使用资源。相对而言，SOAP 服务的资源寻址模型则是自定义的。SOAP 服务中虽然也使用了 URI 机制，但 SOAP 服务中的 URI 不是用来标识资源的，而是用来标识服务的入口点（entrypoints）的，资源的访问地址是在服务内部实现的，对外是不可见的。SOAP 服务可以根据实际情况采用自定义的地址分配和访问方式。

2）消息格式

SOAP 服务要求服务间传递的消息按照 SOAP 消息的格式进行封装。针对这种规范的消息，可以提供统一的消息解析和处理机制。相对地，REST 服务的消息格式就随意得多，并不要求服务按某种特定的格式进行封装。例如，REST 服务的消息格式可以是一个自定义的 XML 片段，也可以是 HTML 文档或 JSON 格式等。

3）操作接口

REST 服务强调标准化的和一致的资源操作接口。例如，基于 HTTP 协议的 REST 服务采用了 GET、POST、PUT 和 DELETE 四个基本操作。这样做的好处是可以以一致的方式来访问用 URI 标识出来的不同资源。而在 SOAP 服务中，资源的操作是自定义的。每个服务可以根据需求定义一系列的资源操作集合。这样做的缺点是，用户在使用服务前必须理解操作的语义，而且难以开发一个较为通用的服务客户端。

4）状态转移

在 REST 服务中，应用的状态转移是被显式定义并维护的。在定义资源的表述时，将采用超链来定义资源之间的关系。客户端程序通过在超链之间跳转来从一个应用状态转移到另一个应用状态。而在 SOAP 服务中，状态的转移和管理是隐式的。SOAP 消息中可以不包括资源之间的关系。客户端程序在接收到 SOAP 消息后将进入哪个状态，是由预先编码的程序实现的。

3. 性质保障

1）效率与易用性

REST 服务最引人注意的是它的高效及简洁易用的特性。它最大限度地利用了 HTTP 等网络协议的设计理念。此外，它所倡导的面向资源设计和统一资源操作接口等都有助于规范和简化开发者的设计与实现过程。与之相对的 SOAP 服务在效率和易用性方面要稍逊一筹。首先，SOAP 服务对于承载的消息有专有的数据格式，封装或解析这些消息将会降低程序的执行效率。其次，由于需求的原因，SOAP 服务不断扩充协议栈的内容，导致产生的消息格式越来越复杂，学习曲线也越来越高。

2）安全性

SOAP 服务采用了 WS-Security 规范来实现安全控制。这是一种关于如何在 Web 服务消息上保证完整性和机密性的规范。该规范描述了如何将签名和加密信息封装到 SOAP 消息中，还定义了如何在消息中加入安全令牌。与之相对的 REST 服务则没有专门的规范来保障安全性。如果需要保障安全性，那么可以由开发人员在服务承载的数据中加入自定义的安全消息。

3）事务性

SOAP 服务考虑了实际应用场景对于事务性的要求。WS-Transaction 是建立在 SOAP、WSDL 等标准上的一个常见的事务规范。它定义了两种类型的服务协作方式：针对个体服务操作的原子事务模型和针对长期运行的业务事务模型。与之相对的 REST 服务对事务性的考虑较少，因此它不太适合用于具有较高事务性要求的复杂应用场景。

4. 分析与总结

总的来说，REST 服务和 SOAP 服务有各自的优缺点，适用于不同的应用场景。REST 服务对于资源型接口来说很合适，同时适用于一些对效率要求较高，但对事务性和安全性要求较低的应用场景。SOAP 服务则与之形成互补，它适用于跨平台的、对安全性和事务性有较高要求的场景，如多企业应用系统的集成等。

2.2 服务组合与 BPMN 规范

服务组合是以特定的方式（取决于服务组合语言）按给定的应用逻辑将若干服务组织成一个逻辑整体的方法、过程和技术。服务组合建模的意义在于在较高的抽象层次对业务问题进行规范和定义，为服务组合编码活动提供设计蓝图。服务组合建模活动的结果是服务组合模型，该模型并不能执行，但可以被分析和验证。而且由于模型比实现代码具有更高的抽象等级，因此在理解和修改上都更容易。通过模型驱动的方法，服务组合模型和服务组合代码可以互相自动映射，这对服务组合代码的产生和维护都很有帮助。

目前较有影响力的服务组合建模语言是业务过程建模符号（business process model and notation，BPMN）。其最初是由 BPMI（Business Process Management Initiative）于 2004 年 5 月发布的规范 BPMN1.0 版本。在 BPMI 于 2005 年 9 月并入 OMG（Object Management Group）后，OMG 于 2011 年 1 月发布 BPMN2.0 版本，目前 BPMN 的最新版本是 2014 年 1 月发布的 2.0.2 版本。BPMN 一经推出就受到了业界的欢迎，目前已成为事实上的建模业务过程的标准。本节主要介绍 BPMN 的基本概念和建模技术。服务互联网运行环境的基本功能就是支持服务方案的实例化和执行，而服务方案就是以 BPMN 为基础进行描述的。

BPMN 是由 BPMI 发布的表示业务过程步骤的规范图形符号。当前商务环境注重企业间的动态协作，业务过程可以跨越组织边界，涉及互相合作的多个企业。但是，协调多个参与者之间的通信给业务过程建模带来了新的挑战。BPMN 主要有以下两个设计目标。

（1）为高层业务用户提供业务过程建模的标准图形表示，用 BPMN 建立的业务过程模型应该能被业务人员和技术人员容易地阅读与理解。

（2）为需要交流业务过程的用户、厂商和服务提供者提供描述业务过程的标准方法。

2.2.1 BPMN 元模型

元模型是关于模型的模型，认识元模型可以帮助我们理解组成模型语言的元素之间的关系。认识 BPMN 元模型也可以帮助我们了解服务组合技术的一些本质内涵。

由于 BPMN 元模型比较庞大，我们分两个图来介绍。图 2-10 给出了最高层的图形元素及其所有的子类元素，其中流对象的子类元素没有给出，将在后面介绍。

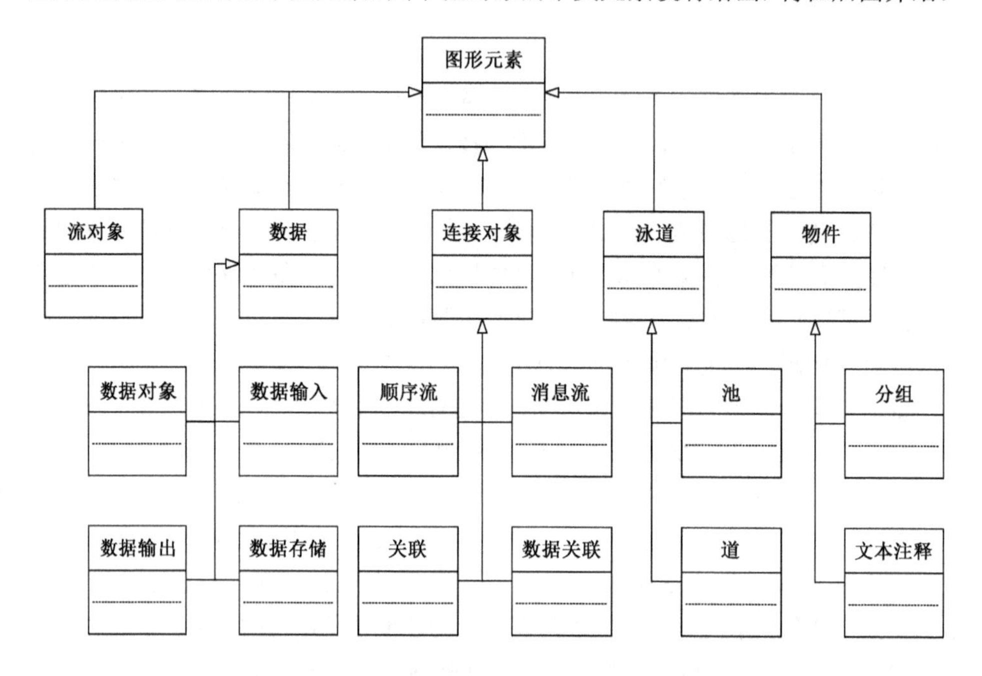

图 2-10　BPMN 元模型（一）

如图 2-10 所示，BPMN 图形元素可分为以下 5 类。

（1）流对象：定义业务过程的主要元素，类似于有向图中的节点，可以用连接对象互相连接。

（2）数据：用于表示业务过程中数据相关的内容。

（3）连接对象：用于流对象之间的互相连接，或者把流对象和其他信息建立关联。

（4）泳道：用于对基本建模元素分组。

（5）物件：用于对业务过程提供额外信息。

在图 2-11 中，我们给出了流对象的所有子类元素。可以看出，流对象有 3 种：事件、活动和网关。

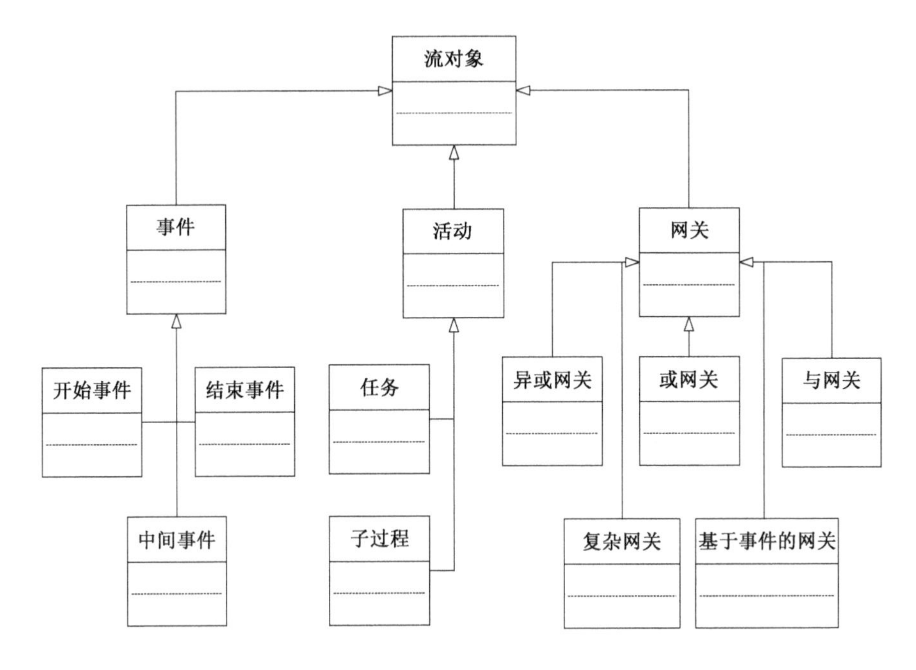

图 2-11　BPMN 元模型（二）

2.2.2　BPMN 流对象

流对象是 BPMN 的核心元素，流对象有 3 种，分别是事件、活动和网关。

2.2.2.1　事件

事件是在业务过程活动期间发生的情况。BPMN 共有 3 类事件：开始事件（start event）、结束事件（end event）和中间事件（intermediate event）。这三类事件的图形表示及描述如表 2-3 所示。

更加复杂的业务事件可以通过给事件加上触发器（trigger）获得，触发器有很多类型，包括消息（message）、计时（timer）、规则（rule）、错误（error）、链接（link）、多重（multiple）、异常（exception）、补偿（compensation）、取消（cancel）和终止（kill）等。并不是所有的触发器类型都能和某类事件匹配，下面按事件类型讨论事件和触发器的匹配及其含义。

表 2-3 BPMN 事件的图形表示及描述

开始事件		中间事件		结束事件	
图形	描述	图形	描述	图形	描述
○	触发过程开始的事件	◎	在过程进行中发生的事件	○	过程结束产生的事件

开始事件相关触发器的作用是启动过程或事件子过程，其分类与说明如表 2-4 所示。

表 2-4 BPMN 开始事件相关触发器分类与说明

触发器	图形	描述
消息		来自过程参与者的消息触发过程的开始
计时		在指定的时间或时间周期启动过程
条件		在定义的条件满足时启动过程
信号		当接收到另一个过程广播发出的信号后，启动本过程
多重		可以为开始事件定义多个触发器，任何一个触发器满足条件都会启动过程
并行多重		可以为开始事件定义多个触发器，所有触发器都满足条件时才会启动过程
升级		用于在子过程和父过程之间通信，触发事件子过程
错误		用于在错误发生时触发事件子过程
补偿		用于触发补偿事件子过程

对于消息、计时、条件、信号、多重、并行多重和升级开始事件，其图形边缘还可以为虚线，表示非中断事件子过程，事件子过程将与父过程一同执行。

中间事件相关触发器的作用是进行异常处理、事务补偿处理和时间相关的事件触发。中间事件可以在过程内部作为节点单独出现，也可以附着在子过程或任务上，但语义不同。当中间事件作为节点单独出现时，可以表示发出或等待事件，而当其附着在子过程或任务上时，往往表示捕捉并处理异常事件。比如，当带错误触发器的中间事件（简称错误中间事件）单独出现时，表示抛出错误的语义；而当其附着在子过程或任务上时，表示捕捉错误的语义。中间事件相关触发器的分类与说明如表 2-5 所示。

表 2-5 BPMN 中间事件相关触发器分类与说明

触发器	图形	描述
消息		表示发出消息
		表示接收消息
计时		单独出现表示延时等待；附着时表示限制子过程或任务的执行时间，时间到后继续过程的执行
错误		只附着在任务边界上出现，表现捕捉错误，中断任务的执行
取消		仅用于附着在参与事务的子过程上，当该子过程的取消型结束事件被触发或事务活动期间事务协议发出取消消息时，该取消中间事件被触发
链接		用于链接过程的两部分，相当于 goto 语句；此图标表示接收链接事件
		表示抛出链接事件
补偿		附着在任务边界上，用于捕捉补偿事件，执行关联的补偿任务
		用于抛出补偿事件，其可见的已成功结束的任务将被补偿
条件		仅用于异常处理，当条件满足时事件就被触发
信号		当接收到信号时，事件就被触发
		表示抛出信号
升级		用于接收升级事件，在子过程和父过程之间通信
		表示抛出升级事件
多重		可以为中间事件定义多个触发器，任何一个触发器满足条件都会触发事件
		表示抛出事件，所有触发器都会被触发
并行多重		可以为中间事件定义多个触发器，所有触发器都满足条件时才会触发事件

对于消息、计时、条件、信号、多重、并行多重和升级中间事件，其图形边缘还可以为虚线，表示非中断型中间事件，其所依附的活动将继续执行。

如图 2-12 所示是一个由消息启动的过程，该过程的任务任务 1 附着了一个错误中间事件。在正常情况下，任务 1 完成后将执行任务 2，但如果出现异常，错误中间事件将被触发，流程转入异常处理。

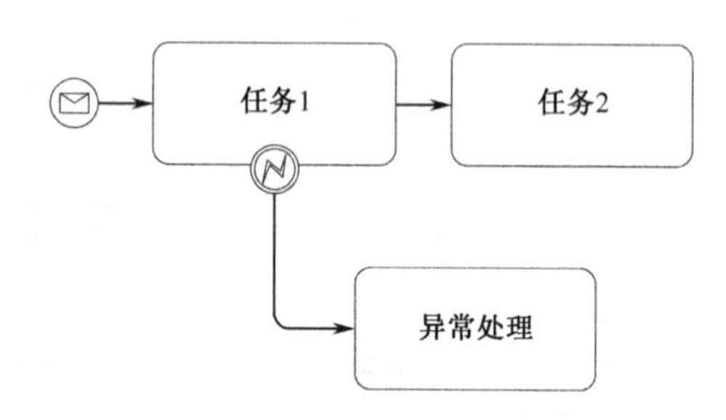

图 2-12　中间事件用法示例

结束事件相关触发器的作用是在过程结束后发出相关的信号。其分类与说明如表 2-6 所示。

表 2-6　BPMN 结束事件相关触发器分类与说明

触发器	图形	描述
消息		过程结束后将向其协作伙伴发出消息
错误		表示子过程结束时产生错误信号，该错误信号应由事件上下文的某个中间事件（如附着在该子过程的父过程上的某个错误中间事件）捕捉
升级		表示子过程结束时产生升级信号
取消		仅出现在参与事务的子过程中，用于发出事务取消信号，该信号会触发附着在该子过程上的取消中间事件，该信号也表示要向所有参与事务者发出事务取消消息
补偿		子过程结束时发出补偿信号，由补偿中间事件捕获
信号		表示过程结束时发出广播信号
终止		表示过程结束后所有实例的活动都立即结束，过程结束后不进行补偿和事务处理
多重		表示过程结束后会有多个后果，如可能发出多条消息

2.2.2.2　活动

活动是对一定行为的抽象。活动可以是原子的，也可以是复合的。原子活动被称为任务，而复合活动被称为子过程。BPMN 活动的具体分类及说明如表 2-7 所示。

子过程边框为虚线时，表示其是事件子过程。事件子过程可以出现在过程或子过程中，它的开始事件触发它活动，它可以中断上一层过程，也可以与上一层过程中的活动平行执行，这一切取决于它的开始事件的行为。

子过程边框为双线时，表示其是事务子过程。事务子过程包含一系列活动，这些活动逻辑上紧密地联系在一起。它遵循特定的事务规约。

表 2-7　BPMN 活动的分类与说明

活动	图形	描述
子过程（收缩）		收缩的子过程
子过程（展开）	子过程A	展开的子过程
任务		原子活动
事件子过程（收缩）		收缩的事件子过程
事务子过程（收缩）		收缩的事务子过程

2.2.2.3　网关

BPMN 中的网关元素类似于工作流中的路由节点，其决定业务过程的分支、合并等路由情况。如图 2-13 所示，一个网关必然有入流和出流，入流是进入网关的顺序流，出流是离开网关的顺序流。网关由入流激活，然后决定是否激活出流及激活哪个出流。

当网关的入流只有 1 条而出流有多条时，该网关是判定（decision）网关，如图 2-13(a)所示。而当网关的入流是多条而出流是 1 条时，该网关是归并(merge）网关，如图 2-13（b）所示。

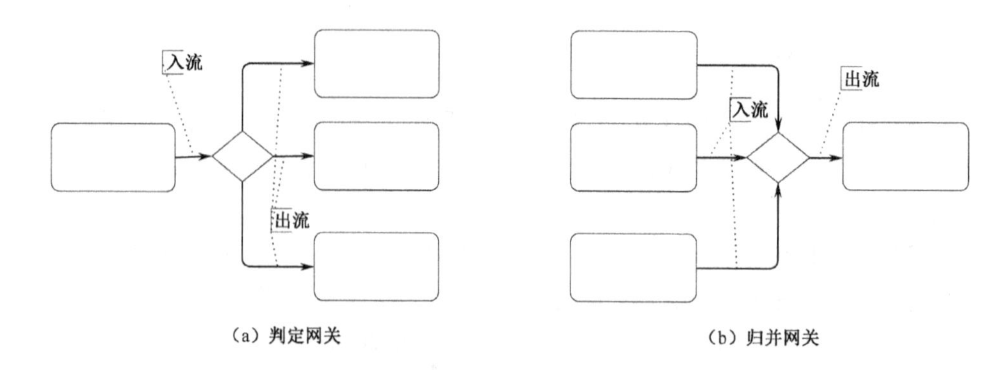

(a) 判定网关　　(b) 归并网关

图 2-13　BPMN 网关

除了可以表达通常基于数据的“与分支/归并”和“或分支/归并”路由，BPMN 网关还可以基于事件选择分支路由，表示在 M 个分支路径中选择 N（$N \leqslant M$）个分支路径的情况。

BPMN 的网关从逻辑上可以分为五种类型：异或网关、基于事件的网关、或网关、与网关及复杂网关。每类网关都可以作为判定网关和归并网关。BPMN 网关的分类与说明如表 2-8 所示。

表 2-8　BPMN 网关的分类与说明

网关	图形	描述
异或网关	或	表示多路选一的判定及其归并，判定条件的设定是基于数据的
基于事件的网关		表示多路选一的判定及其归并，判定条件的设定是基于事件的
异或基于事件的网关		用于过程开始，每个事件触发一次过程的执行
并行基于事件的网关		用于过程开始，所有事件仅触发一次过程的执行
或网关		表示多路选多的判定及其归并
与网关		表示并行分支及其归并
复杂网关		用于表示其他网关无法表示的复杂路由和归并

下面具体分析这几种网关的语义。

1. 异或网关

异或网关，也叫排他网关，用作判定网关时的语义类似于编程语言中的 switch 语句，是从多个出流中选择激活一个，选择的判定条件由网关决定，判定条件是基于数据的表达式。如图 2-14 所示是异或网关示例，在用异或网关表示的这个过程片段中，异或判定网关利用库存检查的结果数据在三个出流中选择激活其中的一个，异或归并网关则合并三个分支。异或归并网关的入流虽然有多个，但其中只能有一个是活动的，因此任何一个入流到达异或归并网关时，异或归并网关都会激活其出流以让过程继续。

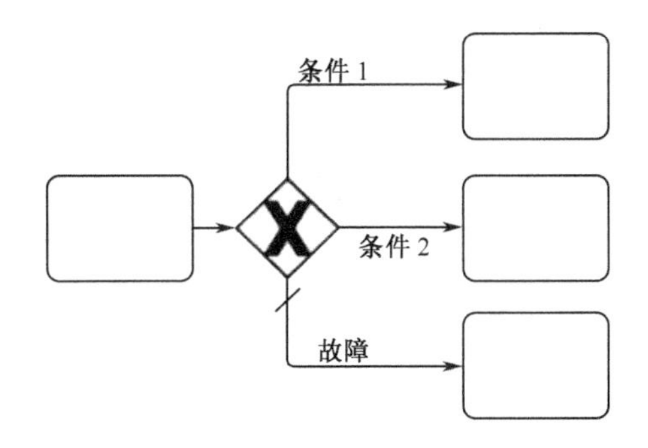

图 2-14　异或网关示例

2. 基于事件的网关

基于事件的网关可以根据到达的事件选择激活其出流中的一个，如图 2-15 所示。其中基于事件的网关被激活后，一方面等待消息事件，并根据到达的消息决定激活哪个出流；另一方面计时事件也被激活，当规定的时间到后没有收到合适的消息，那么同计时事件相关联的路径就会被激活。

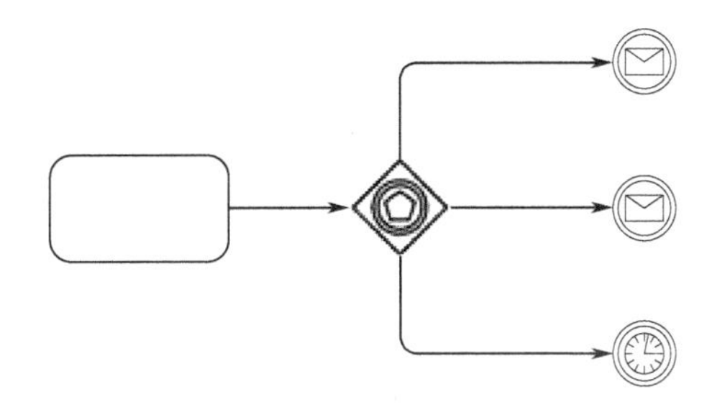

图 2-15　基于事件的网关示例

基于事件的网关可以用在过程开始时，包括异或基于事件的网关和并行基于事件的网关两种。异或基于事件的网关表示每个事件都会触发一次过程的执行，产生新的过程实例，这类网关图形的菱形中包含的是多重开始事件的图形。并行基于事件的网关表示所有事件仅触发一次过程的执行，只产生一个过程实例，这类网关图形的菱形中包含的是并行多重开始事件的图形。

3. 或网关

或判定网关，也叫多路网关、相容网关或包容网关，可以激活多个满足条件的出流。如图 2-16 所示，只要条件 1 或条件 2 满足，或判定网关就会激活相关出流。由于或判定网关至少要激活一条出流，因此必须为或判定网关设置一条默认出流（最下端的出流），这样当其他判定条件都无法满足时，默认出流将被激活。

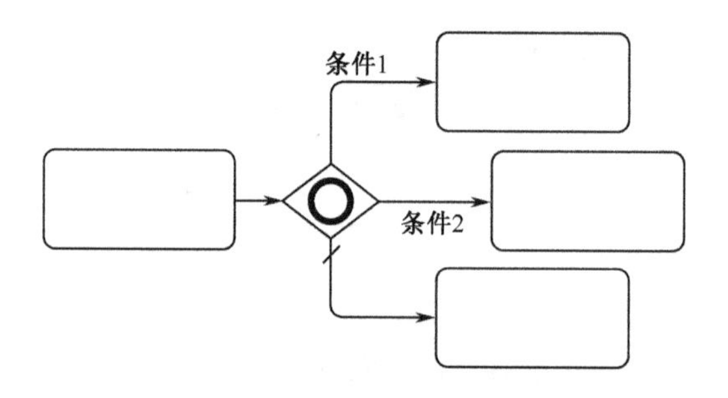

图 2-16　或判定网关示例

或归并网关的作用是同步活动的入流。比如在图 2-17 中，如果条件 1 和条件 2 都为真，那么与其相关的路径都会被激活，其后的或归并网关会等这两个入流都到达，然后再激活其出流以继续过程的执行。

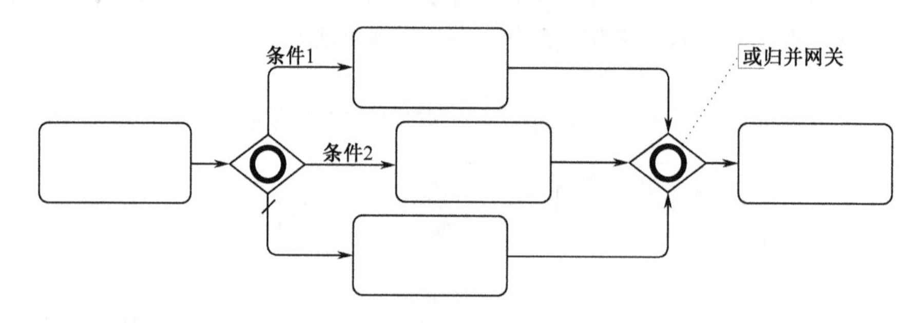

图 2-17　或归并网关示例

4. 与网关

与网关，也叫并行网关。如图 2-18 所示，与网关有两种，即并行分叉网关和并行归并网关，分别用于开始并行路径和同步并行路径。

5. 复杂网关

复杂判定网关可以处理用其他判定网关不容易处理的场景，如需要分组决定出流的激活情况。复杂归并网关可以用表达式决定入流的情况是否满足继续执行过程的条件，如图 2-19 所示是一种“选举”模式的复杂归并网关，当复杂归并网关的任意两个入流被激活时，该网关才会激活其出流以让过程继续执行。

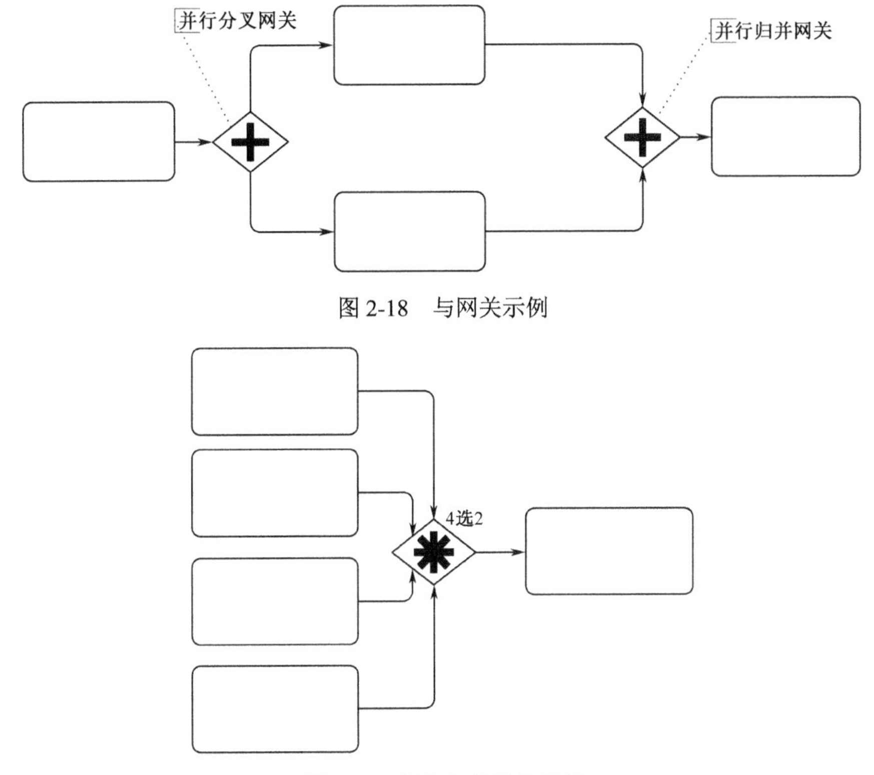

图 2-18　与网关示例

图 2-19　复杂归并网关示例

2.2.3 BPMN 连接对象

BPMN 共有四种连接对象：顺序流、消息流、关联和数据关联。其中，顺序流用于表示流对象之间的顺序控制流关系；消息流用于表示流对象之间的消息流动关系；关联把额外的信息关联到流对象；数据关联用于表示流对象之间的数据传递。顺序流只用于表示组织内部节点间的流关系，不能在跨组织的节点间建立顺序流关系，而消息流一般用于表示组织间互相发送消息的情形。

2.2.3.1 顺序流

如表 2-9 所示，BPMN 中有三种顺序流。

表 2-9 BPMN 顺序流

流	图形	描述
普通顺序流	——▶	连接事件、活动和网关，表示顺序关系
条件顺序流	◇—条件—▶	在条件满足时才激活其目标节点
默认顺序流	⟋——▶	用于网关的出流中，表示默认路径

2.2.3.2 消息流

如表 2-10 所示，消息流是对节点间消息发送和接收的建模，可以说消息流是服务组合建模语言区别于工作流建模语言的重要特征。消息流主要用于组织间松耦合的基于消息的交互。除了连接节点，消息流也可以连接到“池”。池是 BPMN 中表示组织机构的元素，用消息流和池可以对组织间的会话协作建模。

表 2-10 BPMN 消息流

流	图形	描述
消息流	o- - - - - - - - - -▷	表示消息的发送和接收

2.2.3.3 关联

关联为流对象提供额外的信息，如注释、数据对象等。如表 2-11 所示，在 BPMN 图示中，关联表现为虚线，也可带箭头，表示单向关联或双向关联。

表 2-11 BPMN 关联

关联	图形	描述
关联	....	联系物件和过程中非物件的元素

2.2.3.4 数据关联

数据关联用于在数据对象、属性、活动的输入/输出、过程等元素之间移动数据。如表 2-12 所示，数据关联的图形表示为带箭头的关联图形。

表 2-12 BPMN 数据关联

关联	图形	描述
数据关联	......................▶	表示输入/输出、过程中数据的移动

2.2.4 BPMN 泳道

BPMN 泳道用于分组模型元素。泳道有两种：池（pool）和道（lane）。其中池表示过程的参与者。这个参与者可以是业务实体（如某公司），也可以是业务角色（如生产者、购买者、销售者等）。道把池划分为几个部分，用于表示池的各个组成部分。如图 2-20 所示，AdvantWise 公司用池表示，而其中的部门构成了池中的道，部门提供的服务出现在其相应的道中。

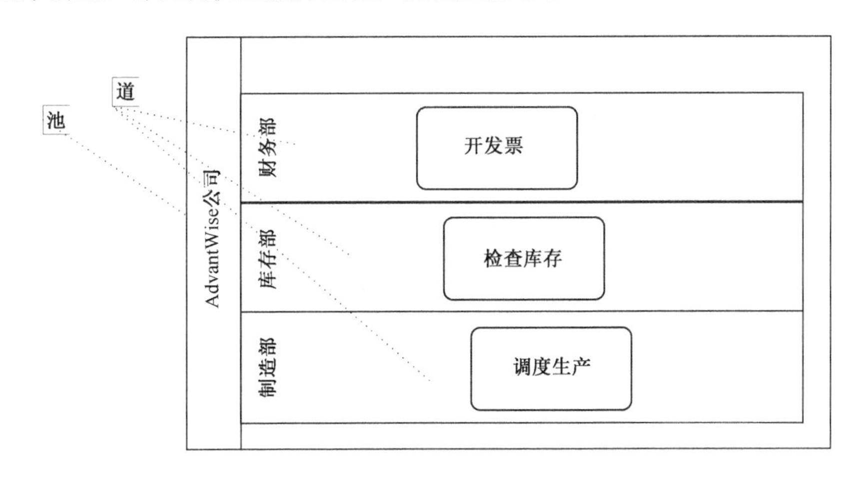

图 2-20 BPMN 池和道

池可以以黑盒的形式出现，此时组织被抽象为一个实体，其内部细节并不暴露。可仅利用池和消息流建立组织之间的会话协作模型。以客户和 AdvantWise 公司之间的会话片段为例，其中，客户先向 AdvantWise 公司发订单消息，而 AdvantWise 公司在处理订单的过程中会向客户返回“订单取消”“订单接收”“订单完成”等消息，如图 2-21 所示。

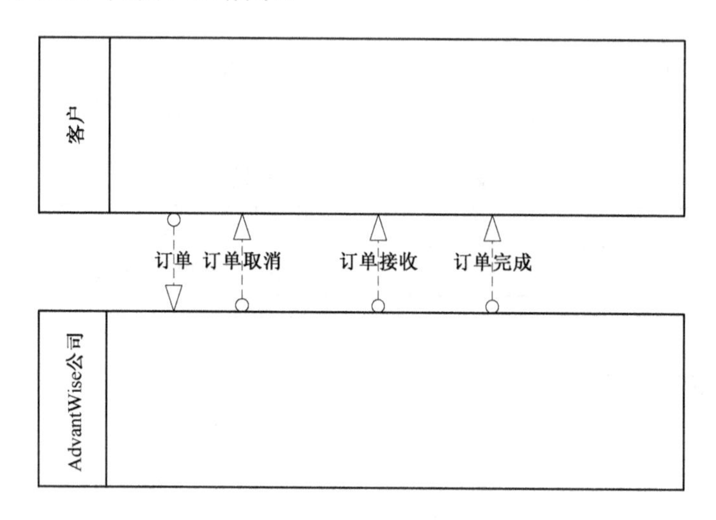

图 2-21　用池和消息流为组织间的会话协作建模

2.2.5　BPMN 数据

数据用于表示执行业务流程时所需或生成的信息，共包括四类：数据对象、数据输入、数据输出和数据存储，如表 2-13 所示。通过数据元素，能够在流程图中标示出数据的流向与转换。

表 2-13　BPMN 数据

数据	图形	描述
数据对象		提供活动执行所需要的信息或活动产生的信息
数据对象（集合）		表示集合形式的数据对象
数据输入		整个过程的数据输入

续表

数据	图形	描述
数据输出		整个过程的执行结果
数据存储	Data Store	过程可以访问和写入的共享数据，如数据库，共享数据的持久化管理并不由当前实例负责

2.2.6　BPMN 物件

物件（artifact）是为过程模型提供额外信息的实体，其本身不会对过程的语义产生影响，而关联（associate）为物件和过程模型中的实体建立联系。

如表 2-14 所示，目前 BPMN 中共定义了两类物件：注释（annotation）和组（group）。

表 2-14　BPMN 物件

物件和关联	图形	描述
注释	注释	注释
组	组	为过程中的实体分组

2.3　云计算与容器云技术

2.3.1　Docker 容器技术

容器技术有很多，下面介绍 Docker 技术。Docker 是一种开放源代码的容器技术，它可以运行应用程序，并且更容易开发和分发（李娜 2018）。在 Docker 中构建的应用程序与所有支持的依赖项一起打包成一个称为容器的标准形式，以一种隔离的方式在操作系统内核之上运行。虽然容器技术已经有超过 10 年的历史了，但 Docker 提供了新颖的创建和控制容器的工具，使开发者可以很容易地将应用程序打包到轻量级容器中，从而使虚拟化的应用程序在无须更改的情况下运行在任何地方。Docker 可以很容易地与第三方工具协调，这有助于轻松地部署和管理容器，并将其便捷地部署至基于云的环境。

Docker 提供了一个工具，当应用程序被部署到容器中时，它可以自动执行这些应用程序。Docker 在虚拟化和执行应用程序的容器环境中增加了额外的部署层。Docker 的设计思路是提供快速和轻量级的环境，使代码可以高效地运行，在生产之前从计算机中提取代码进行测试（Anderson 2014）。

Docker 有四个主要的内部组件，分别是 Docker 客户端和服务器、Docker 镜像、Docker 注册表和 Docker 容器。

1. Docker 客户端和服务器

Docker 可以解释为一个基于客户端和服务器的应用程序，如图 2-22 所示。

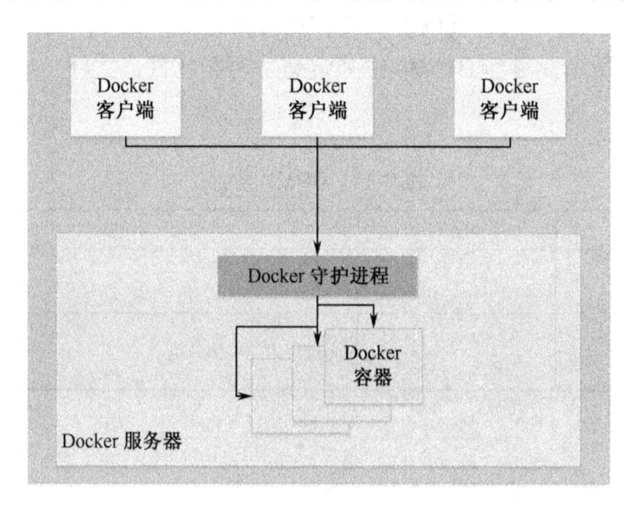

图 2-22　Docker 架构

Docker 服务器从 Docker 客户端获取请求，然后相应地处理这些请求。Docker 提供了完整的 RESTful API 和命令行客户端二进制文件。Docker 守护进程/服务器和 Docker 客户端可以运行在同一台机器上，本地 Docker 客户端可以连接至运行在另一台机器上的远程服务器或守护进程。

2. Docker 镜像

可以用以下两种方法构建镜像。第一种方法是使用只读模板构建镜像。每个镜像的基础都是一个基础镜像，比如 Ubuntu 14.04 LTS 或 Fedora 20。基于操作系统的镜像可创建具有完整操作系统的容器。基础镜像也可以从头创建。通过修改基础镜像，可以将所需的应用程序添加到基础镜像中，从而构建新镜像。构建新镜像的过程称为“提交更改”。第二种方法是创建 docker file 文件。当“docker build”命令在 bash 终端运行时，它遵循在 docker file 文件中给出的所有指令，从而构建一个镜像。这是自动构建镜像的方法。

3. Docker 注册表

Docker 镜像被放置在 Docker 注册表中，它与源代码存储库相对应。在源代码存储库中，镜像可以从单个源代码中推入或拉出。注册表有两种类型：公共的注册表和私有的注册表。Docker Hub 被称为公共注册中心，在这里每个人都可以提取可用的镜像并推送自己的镜像。通过使用 Docker Hub 特性，可以将镜像分发到特定的区域（公共的或私有的）。

4. Docker 容器

通过 Docker 镜像可创建 Docker 容器。容器包含应用程序所需的全部套件，因此可以以独立的方式运行应用程序。例如，假设有一个带有 SQL SERVER 系统的 Ubuntu 操作系统镜像，当这个镜像使用“docker run”命令运行时，就会创建一个容器，SQL SERVER 系统就会在 Ubuntu 操作系统上运行。

2.3.2 Kubernetes 技术

1. 容器与 Kubernetes

容器是从静态镜像实例化的虚拟机（VM）。容器通常是无状态的，容器关闭后，它们的状态就会丢失。与传统的 VM 相比，基于分层文件系统的容器创建更快，资源供应也更有效（Bernstein 2014）。

在使用许多容器的大规模环境中，有一个管理容器的平台是至关重要的。谷歌公司在容器技术方面有 10 多年的经验，发布了由 Borg 演变而来的 Kubernetes。Kubernetes 由 CNCF（云原生计算基金会）管理，其他公司如 Red Hat，也为 Kubernetes 的开发做出了贡献。当前 Kubernetes 可以在 GitHub 上获得。

Kubernetes 继承了 Borg 的概念。例如，日志分析器可以读取分析 Web 日志。又如，为了将高耦合容器保持在同一台机器上以改善通信，Kubernetes 中提供了名为 Pod 的组件，与 Borg 的 Alloc 具有相同的目标。

Kubernetes 集群由多个机器组成，这些机器可以是虚拟的，也可以是物理的。

如图 2-23 所示，每台机器都是一个节点（Node）。节点是最小管理单元，可以容纳一个或多个容器。Pod 中的容器共享资源，可以写入和读取数据的卷。客户端通过防火墙与集群联系，防火墙根据负载均衡规则将请求分配给节点。每个节点都安装了代理，代理接收来自防火墙的请求，并将它们发送到 Pod，在多个副本之间实现负载分配。Kubelet 管理节点中的 Pod、容器、镜像和其他元素，将有关容器监视的数据转发给主节点。

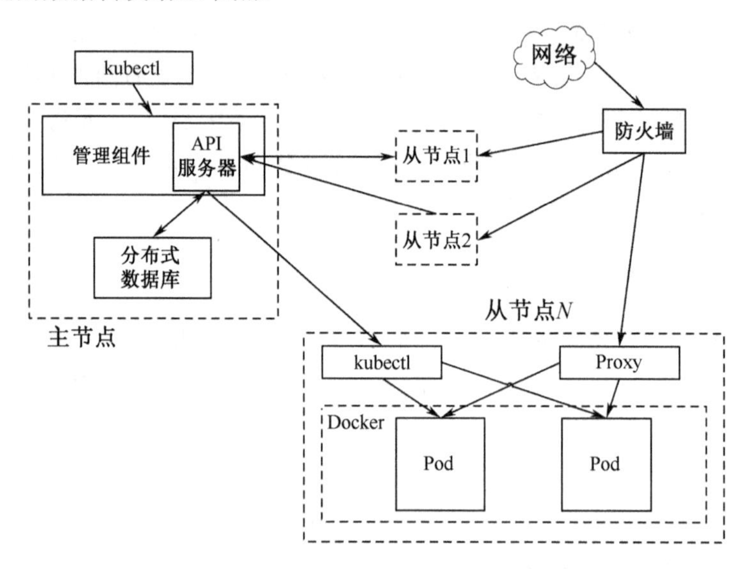

图 2-23　Kubernetes 架构图

Kubernetes 的管理组件位于主节点中。分布式数据存储由 etcd. service 管理，它可以在数据创建或更新等事件发生时通知其他组件。Kubernetes 中的组件通过 RESTful API 访问存储的数据。操作人员可以通过 kubectl 接口命令与集群交互，如检查集群的健康状况或创建一个 Pod。

2. Kubernetes 内的协调

Kubernetes 可以复制、创建或销毁容器，并保持预定义数量的容器副本运行，还可以通过负载平衡特性提高可用性。一些应用程序需要更强的协议进行保证（Chang et al. 2017）。例如，在协作应用中，小组成员的行动由 Kubernetes 架构协调。同样，在复制数据以提供容错的应用程序中，协议起着中心作用。像 Raft 和 BFT-SMaRt 这样的协议可以在应用程序级别提供协调。从应用程序中删除协调责任，交由 Kubernetes 管理，可以减少容器镜像的大小和应用程序的复杂性，提高软件的可维护性。

协议的一个特点是组成员之间经常交换消息。使用共享内存（SM）实现的状态复制协议，可以从更少的消息交换中受益。组的成员只能在 SM 中读写值，不能对所有成员进行多类型转换。Kubernetes 使用 etcd 来维护关于容器的信息。通过集成将协调整合到 Kubernetes 组件中，可以修改或将新的组件添加到系统中。

3. Kubernetes 组件

etcd：它存储可以被组中的每个 Hub 使用的数据。它是一个高可用的关键存储，可以在不同的中心之间传播。它只是 Kubernetes API 服务器可用的，因为它可能有敏感的数据。

API 服务器：Kubernetes 是一个 API 服务器，它利用 API 提供所有的任务。API 服务器用于实现接口，不同的工具和库可以迅速地与它对话。Kubeconfig 是一个可以用于通信的服务器端设备包。

Scheduler：是 Kubernetes 的核心组件之一，主要负责整个集群资源的调度功能，根据特定的调度算法和策略，将 Pod 调度到最优的工作节点上，从而更加合理、更加充分地利用集群的资源。

Controller Manager：主要目的是实现 Kubernetes 集群的故障检测和恢复的自动化工作，它由众多控制器组成，比如 EndpointController 控制器负责 Endpoint 对象的创建和更新，ReplicationManager 控制器确保 RS 和 Pod 副本数量的一致性，NodeController 控制器负责节点的发现、管理和监控。

Kubelet Service：可以看作一组提供相同服务的 Pod 的访问接口。每个 Service 通过 kube-proxy 组件和标签选择器决定服务请求传递给具体提供这种服务的某个 Pod 上，并提供一个固定的访问地址（称为 ClusterIP）。它是真实应用服务的抽象，外部不需要了解后端如何运行，极大地简化了扩展和维护工作。

Kubernetes Proxy Service：这是一种中间代理服务，在每个节点上持续运行，并有助于外部主机访问。它有助于发送请求，并配备执行资源和负载调整。它确保了系统管理条件的平稳性和开放性，同时它是分离的。

2.3.3　微服务技术

在过去的几十年里，编程语言和范式的特点逐步向分布式、模块化和松耦合转变，目的是提高代码重用性和健壮性。这种必要性已经被不断提高的软件质量需求决定了，不仅在安全和财务相关的关键应用程序中，而且在更常见的现成软件包中。

可以将 SOA 看作朝这个方向迈出的一步，其将对代码重用性和健壮性的需求，与对可能属于不同公司的异构信息系统之间的互操作性的需求相结合。这就需要将服务作为软件实体，使用标准数据格式和协议（如 XML、SOAP 和 HTTP），以及定义良好的接口的消息传递进行通信，与其他软件实体交互。

微服务是朝这个方向迈出的又一步，它强调使用小型服务，并将面向服务的技术从系统集成转移到系统设计、开发和部署（Thönes 2015）。

如今，如何向微服务的转变是一个关键问题。接下来将重点介绍微服务的特性。

（1）可伸缩性。它是微服务范例提供的关键特性之一。这里强调，虽然出于性能原因通常需要可伸缩性，但为了应对高负载，也可以使用可伸缩性来确保可用性和容错性。根据需要可伸缩性的原因，需要使用不同的方法。

（2）分布。分布并不是微服务的原始特性，如 SOA 也是分布的。然而，由于体积小，微服务把这个特性发挥到了极致，即每个业务功能，包括它们的功能和相关的数据，都实现了独立的组件服务在主机的部署。

（3）非均匀伸缩。通常，当单体体系结构面临不断增长的负载时，很难定位系统的哪些组件实际上受到了影响。这意味着，尽管可能只有单个组件过载，但整体需要扩展，如通过复制扩展或垂直扩展。即使已知哪个组件正在承受过载，也很难单独扩展它。同样的推理也适用于 SOA：SOA 中的服务可能很大，经常将整个应用程序隐藏在面向服务的接口后面，因此它们只能在大粒度上伸缩。当需要可伸缩性来实现高可用性时，亦是如此。由于微服务是相互独立地实现和部署的，它们运行在独立的进程中，因此可以独立地监视和扩展它们。

（4）弹性。便捷地复制单个微服务、在单一主机上定位微服务，体现了微服务体系结构的弹性及其负载动态伸缩的能力。微服务体系结构可以应用于动态规模的集群，有效地利用可用资源。当高负载时，系统可以容易地扩大额外的主机资源，动态平衡负载；当资源剩余过多时，系统可在较低负载的主机完成迁移任务后将其从集群中删除。此外，服务副本的数量可动态增加或减少，这一特性使微服务成为云计算的一项技术。随着越来越多的应用程序应用云计算，微服务的受欢迎程度将继续增加。

（5）可用性。微服务有助于提高可用性，一般来说，高可用性是通过微服务跨数据中心和地理距离复制与传播来实现的。此外，当更新一个单一应用程序时，需要停止它并重新部署它，从而可能导致长时间的停机，但可复制性和独立性使微服务能够解决这个问题。首先，更新一个微服务体系结构通常只涉及一个或几个与业务能力相关的微服务，因此减少了部署时间；其次，同一个微服务的新旧版本可以并行运行，如旧版本完成正在运行的请求，新版本处理新请求，旧版本可以在它工作结束后被移除。容器化避免了服务的两个版本之间的干扰，允许依赖同一库的不同版本存在。

（6）健壮性。微服务也会带来健壮性方面的好处。可以像上面描述的那样复制微服务，以确保容错。由于使用了容器化和独立进程，容错性自然也得到了提高。事实上，单个微服务与其他微服务完全隔离，只能通过其定义的接口或所依赖的资源受其他微服务的影响。这意味着，即使一些微服务可能会失败，隔离也可以确保其他微服务及其环境不受影响。当然，这需要微服务实现一些容错机制，这些机制可以检测它所依赖的其他微服务中的可能故障，以防止级联故障。

（7）语言的选择。微服务体系结构可以使用多种技术来构建，也可以组合到同一个系统中，使用专用语言可以简化微服务系统的开发流程。例如，Jolie 语言具有与微服务相关的特性。

（8）应用。微服务体系结构作为应用程序解决方案，需要可伸缩性、最小化和内聚性。现在有几家公司正在将它们的单体架构转移到微服务上，以获得可伸缩性。Netflix 就是这样的一个例子，现在 Netflix 的底层微服务架构使其能够有效地扩展，每天为数百万名用户提供服务，这样不仅使部署和重新部署更容易，而且使部署自动化。微服务架构还允许 Netflix 通过启动一个名为 Chaos Monkey 的服务来持续测试系统内部的故障，从而提高健壮性和可用性。

第3章

服务互联网运行环境的体系结构

服务互联网运行环境的体系结构定义了服务互联网运行环境软件的构成、各部分之间交互关系等，是构建能够支持服务方案跨网跨域可靠运行、服务方案动态演化的服务互联网运行环境的基础。服务互联网运行环境的体系结构在大服务参考体系结构基础上进行设计，继承了 SOA、事件驱动的 SOA、去中心的分布式系统体系结构的主要思想。

因此，首先，本章从软件体系结构的基本概念入手，依次对 SOA、事件驱动的 SOA、去中心的分布式系统体系结构、大服务参考体系结构的基本概念进行了介绍。其次，本章从功能构成角度介绍了服务互联网运行环境体系结构的功能视图，从实现架构角度介绍了去中心的服务互联网运行环境的架构。

由于服务方案往往是基于多个服务互联网节点协同执行的，服务互联网节点之间需要基于统一的标准或规范进行通信和交互，因此本章还介绍了服务互联网运行环境的物理拓扑结构及节点通信机制，并在最后总结了服务互联网运行环境体系结构的特点。

3.1 基本概念

定义 3.1 软件体系结构（software architecture）：是软件系统的基本组织，

包含构件、构件之间的关系、构件与环境之间的关系，以及相关的设计与演化原则（ISS Board 2000）。

根据以上定义，可以看出，软件体系结构描述了软件的构成，定义了构成软件的组成部分及其之间的交互关系，定义了各组成部分满足的限制、组成部分构成的拓扑结构、软件的设计原则与指导方针等。因此，可以认为，软件体系结构从整体结构、设计与演化原则上刻画了软件的特征，方便了软件设计和开发涉及的各种人员的交流。事实上，软件体系结构自其概念提出以来，一直受到工业界和学术界软件研究与实践人员的关注，已经发展成软件工程的一个重要的研究领域。软件体系结构被认为是控制软件复杂性、提高软件系统质量、支持软件开发和复用等的重要手段之一（梅宏等 2006）。

本书主要关注服务互联网平台的运行阶段，因此，这里特别指出的是，软件体系结构的价值并不局限于传统的对软件设计阶段的支持，它涉及整个软件生命周期。例如，在部署阶段，软件体系结构提供高层的体系结构视图，描述部署阶段的软/硬件模型；可基于软件体系结构分析部署方案的质量属性，从而选择合理的部署方案；可通过软件体系结构记录软件部署的经验，以便在下次部署时复用已有的部署经验。由于软件系统会在运行时发生动态变化，需要在设计阶段捕获软件体系结构的动态性，并进一步指导软件系统在运行时实施这些变化，从而达到系统在线演化或自适应甚至自主计算的目的（梅宏等 2006）。

在软件设计的实践中，如同最初软件抽象所产生的控制流结构和数据结构一样，随着某些特殊组织结构的频繁出现和应用价值的提高，人们提出并发展了一些相对固定的设计结构，称为软件体系结构风格。例如，由于“客户端-服务器”频繁出现在网络应用系统的组织结构中，因此就有了一种常见的“客户端-服务器”体系结构风格；由于“分层”普遍有助于不同组件之间实现信息隐藏，因此就有了一种常见的“分层”体系结构风格。

定义 3.2 体系结构风格（architectural style）：是对一组潜在体系结构（遵守风格的体系结构实例）的关键方面的抽象，封装了对体系结构元素的重要决策，强调对体系结构元素及其相互关系的约束（Perry et al. 1992）。

不同的软件体系结构风格是可以被组合的，从而实现更为复杂的设计目标。例如，REST 体系结构风格就是组合了客户端-服务器、无状态和缓存等多种体系结构风格而形成的一种更为复杂的体系结构风格（Fielding 2000）。HTTP 便是 REST 体系结构风格的具体实现。感兴趣的读者可以去阅读 Roy Thomas Fielding 博士的博士论文 *Architectural Styles and the Design of Network-based Software Architectures*。

SOA 是一种与本书内容密切相关的软件体系结构风格。可以说，服务互联网体系结构及服务互联网运行环境的体系结构都继承了 SOA 的主要思想。下面将介绍 SOA 的基本概念。

3.1.1 SOA

SOA 最初出现是因为人们希望使用一系列关于 IT 服务的设计原则、范式和技术来填补业务和 IT 之间的鸿沟。这个目标其实十分远大，很难达到，因此在 SOA 技术演进的过程中，人们对服务和面向服务的体系结构有很多不同的理解（Thomas 2009）。这里不再罗列这些不同的理解，本书回到“软件体系结构”这一基本概念，任何一种软件体系结构都需要回答其包含哪些组成部分及这些组成部分之间的关系，以及相关的设计与演化原则这些问题。那么作为一种体系结构，SOA 包含了哪些组成部分的最小集呢？SOA 的基本组成部分是服务提供者、服务中介和服务消费者。SOA 定义了服务提供者、服务中介和服务消费者三类角色之间的一个交互模型，此交互模型通常称为“SOA 三角架构”概念模型（见图 3-1）。

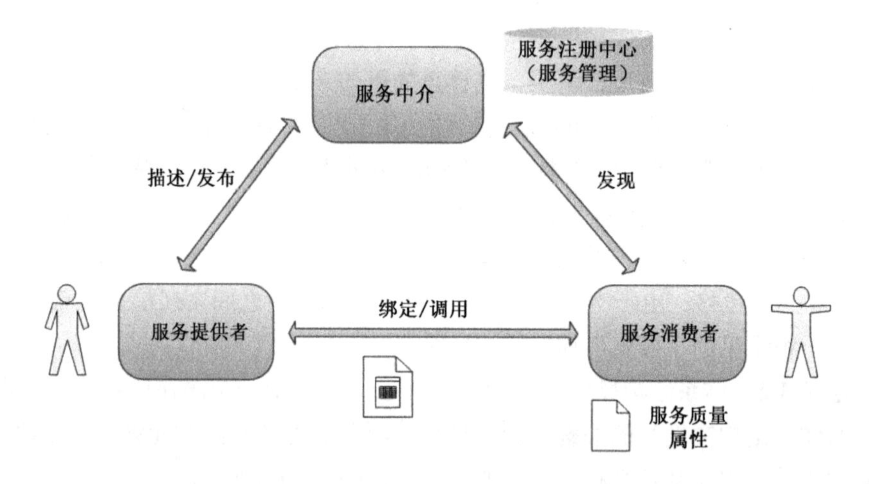

图 3-1　SOA 三角架构概念模型

定义 3.3　SOA：是一种基于软件服务组织计算资源，具有松耦合和间接服务寻址能力的软件体系结构风格（喻坚等 2006）。

以上定义中出现了“松耦合”的概念。SOA 是在异构系统集成、分布式系统构建场景需求日益增多的背景下出现的。对于分布式系统而言，由于软件组件的交互不再位于同一个单机进程的共享内存空间中，且需要经过不稳定的网络建立网络连接和传输数据，因此软件组件之间的交互成本变得很高。与传统软件组件的结构设计相比，具有“松耦合”特点的软件服务交互方式设计更为重要。

定义 3.4　耦合（coupling）：是互相交互的系统彼此间的依赖。这种依赖又分为真依赖（real dependency）和人工依赖（artificial dependency）。真依赖是系统从其他系统消费的要素（feature）或服务的集合。真依赖总是存在的，无法简化。人工依赖是系统为获得其他系统提供的要素或服务而不得不服从的因素。典型的人工依赖包括语言依赖、平台依赖和 API 依赖等。人工依赖总是存在的，但可被减少或降低其代价。

定义 3.5　松耦合（loose coupling）：理想状态的松耦合体现为系统间仅存在真依赖关系。真实情况的松耦合是一个相对的概念，体现为某个依赖关系具有的人工依赖比另一个依赖关系具有的人工依赖少。

借助“SOA 三角架构”概念模型，SOA 实现了很多人工依赖的消除策略或准则（喻坚等 2006）。例如，通过服务对异构资源的封装，实现对语言、平台和厂商等人工依赖的消除；通过引入服务中介对服务进行间接寻址，使消费者在使用服务前不再一定要知道服务的访问地址，从而消除对访问地址的依赖。因此，SOA 这种体系结构风格可以称得上是具有松耦合和间接寻址能力的。

在 SOA 体系结构风格中，用户需求可以通过组合基于标准协议的服务来满足；服务最好是由声明式的策略来管理，从而支持动态可重构的体系结构风格（见图 3-2）。这也是 SOA 体系结构风格重要的设计和演化原则。

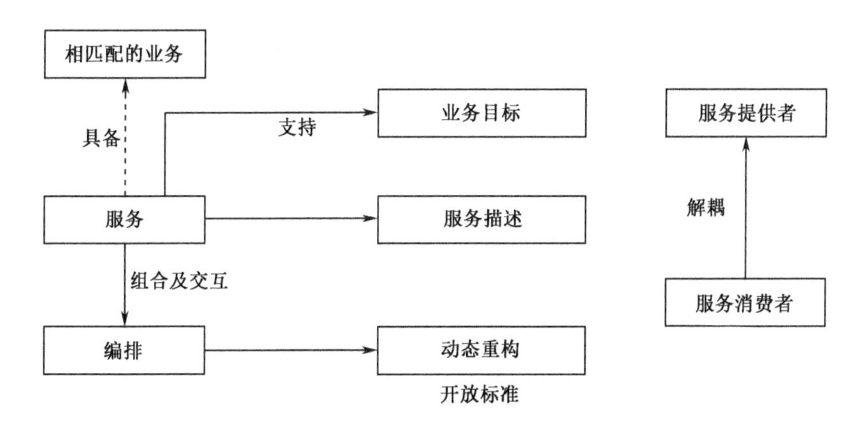

图 3-2　SOA 的属性（Arsanjani 2004）

在 SOA 发展初期，伴随着 XML 标准的推广普及，SOA 的落地实现以三个著名的基于 XML 的 Web 服务标准规范为代表：规范 Web 服务通信协议的 SOAP、规范 Web 服务描述的 WSDL、规范 Web 服务发布和发现的 UDDI。同时，互联网上也出现了大量遵从这些基本 Web 服务标准规范的 Web 服务。但是，出于技术及商业两方面的原因，以这些标准规范的实现为代表的 SOA 落地实现技术在如今并没有都得到普遍使用。在企业应用逐渐互联网化发展的过程中，居于主流的是更适合互联网环境及应用需求的相关服务协议，如遵从 REST 架构风格的 RESTful API、JAX-RS 规范，以及基于二进制 RPC 的跨语言 gRPC 协议等。但是，值得指出的是，这些协议同样是在 RPC 远程调用原理和技术基础上发展起来的。而且，虽然 SOA 初期推广的 Web 服务标准规范并没有被广泛使用，但可以发现，目前被业界广泛使用的服务化框架如 SpringCloud、Dubbo 等，都符合 SOA 的基本设计原则。

因此，SOA 的发展早已超越了 Web 服务的范畴，它不局限于某类具体的技术标准规范，而是一种独立的体系结构设计理念。在落地实现的具体技术上，它在面向系统内部和面向系统集成时，可以用适合不同场景需求的协议、规范和技术框架来实现。

3.1.2 事件驱动的 SOA

如果需要减少两个软件组件之间交互的依赖或耦合程度，有两种方法：一种是在两者之间增加一个新的中间层或“中介”，两者与中间层或中介分别进行交互，从而减少两者之间直接交互所必需的某些依赖关系；另一种是减少或放松两者之间交互的约束规则（Hohpe 2006）。传统 SOA 采用第一种方法，通过增加标准的服务封装方式及服务中介，从语言/平台/传输协议及访问地址去依赖等角度，减少服务之间交互的依赖或耦合程度。但是，传统 SOA 服务之间的交互关系是“请求-响应”式的，服务消费者需要发送请求到明确的某个服务提供者，之后还需要等待请求结果的返回，交互双方需要在同一时间进行交互，服务之间的交互存在强约束规则。可以通过简化交互双方之间交互的约束规则来进一步解耦服务提供者和服务消费者之间的依赖。引入“事件”作为服务之间的交互手段就是这样一种弱约束的交互方式，可使服务交互更加松耦合。

定义 3.6 事件（event）：指系统中“发生的事情”或系统状态的显著变化。在计算机系统中，事件的发生需要伴随事件通知的产生。

以一个科技服务公司为例，其有相关的科技信息查询系统、第三方科技服务系统、科技服务交易系统等。当一个企业客户提出某科技服务的申请并被批准执行后，相关的这些系统应该得到通知，并做出相应的处理。这里，某企业客户的科技服务申请被批准执行就是一个事件。事件的描述一般包括事件的 ID、产生事件戳、事件源、事件类型等基本信息。一般地，人们在指事件实例和事件类型时，都使用“事件”一词。但为了避免混淆，可以约定一般所说的事件指某类事件的实例。

从以上定义可知，事件有如下特征：①事件代表已经发生的事实或信息，因此事件这种数据是不可变（immutable）的，只能够增长或累积；②事件可以被系统在处理时忽略；③事件一旦被消费者接受，便不能撤回、不能删除。

定义 3.7　事件驱动的体系结构（event-driven architecture，EDA）：指通过接收一个或多个事件通知产生响应并运行的软件组件设计范式。

在 EDA 中，当业务内部或外部发生一件值得注意的事情时，它会立即传播给所有相关方（人或软件组件）。相关方对事件进行评估，并选择性地采取相应的行动。事件驱动的行动可能包括对服务的调用、业务流程的触发、进一步的信息发布/聚合等。事件发布者（源）只知道事件的发生。事件发布者对事件的后续处理或相关方一无所知。由于很难在动态的多路径事件网络中对事件进行追溯，因此，EDA 更适合用于对工作流和信息流进行异步处理的场景（Michelson 2006）。

结合文献（Hohpe 2006），EDA 有如下特征。

（1）事件发布者和消费者的解耦性：事件发布者（源）只知道事件的发生，对事件的后续处理或相关方一无所知。

（2）支持多播或广播的通信方式：EDA 中的系统能够将事件以多播或广播的通信方式发送给一个或多个相关方。

（3）及时性：系统在事件发生时发布事件，而不是将其存储在本地等待处理周期再发布。

（4）异步性：发布事件的系统不需要等待接收事件的系统进行处理。

（5）细粒度的事件发布：应用倾向于发布单个事件而不是发布聚合事件。

（6）支持事件分类体系：系统往往需要从整体上对事件定义分类体系，通常以某种形式的层次结构。事件接收系统可以以单个事件或某类事件为单位进行订阅。

（7）支持复杂事件处理：EDA 可以支持对事件之间关系的语义解析和监控，如事件之间的聚合关系、事件之间的因果关系。

在 EDA 中，事件是一种弱约束的交互手段，交互双方仅通过事件的发送和接收进行交互，从而进一步从空间、时间、同步、控制流等维度消除了事件发布者和消费者之间的依赖（Qiao et al. 2013，Eugster et al. 2003）。

空间解耦：参与交互的事件发布者/消费者不需要知道彼此。事件发布者不需要知道有多少、有哪些消费者订阅了相关事件、参与了交互；消费者也不需要知道有多少、有哪些事件发布者发布了相关事件、参与了交互。

时间解耦：交互双方不需要在同一时间进行交互。事件发布者可以在消费者离线时发布事件，同样，消费者也可以在事件发布者离线时接收和处理事件。

同步解耦：事件发布者产生事件、消费者接收和处理事件都不在其主要控制流中发生，而是以异步的方式产生事件、接收和处理事件。

控制流解耦：不需要一个统一的集中式的编排流程来显式地描述整个控制流程。

在 EDA 中，按照事件复杂程度的不同，事件处理模型可以分为以下三种（Michelson 2006）。

简单事件处理（simple event processing）：只有与处理逻辑“相关”的事件被发布到事件通道中进行处理。系统处理逻辑根据事件类型和事件内容响应。

流事件处理（stream event processing）：除了上述简单事件处理针对的“相关”事件，流事件处理模型还将“一般”性的事件（如 RFID 传感器产生的数据）发布到事件通道中。一方面，这种处理模型对事件处理提出了更高的要求；另一方面，其事件处理逻辑也有了更多的灵活性。

复杂事件处理（complex event processing，CEP）：CEP 处理的是共同出现的不同事件，以便采取行动。事件通道中的事件可以跨不同事件类型，或者跨很长一段时间。事件的相关性可以是内容、时间或空间维度方面的。CEP 往往需要使用复杂的事件解释器、事件模式定义、时间匹配及相关技术。CEP 通常用于异常、威胁或机会等特殊事件的检测。

如图 3-3 所示为一个有代表性的 EDA 示例。一个典型的 EDA 系统有几个基本元素：事件源、事件通道、事件处理器和下游事件驱动的活动执行器。其中，事件源负责发布事件通知，事件通道负责事件通知的传输，事件处理器负责处理事件，活动执行器负责响应并处理事件。

从 EDA 和 SOA 各自的特点来看，EDA 可以对 SOA 起到很好的补充作用，如下所述。

一方面，从系统“解耦”的角度，SOA 通过服务对异构资源的封装，实现对语言、平台和厂商等人工依赖的消除；通过引入服务中介对服务进行间接寻址，从而消除对访问地址的依赖。但传统 SOA 中服务之间的交互是基于调用栈（call stack）（Hohpe 2006）模型的交互，其特征是“协同、持续和上下文”。“协同”支持同步执行，即调用者发送调用请求后，阻塞等待被调用者返回的结果；“持续”保证被调用者在处理调用请求后持续运行；调用栈维护局部变量作为执行的上下文，一旦调用执行完毕，调用者的整个上下文恢复。基于调用栈模型，服务客户端发送请求给服务，然后处于阻塞等待状态，直到服务处理请求返回响应才继续执行。服务客户端明确知道需要调用哪些服务及其调用顺序，调用完毕后期待相关的调用结果。服务消费者和服务提供者之间仍然存在时间、顺序、内容上的耦合关系。而在一些场景中，事件发布者并不需要关心有哪些服务需要接收事件并进行什么样的处理。在 EDA 中，事件发布者和消费者具有较少的约束关系，事件发布者完全不需要关心有哪些消费者，以及消费者要进行哪些后续处理，因此 EDA 在时间、空间、同步、控制流等维度上具有更好的松耦合特性，可以进一步解耦 SOA 中服务交互时的依赖关系。

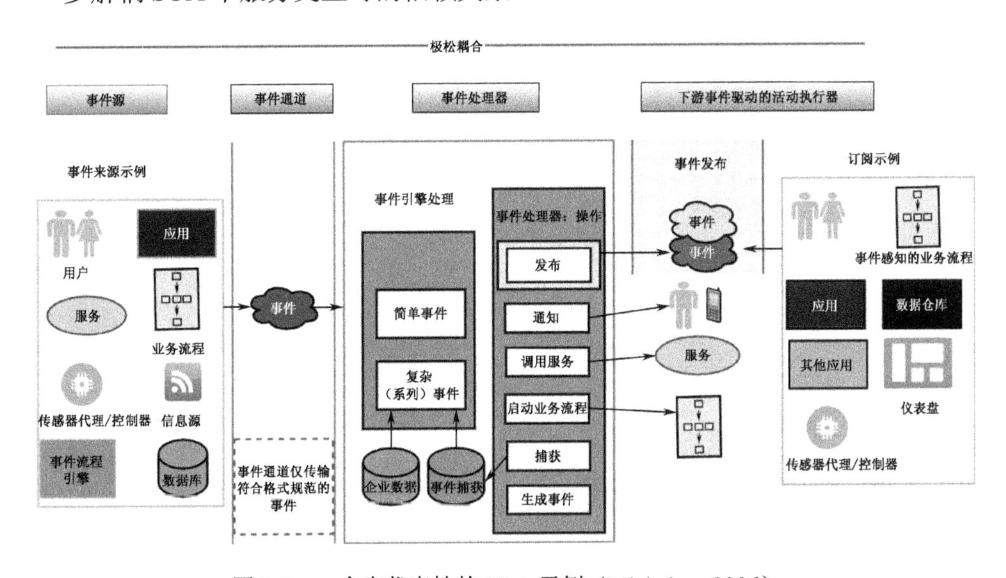

图 3-3　一个有代表性的 EDA 示例（Michelson 2006）

另一方面，SOA 侧重于将整个应用分解为一系列独立的服务，并指定各种标准和基础设施来使这些服务易于重用，以及很容易地被各种平台上的应用来使用（王和全 2010）。传统 SOA 更多地关注系统中有哪些“东西”（领域对象），但对系统中“发生了什么”（事件）相关的动态性不能很好地刻画。在前述科技服务系统的例子中，当“某企业客户的科技服务申请被批准执行”的事件产生时，事件由谁来如何触发、各个相关的系统如何得到该事件的通知、如何保证系统行动的一致性等问题在 SOA 中并没有得到回答。而这些问题则是 EDA 关心的。

正因为 EDA 对 SOA 可以起到补充作用，研究和开发人员提出了事件驱动的 SOA。乔秀全、章洋等提出了一种事件驱动、面向服务的体系结构（EDSOA）并将其应用到物联网领域（Zhang et al. 2015，Qiao et al. 2013）。在该架构下，不同的服务系统彼此间通过发布/订阅机制完成事件的异步通信和服务的动态协同。王和全提出，SOA 和 EDA 的交互主要体现为，事件的产生触发一个或多个服务被调用，服务除完成特定功能外也可产生事件，并提出其架构设计原则和基础组件（王和全 2010）。

定义 3.8 事件驱动的 SOA（event-driven SOA，EDSOA）：指服务之间的交互通过接收一个或多个事件通知产生响应并运行的 SOA 设计范式。

EDSOA 常被称为第二代 SOA 或 SOA 2.0。大多数的企业服务总线（enterprise service bus，ESB）都支持 EDSOA 的实现。人们总结了一些 EDSOA 的基本组件，包括：Web 服务基础架构（SOAP 或 RESTful 服务框架）、消息中间件、监控系统（monitor system）、异常处理系统（exception management system）、规则引擎（rule engine），以及企业服务总线（针对具有复杂、动态的业务流程的应用）等。如图 3-4 所示为 EDSOA 不同组件之间的协作关系（王和全 2010）。

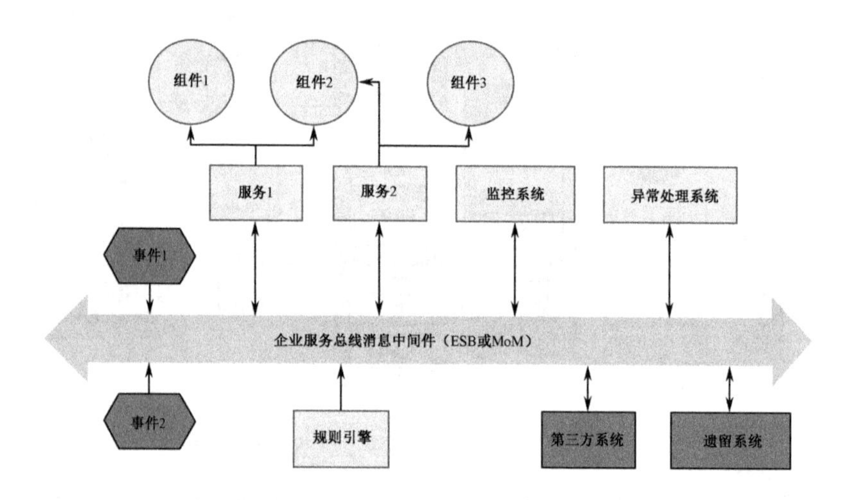

图 3-4 EDSOA 不同组件之间的协作关系

EDSOA 所带来的更好的“松耦合”特性是有代价的。由于事件发布者和消费者具有时间、空间、同步、控制流等维度的解耦特性，对程序进行正确性验证更加具有挑战性。此外，由于事件发布者可以不关心消费者对事件如何处理，增加了程序的不确定性，如何保障 EDSOA 中事件和状态的可控性也成为新的挑战。

事件驱动的并发编程模型对更好地解决 SOA 应用的并发性也具有很高的参考价值。例如，Actor 模型是一个事件驱动的编程模型，它不仅具有很好的并发程序编程抽象定义和形式化基础，且运行在一个分布式环境中，不需要改变每个 Actor 计算单元的语义。我们可以参照这些工作，进一步从状态的隔离、对高并发的支持等维度探索 EDSOA 的解耦特性和潜力，使 EDSOA 具有状态的隔离、可伸缩性、高并发特性，并简化程序员和建模人员对 EDSOA 系统的推理难度。

3.1.3 去中心的分布式系统体系结构

一般来说，由若干个独立计算机的集合构成，但对于用户来说又像单个系统的计算系统都可以称为分布式系统（Steen et al. 2007）。分布式系统的一些基本问题，如分布式系统内部实体资源的命名，进程间的同步与协调，数据的共享、缓存与复制等，存在着是由系统内的单一计算机或单一数据中心集中控制，还是由不同的计算机或不同的数据中心进行控制的问题。前者所采用的体系结构称为集中式体系结构，后者所采用的体系结构称为去中心体系结构。

定义 3.9　去中心体系结构：去中心体系结构是相对于集中控制的分布式系统体系结构而言的，在一个分布式系统中，若系统的控制权不掌握在某个单一的计算机上，而是分散在各个计算机上，则称其为去中心体系结构。

集中式体系结构最大的问题之一是容易出现单点瓶颈和单点故障。由于负责分布式系统命名、同步、数据复制等集中控制的单一中心节点往往计算、通信和存储负载都较重，如果中心节点出现了性能瓶颈或故障，那么整个分布式系统将无法正常工作。当前，随着物联网、5G 通信等技术的发展，边缘端的计算、通信和存储能力都不可忽视，对很多分布式应用来说，将所有的计算、存储任务都集中在云端代价昂贵也无必要，将一部分计算任务从云端迁移到边缘端进行已经成为一种必要的手段。在这种去中心的“云-边”计算环境下，传统的集中式体系结构难以应对。

集中式体系结构也无法满足分布式系统的不同参与方的自治管理需求。对一个由多个组织参与协作的分布式系统而言，不同组织之间由于协作信任建立成本高的原因，具有高度的组织内部自治需求。这就使分布式系统的参与节点也提出了高度自治的需求，如参与节点可以独立决定如何组织内部的命名、同步、数据共享与复制，以及如何对业务进行管理和维护等。

集中式体系结构无法解决非信任环境下数据的可信性问题。在非信任环境下，分布式系统的节点无法信任中心节点，中心节点可能随意篡改数据而其他节点又无法识别。这就需要数据的存储、一致性的维护、数据的安全性机制等各方面都不能依赖单一的中心节点。

可从以下维度理解去中心体系结构。

（1）去中心拓扑结构。传统分布式系统虽然由若干个分布在不同地方的独立计算机构成，但通常采用中心化的主从结构，由主从节点存储全局各个节点及节点资源的地址、名字、模式等元数据信息，用于全局的资源寻址、优化和调度等。而去中心的拓扑结构不存在用来存储系统中全局所有节点及节点资源元数据信息的节点。其节点的组织形式可以是层次型、网络型、P2P 型。在层次型的拓扑结构中，每个层次存在局部的中心节点，上一层次的中心节点存储了下一层次中心节点的元数据信息，父层次负责管理和维护子层次资源的关系，但不存在全局的中心节点；在网络型的拓扑结构中，存在局部的中心节点，局部的中心节点之间是对等的关系，不存在层次关系；在 P2P 型的拓扑结构中，完全不存在局部中心节点。

（2）同步。当分布式系统中的多个进程共享资源时，需要一定的互斥机制来保护共享资源不被多个进程同时访问。在实现同步的集中式体系结构中，需要选举一个节点作为协调者，而在去中心体系结构中，并不存在单一的协调者。

（3）数据的共享与一致性的维护。在去中心体系结构中，数据分散存储在不同的节点上，有些采用拜占庭容错、Paxos 等算法维护分布式系统中数据的一致性，有些则采用工作量证明机制通过算力竞争保证数据的一致性。

对采用 SOA 及 EDSOA 的分布式系统而言，服务的消费者和提供者位于不同的物理位置，且可以动态加入和退出，已经具有一定的去中心的特点。但系统中数据的存储及一致性的维护，以及注册中心（服务中介）、消息中间件、监控系统、规则引擎、企业服务总线等组织结构往往还依赖中心控制节点。去中心体系结构的引入，可以使系统进一步避免依赖全局的中心控制节点，从而使系统在应对单点瓶颈和单点故障、满足不同参与方的自治管理需求，以及解决非信任环境下数据的可信性问题等方面具有优势。

3.1.4 大服务参考体系结构

随着互联网、物联网等的发展，以及移动计算、云计算、边缘计算等计算环境的演进，软件系统的规模逐步扩大、复杂性日益提升，体系结构在实际软件开发中的作用也日益显著，因此应该进一步加强。

近年来，针对开放、动态和多变的互联网运行环境，我国研究人员对软件体系结构开展了研究，如北京大学提出了网构软件的体系结构（梅宏等 2006，Huang et al. 2004），哈尔滨工业大学提出了大服务参考体系结构（Xu et al. 2015）。

本书讨论的服务互联网平台是建立在如图 3-5 所示的大服务参考体系结构基础上的。大服务参考体系结构是一个典型的分层结构。该结构支持分散的、自治的大服务资源通过逐层的服务聚合形成不同粒度的服务生态与网络化形态，并最终为每个顾客提供满足其个性化需求的服务解决方案。这五个层次自下而上分别为：物理世界与基础设施层、局部服务层、领域服务层、跨域服务层（解决方案层）、顾客交互层。其中，物理世界与基础设施层由互联网、物联网、云计算平台、边缘计算设施、各类通信网络、终端设备、物理服务、人员服务等构成，通过终端设备及局部网将物理世界的各类“服务”连接至大服务系统，一般提供共性的 IaaS、PaaS、SaaS 平台和服务接入技术。局部服务层按照组织或区域边界对通过物理世界与基础设施层接入的服务进行物理划分，形成各组织或区域内部的一个个“服务子网”。领域服务层按照行业或领域边界对局部服务层的各类基本服务或服务之间的协作关系做进一步聚合和连接，聚集形成面向领域的复合服务，并由此在一定范围内构成一个个服务群落（service community）。跨域服务层直接面对顾客需求，由跨网跨域跨世界的复杂服务按需聚合，构成复杂服务方案。顾客交互层主要涉及大服务系统与大规模个性化顾客的交互界面，包括顾客需求交互与获取、需求分析与定义、顾客关系管理、顾客交互界面与方式、服务的交付等。

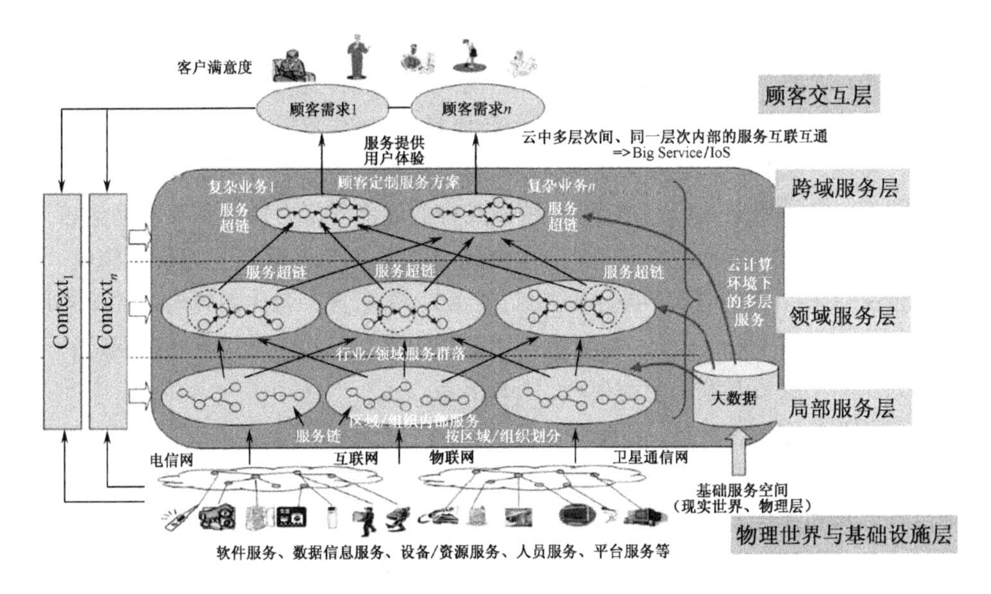

图 3-5　大服务参考体系结构（Xu et al. 2015）

大服务系统主要分为服务生态形成（构建）与服务方案提供（运行）两大阶段。本书主要关注服务方案提供阶段。

3.2 服务互联网运行环境的体系结构介绍

在大服务参考体系结构下，就服务互联网的运行环境而言，传统中心架构的运行环境难以满足跨域、跨组织服务方案的业务需求，存在单点故障问题，这也使跨域、跨组织的服务方案可靠运行及资源约束要求难以满足。针对此问题，本书设计了去中心的服务互联网运行环境架构，目标是支持服务方案的多点透明部署执行、支持第三方平台作为服务互联网节点快速部署且加入运行环境，并进一步解决服务方案的可靠运行等问题。

3.2.1 服务互联网运行环境的体系结构功能视图

根据 3.1.4 节介绍的大服务参考体系结构，局部服务层是按区域或组织边界形成的服务子网；领域服务层是领域或行业形成的服务群落，面向领域提供服务解决方案；跨域服务层是跨域、跨界的，跨越领域和行业边界提供服务方案。区域或组织边界范围内的服务互联网运行环境具备一个门户与服务库、至少一个服务执行环境、至少一个服务交互与交付工具，局部服务层的一个服务互联网运行环境称为一个"服务互联网节点"。领域或行业边界范围内的服务互联网运行环境由一个或多个区域或组织边界范围内的服务互联网运行环境互相协同构成。

定义 3.10 服务互联网节点（IoS 节点）：大服务参考体系结构中的局部服务层的一个数据中心运行的、按照组织或区域边界划分的一个服务互联网运行环境称为一个"服务互联网节点"或"IoS 节点"。

服务互联网运行环境，即基于服务互联网的服务协同平台，可以由服务互联网基础支撑运行环境管理系统、服务执行环境（或称服务方案执行引擎，包括流程执行引擎和事件发布/订阅服务）、门户与服务库（或称服务社区）、服务交互与交付工具、服务方案运行时调整工具、事件路由器等构成。其中，服务互联网基础支撑运行环境管理系统负责服务互联网节点的管理，包括加入、退出的配置及基本信息的维护，并负责服务互联网节点及其底层物理集群运行指标的监控。服务执行环境负责服务方案的执行，包括服务方案的解析、服务方案的实例化与执行调度、服务方案实例的负载均衡、服务的动态迁移和部署、服务方案执行的监控等。门户与服务库负责存储和管理服务的元数据信息，包括服务及服务方案的注册、发现、管理与统计分析等基本功能，还包括服务及服务方案调用日志的存储、管理与统计分析。服务交互与交付工具为建模人员提供服务方案的设计和维护等功能。服务方案运行时调整工具可以支持用户在运行时对服务方案进行实例级的调整和细化。事件路由器支持服务互联网节点之间基于事件的消息传递与交互。

3.2.2　去中心服务互联网运行环境架构

如图 3-6 所示，在传统集中式服务互联网运行环境架构中，服务库、服务执行环境均是集中控制的，所有服务资源都由单点的服务库和服务执行环境管理，服务方案的运行也是集中控制的。

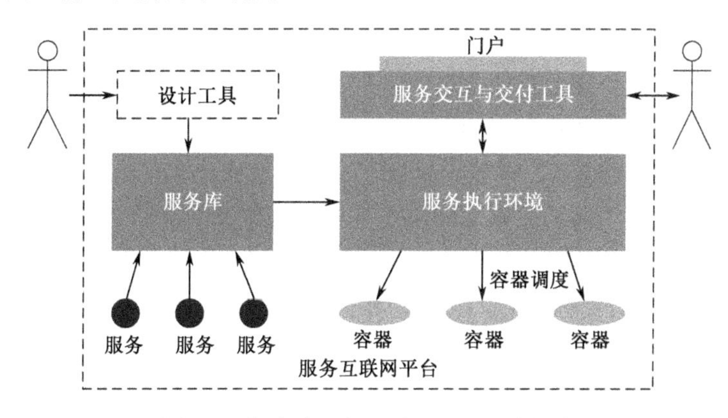

图 3-6　集中式服务互联网运行环境架构

如图 3-7 所示，在集中控制、多点运行的去中心服务互联网运行环境架构中，服务资源的管理及服务方案的运行仍然是集中控制的，但服务方案不再在单个服务互联网节点上运行，而是划分为多个片段，每个片段都可能运行在不同的服务互联网节点上。这里，在具体架构设计和实现上，可设计为对不同的服务方案或服务方案实例，由不同的服务互联网节点负责集中运行控制。但是，对同一个服务方案实例，其运行控制总是由同一个服务互联网节点负责的，也就是说，该负责集中控制的服务互联网节点要负责服务方案实例的片段在不同服务互联网节点之间的协作，要维护服务方案片段执行状态信息在不同节点之间的一致性。在集中控制、多点运行的去中心服务互联网运行环境架构中，服务互联网节点分为主节点（至少一个）和从节点。主节点上的门户展示领域全局的相关信息，从节点上的门户展示局部服务运行环境的信息。此种体系结构存在局部中心节点，从拓扑结构上来说，属于3.1.3节所述的层次型和网络型拓扑结构。

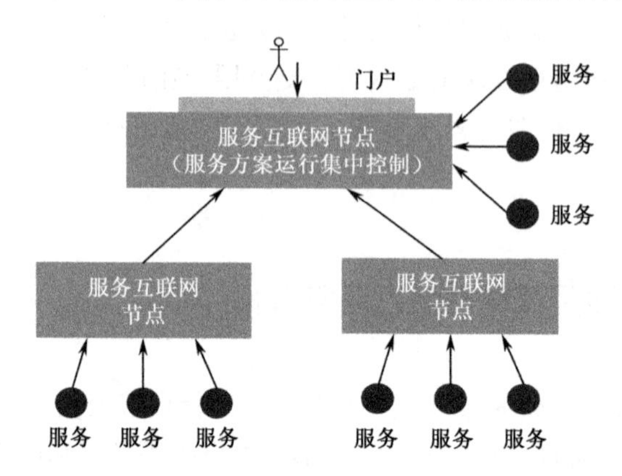

图3-7　集中控制、多点运行的去中心服务互联网运行环境架构

如图3-8所示，在分散控制、多点运行的去中心服务互联网运行环境架构中，服务方案既不在单个服务互联网节点上运行，也不由单个服务互联网节点控制。每个服务互联网节点都有一定的自治需求，即服务方案的不同片段既需要在某个服务互联网节点上运行，又需要由该服务互联网节点控制，而不同片段之间的协作和状态一致性维护需要依靠不同服务互联网节点之间的协调，没有哪个服务互联网节点能够单一地控制此服务方案所有片段的执行。从拓扑结构角度看，此种体系结构属于3.1.3节所述的P2P型拓扑结构，每个服务互联网节点的功能是对等的，不存在哪个服务互联网节点有特殊功能。

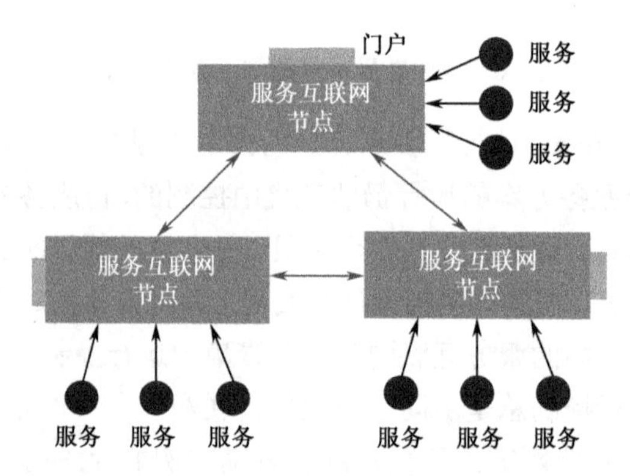

图3-8　分散控制、多点运行的去中心服务互联网运行环境架构

去中心服务互联网运行环境架构如图 3-9 所示。

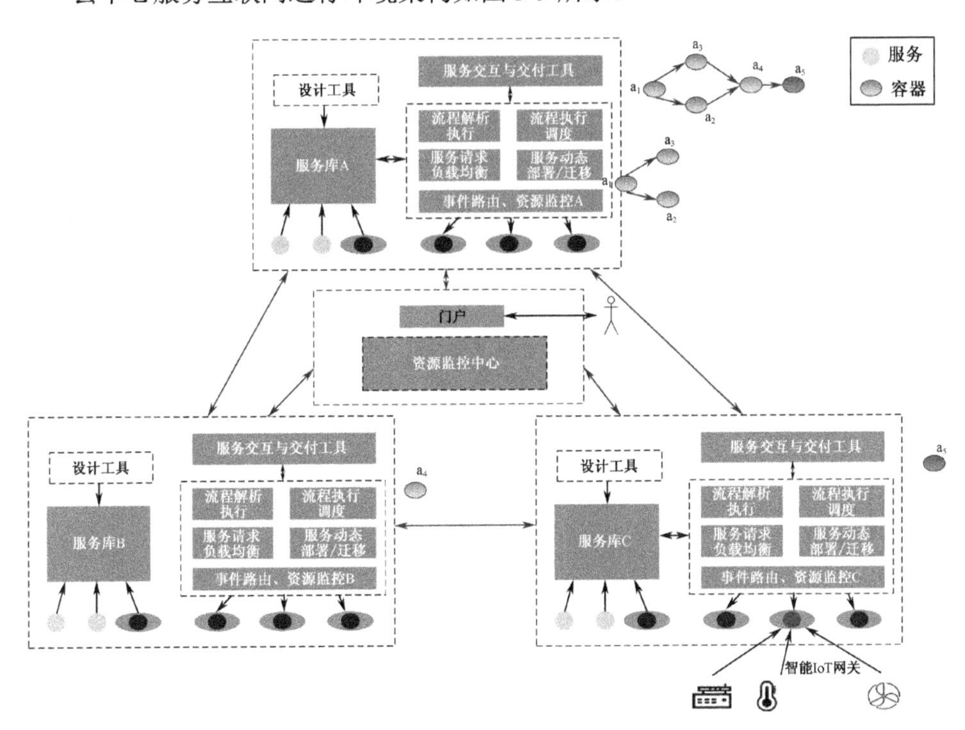

图 3-9　去中心服务互联网运行环境架构

逻辑上，服务互联网运行环境是由一组服务互联网节点构成的，面向某领域的特定场景，多个服务互联网节点协同起来提供服务。从服务互联网节点管理人员的视角来看，服务互联网运行环境呈现为服务互联网基础支撑管理环境视图。物理上，每个服务互联网节点对应一个容器集群，从集群管理人员的视角来看，服务互联网运行环境是容器云环境视图。因此，服务互联网运行环境架构的层次关系如图 3-10 所示。

3.2.3　服务互联网运行环境的拓扑结构及通信机制

服务互联网节点由基本的基础服务构成，包括服务执行环境、服务库、服务交互与交付工具等。在跨域跨网的服务互联网中，服务方案也是跨越不同领域的，服务方案往往部署于多个服务互联网节点，由多个服务互联网节点协同完成，这就需要各个服务互联网节点之间基于统一的标准或规范进行通信和交互。

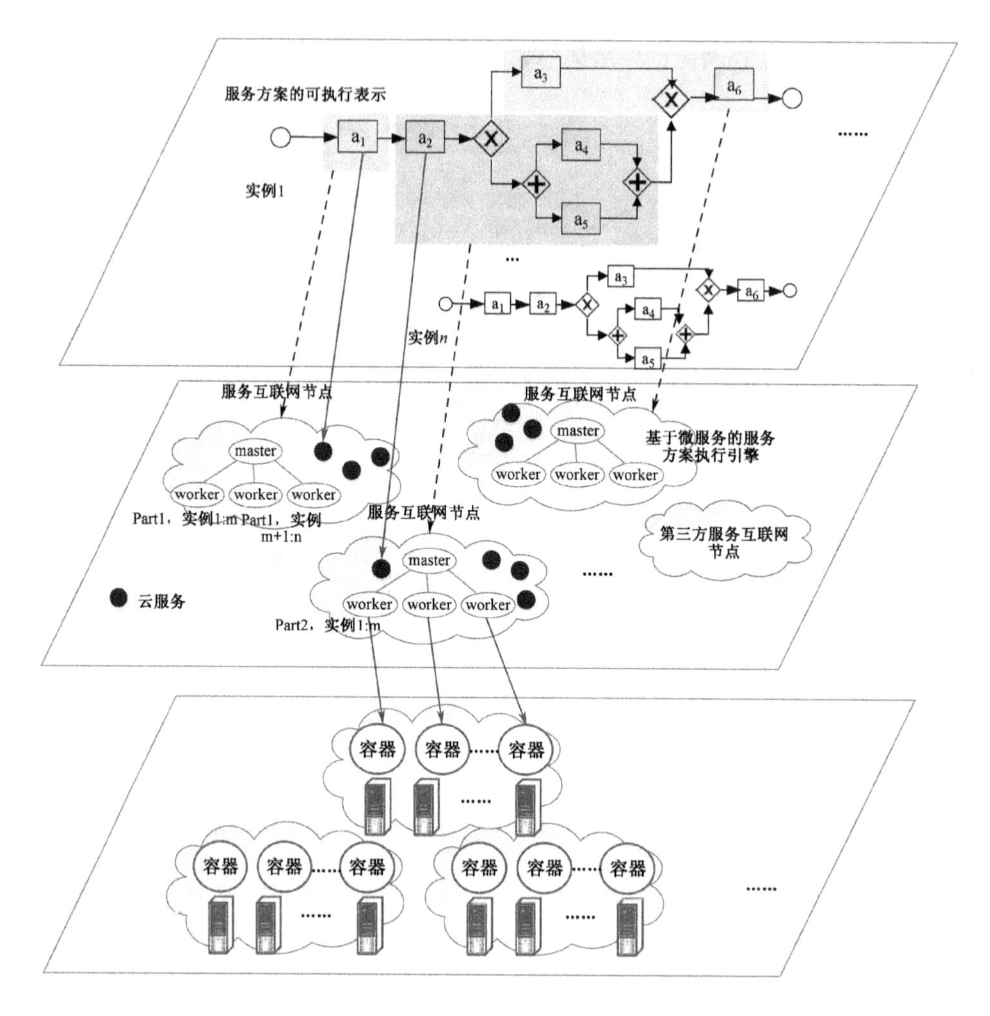

图 3-10　服务互联网运行环境架构的层次关系

不同服务互联网节点上的服务方案片段基于事件进行交互，分布式的事件发布/订阅系统是服务互联网基础设施的核心。服务互联网节点之间的事件存在不同的通信模式，包括单播模式、多播或广播模式。

单播模式：如果两个服务互联网节点执行不同的服务方案片段，一个服务互联网节点发布事件，另一个服务互联网节点订阅该事件，并在接收到事件后触发后续服务方案的执行，则称二者之间的交互协议为单播模式。

多播或广播模式：如果服务方案的运行依赖多个服务互联网节点，一个服务互联网节点发布一个事件，而两个或多个服务互联网节点订阅该事件，则可以认为这些服务互联网节点之间的交互协议为多播或广播模式。

服务互联网节点之间交互的信息是“事件”，事件代理负责将事件及时、可靠地路由给感兴趣的订阅者。事件的发布和订阅有如下模式。

基于主题的事件发布/订阅：按照主题划分事件，每个事件属于一个主题，订阅者会收到订阅主题的所有事件。

基于内容的事件发布/订阅：按照内容匹配事件，相比于基于主题的事件发布/订阅，基于内容的事件发布/订阅具有更强大的事件描述和处理能力。

基于语义的事件发布/订阅：在基于内容的事件发布/订阅基础上，进一步扩展事件的描述能力，如采用基于同义词、概念层次等的方法来解决异构事件的描述问题，从而支持在语义层次上对事件进行匹配。

在跨网跨域的大规模分布式服务互联网基础设施中，事件匹配、事件路由、负载均衡是其基本和核心问题。其中，事件匹配是指事件代理根据约束来检查由事件发布者发布的事件，以查找匹配的订阅的过程。当有大量的订阅和事件时，事件匹配算法的效率就成为关键问题。事件路由是指事件代理将与订阅条件或约束匹配的事件及时、可靠地路由给感兴趣的订阅者的过程，当服务互联网中有大量的订阅和事件时，产生较大的网络负载，此时事件路由的效率成为关键问题。事件匹配产生计算负载，事件路由产生网络负载，由于服务互联网中各服务互联网节点的能力存在差异，因此很容易发生各服务互联网节点之间负载不均衡的现象。

下面对服务互联网运行环境的拓扑结构，以及基于发布/订阅的事件匹配、事件路由与负载均衡和调度进行简要介绍。

3.2.3.1　拓扑结构

由前述可知，服务互联网运行环境遵从去中心的拓扑结构，也就是说，任何一个服务互联网节点都不是其中心。对于去中心的服务互联网节点网络拓扑结构，可分为两种：一种是非结构化的，另一种是结构化的。在非结构化的拓扑结构中，服务互联网节点之间没有固定的拓扑结构，形成一张随机生成、组织松散的普通图或随机图。例如，Genutella 就是一种典型的非结构化网络拓扑结构。这种结构虽然灵活，但事件的路由较为困难，通常采用洪泛搜索、随机搜索和选择性转发等机制，在效率和准确率上难以保障，冗余的消息较多，网络开销也较大。在结构化的拓扑结构中，服务互联网节点间的邻居关系由确定的算法控制，事件的路由也由确定的算法控制。典型地，P2P 网络通常采用基于分布式哈希表技术构建。需要注意的是，如前所述，由于服务互联网可能存在局部中心，因此其拓扑结构及事件路由机制往往是几种不同技术的混合。

一些文献（Steinau et al. 2020，徐志伟等 2008）对去中心网络计算系统、流程协作系统的拓扑结构进行了初步研究。我们采用了如图 3-11 所示的层次型拓扑结构，主要基于如下两个原因：①根据研究（Steinau et al. 2020），依据“辅助性原则”（subsidiary principle）（注：该原则最初来源于欧盟法，是欧盟法的一项基本宪法原则，大体意思是只有在低层成员不能充分实现拟定的行动目标时才由更上一级采取行动，对应到服务互联网运行环境中，即每个服务互联网节点内部可以执行的功能都在节点范围内执行，超出范围的才由上一级服务互联网节点进行协调和调度），通过对服务方案的划分和分布执行，每个服务互联网节点负责其中一部分的调度和执行，可以避免不同服务互联网节点之间功能的冗余，同时能够获得服务方案运行时的性能保障；②受无线传感器网络的层次型拓扑结构及层次型的 P2P 网络拓扑结构的启发，在层次型拓扑结构中，整个网络分为不同的聚类簇，每个聚类簇由协调者角色及一般成员角色构成，与所有服务互联网节点功能相同的扁平化拓扑结构相比，在大规模的互联网环境中，层次型拓扑结构在性能、可扩展性、可维护性等方面都具有明显的优势。

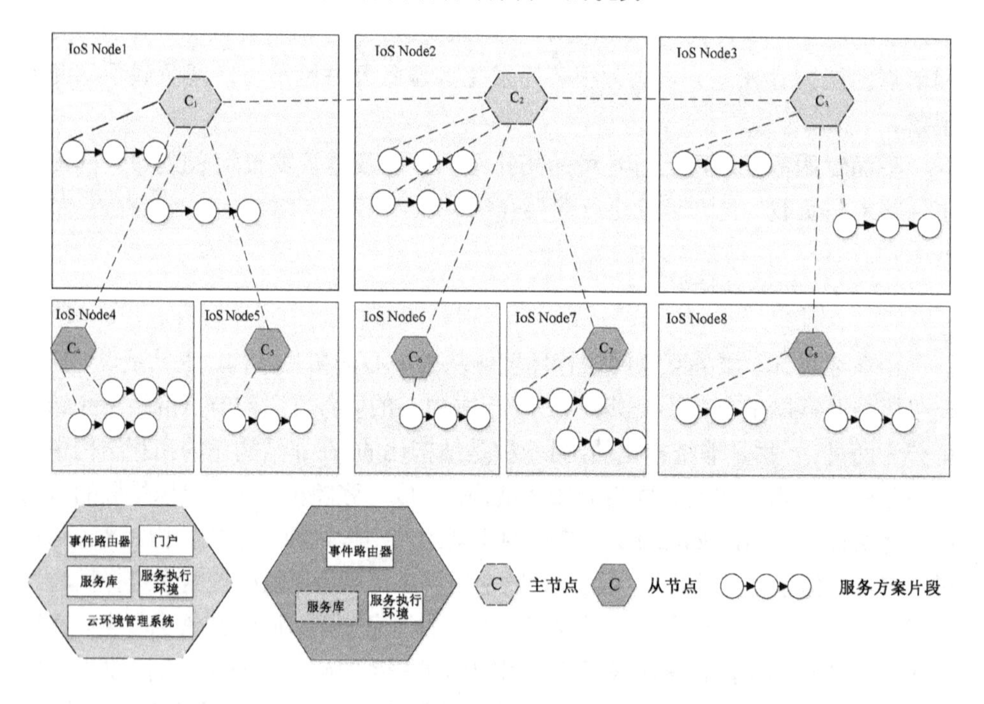

图 3-11　服务互联网运行环境的拓扑结构

3.2.3.2　事件匹配

事件匹配（event matching）（钱诗友 2015）：给定一个包含 n 个订阅的集合 $S=\{s_1,s_2,\cdots,s_n\}$ 和一个事件 e，事件匹配的任务就是从 S 中找出所有与 e 匹配的订阅。事件 e 的匹配订阅所组成的集合 S_m 是 S 的一个子集，$S_m \subseteq S$，其中 $S_m=\{s_i \mid s_i \in S \cap e \text{ matches } s_i\}$。

事件匹配根据事件模型的结构可以分为基于属性值的事件匹配、基于树形结构的事件匹配、基于图结构的事件匹配等；根据事件模型的表达能力，可以分为基于结构的事件匹配、基于语义的事件匹配等。

在基于属性值的事件匹配中，事件发布 $P=\{(a_1,v_1),\cdots,(a_i,v_i),\cdots,(a_n,v_n)\}$，其中，$a_i$ 是属性，v_i 是对应的值；订阅 $S=\{(a_1,\mathrm{op}_1,v_1),\cdots,(a_i,\mathrm{op}_i,v_i),\cdots,(a_n,\mathrm{op}_n,v_n)\}$，其中，$(a_i,\mathrm{op}_i,v_i)$ 是一个事件过滤条件，op 为对应的操作，如“>”“<”等。如果一个发布 P 满足订阅 S 的所有过滤条件，则称 P 与 S 匹配。属性值对匹配的常用算法包括：滤波器算法（集合穷举算法）、计数器算法（counting algorithms）、决策树算法、二叉决策图算法及两阶段匹配算法等。

在属性值对匹配算法中，滤波器算法采用简单的集合穷举的方式，将通知消息同所有的订阅进行匹配。计数器算法（Yang et al. 2017）匹配过程一般分为两个阶段：第一阶段通过索引结构查找订阅集合中所有满足条件的约束；第二阶段利用计数算法从这些约束中确定与事件匹配的订阅。两阶段匹配算法（Fabret et al. 2001）是一种高效的匹配优化算法，分为两个阶段：第一阶段，找出至少有一个属性匹配发布的所有订阅子集；第二阶段，利用计数器的思想，计算这些订阅条件得以满足的次数。

对于基于树形结构的事件匹配，Aguilera 等人（Aguilera et al. 1999）提出匹配树索引结构，通过对订阅进行预处理来构建匹配树。在匹配树结构中，每个叶子节点表示订阅中的一个约束，每个非叶子节点表示对某个属性的操作，连接节点的边表示操作的结果。由于事件匹配时通过索引结构筛除了大量不匹配订阅，缩小了事件匹配的空间，在高维空间中加快了事件匹配的速度，因此匹配树的匹配效率比逐个进行匹配的简单方法要高很多。基于树形结构的事件匹配常用的算法包括：BE-Tree 方法（Sadoghi et al. 2011）、DMM（Muthusamy et al. 2014）和 H-Tree 方法（Qian et al. 2015）等。

对于基于图结构的事件匹配，皮特洛维奇（M. Petrovic）以基于内容的 RSS（RDF site summary）分发需求为背景，用图模型来描述 RDF 形式的发布与订阅，提出一个包括发布 Gp 、订阅 Gs 及本体（Ontology）的 G-TOPSS 模型（Petrovic et al. 2005）。这样，事件匹配问题就被转化成一个图匹配问题：若Gs与Gp的一个子图匹配，则认为Gp与Gs匹配。皮特洛维奇还提出了一个两层的哈希表结构，提高了系统的运行效率。此外，二元决策图（Campailla et al. 2001）方法提供了一种高效的、可扩展的过滤算法。其将订阅中的每个约束表示成一个布尔变量，每个订阅用一个二元决策图来表示，当匹配某个事件时，先求出所有条件得到满足的约束，然后对二元决策图进行遍历，找出所有匹配的订阅。

3.2.3.3 事件路由

事件路由是指选择合适的路径，将事件传递给订阅者（曹桂芳 2018）。在由多个事件代理组成的一个分布式覆盖网络中，存在大量的生产者和消费者，因此需要快速高效的事件路由算法。泛洪路由算法（见图 3-12）和匹配优先路由算法是发布/订阅系统中最基本的路由算法（薛小平等 2008）。这两种路由算法实现起来简单，但会带来很大的网络资源消耗和维护开销。泛洪路由算法和匹配优先路由算法都指定每个事件代理要根据全局信息来决定合适的路由，不利于系统的扩展。因此，研究者提出混合式路由算法（薛涛等 2005），以增加系统的扩展性，在该算法中，每个事件代理不需要掌握全局信息，事件代理仅依据邻接节点的信息决定路由。

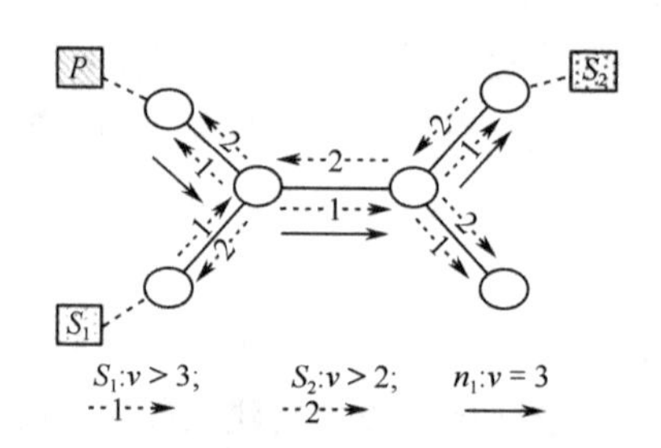

图 3-12　泛洪路由算法示意（薛小平等 2008）

在图 3-12 中，首先将所有订阅（如图中的 S_1 和 S_2）泛洪到整个网络中，当新的发布产生后，将其在中介网络上与相对应的订阅匹配，然后按照订阅的逆路径，将发布一步步转发到订阅所连接的中介，并由该中介将信息发送给订阅者。在此图中，发布者 P 产生的事件 n_1 满足订阅者 S_2 的条件（$v > 2$），n_1 即通过中介发送给订阅者。

发布/订阅系统的路由机制与传统路由算法的机制不同。发布/订阅系统在事件发布时并没有指明目的地，只能根据事件内容和订阅条件决定下一步的转发。

由此可见，发布/订阅系统的路由算法与其数据模型密切相关。

按照数据模型进行划分，发布/订阅系统路由算法可分为基于主题的、基于内容的和基于语义的等，其中关于基于主题和基于内容的路由算法已有大量研究，并形成了成熟的研究成果。例如，Terpstra 等人（Terpstra et al. 2003）将基于内容的过滤策略与 Stoica 等人（Stoica et al. 2001）提出的网络拓扑相结合，设计了一个多树的分发算法。对基于语义的路由算法研究发现，在大量的事件与订阅之间必然存在语义关系，如覆盖和相等关系，有效利用这些语义关系有助于提高路由效率和准确性。尹建伟等人（尹建伟等 2008）提出了一种支持语义路由的算法 RSER，针对分布式哈希不支持复杂数据模型的问题，提出了根据订阅和事件的域标识、属性个数及由任意一个属性名构成的字符串表达式来生成订阅和事件的索引键值，同时通过属性个数限制事件发布目的地，从而减少了路由流量。

3.2.3.4　负载均衡和调度

发布/订阅系统的负载均衡算法大体可分为静态负载均衡算法和动态负载均衡算法两类。静态负载均衡算法在设计时根据节点拓扑结构和事件的属性对节点、事件空间进行划分，无法在运行时根据节点资源和事件空间的变化动态地对节点的负载情况进行调整。动态负载均衡算法根据运行时节点资源的情况动态地分发事件和进行事件匹配。

根据图 3-5 可知，服务互联网的底层基础设施包括物联网，通过各种各样托管于物理设备，尤其是智能传感器上的应用或服务方案，将物理世界和数字空间紧密相连。智能传感器可以持续收集外部的信息，并将信息以特定的数据格式上传到数据中心。但是，传感器分布离散且感知环境复杂，多种协作模式共存于异构的传感器网络，这使得对业务流程应用直接建模非常困难。此外，海量的原始异构消息数据被封装为统一的事件格式，进而被路由转发和处理，因此需要找到一种高效的事件调度算法。由于整个业务流程应用往往处于分布式的执行环境中，在此背景下，可用的资源，包括存储资源和计算资源往往是有限的，托管于智能传感器上的每个业务流程产生的感知事件都希望尽快地得到系统的响应。常用的一些感知事件调度算法如下。

（1）基于先来先响应（first come first response，FCFR）的感知事件调度算法：感知事件按序排列在辅助存储器中，先进入辅助存储器缓冲队列的感应事件将首先得到响应。

（2）基于静态优先级响应（static priority first response，SPFR）的感知事件调

度算法：优先级较高的感知事件将首先得到业务流程系统的响应，当每个感知事件进入辅助存储器的缓冲队列时，都会被事件管理器分配一个整数，用于表示其具有的初始优先级。

（3）基于动态优先级响应（dynamic priority first response，DPFR）的感知事件调度算法：优先级较高的感知事件将被系统优先响应，与基于静态优先级响应的感知事件调度算法不同，在业务流程系统执行期间，事件管理器可以根据特定规则修改感知事件的优先级。基于动态优先级响应的感知事件调度算法的核心是优先级修改原则，如确保每个感知事件都能从业务流程系统中获得合理的计算资源等。

3.2.4 去中心服务互联网运行环境架构的特点

去中心服务互联网运行环境架构的特点如下。

1. 支持跨域服务方案的执行

根据前述大服务参考体系结构，跨域服务层处理的是跨不同领域的服务协同，领域服务层处理的是同一行业或领域内的服务协同，但这些协同跨不同的组织或区域。由于不同的领域、不同的组织一般属于不同的自治域，在跨域服务层和领域服务层均采用基于 EDSOA 的架构，因此在进行服务交互时就具有 EDSOA 带来的“时间、空间、同步、控制流”松耦合特性，不同自治域之间的服务交互依赖更少，从而更能适应跨域的服务交互。并且，在 EDSOA 基础上还可引入区块链技术，基于区块链技术进行跨自治域的服务资源、事件主题数据及流程协作数据的管理，可以保障跨域协作所需的服务元数据、事件主题数据及服务方案关键协作数据的可信性。

2. 支持服务方案的跨服务互联网节点可靠执行

根据前述大服务参考体系结构，局部服务层处理的是同一区域或组织内部的服务协同。由于同一组织或区域内部的协同一般属于同一个自治域，通常没有必要采用区块链技术，避免因区块链技术降低数据共享效率。因此，局部服务层具有基于服务流程逻辑的去中心架构。服务方案基于服务流程逻辑设计和运行，其运行控制没有集中的节点，可以从多个服务互联网节点中选择合适的节点进行控制，并且不同的服务方案实例可以由不同的服务互联网节点进行控制，具体技术细节见本书第 7 章。不同的服务互联网节点功能相同，由于没有具备特殊功能的服务互联网节点，因此可以有效避免单点瓶颈，提升平台的可靠性。

由于在跨域服务层和领域服务层采用 EDSOA，因此在运行环境的架构中引入了事件发布/订阅组件，而大多分布式事件发布组件是基于主从架构的，这在一定程度上引入了“中心”节点，不利于运行环境的部署和扩展。因此，事件发布/订阅组件仍然设计为去中心架构，每个服务互联网节点上的事件发布/订阅组件是对等的，不存在哪个服务互联网节点上的发布/订阅组件具有特殊的功能。

3. 服务方案动态演化能力

去中心环境下服务互联网应变动态演化方法与重构框架分为服务层和服务方案层两个层次，每个层次又涉及模型及运行环境两个维度。其核心问题是保障服务和服务方案层次演化活动及演化结果的正确性、与约束的一致性，以及演化后服务方案运行的高效性和可靠性。如图 3-13 所示，该框架包括约束规则管理（服务行为约束、QoS 约束、数据约束、用户需求约束）、演化模型、演化验证、服务交互关系分析、部署与调度等模块。其基本运行原理为：对不确定的需求，用户事先定义服务方案骨架、placeholder（占位）活动及约束信息，在运行时，用户对骨架中的 placeholder 活动以“边构造边运行”的方式进行服

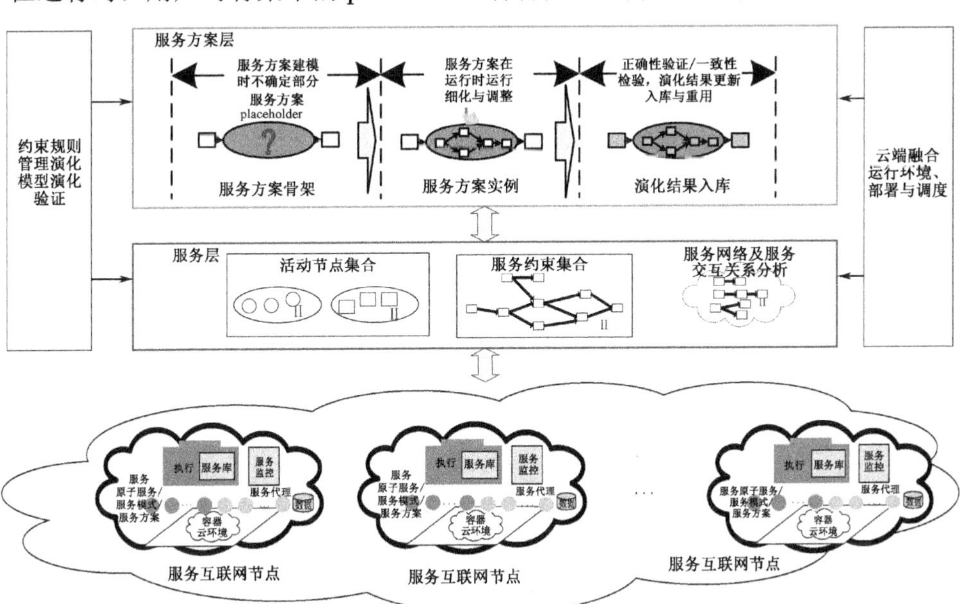

图 3-13　去中心环境下服务互联网应变动态演化方法与重构框架

务方案的细化，完成演化过程。在用户对服务方案细化的过程中，演化验证根据演化模型及约束规则提供服务方案的正确性及一致性验证功能。服务交互关系分析基于复杂网络建模分析方法对服务网络的整体特性进行分析，辅助用户进行服务方案的细化。在服务互联网环境下，服务方案是在去中心环境下跨节点、基于云与端运行的，部署与调度模块根据约束规则动态地对新版本的服务方案进行优化调度。

第4章

服务空间

第 3 章介绍了服务互联网运行环境的体系结构，服务库是其中的重要组成部分。为了进一步探究服务库对服务共享与组织的主要原理，我们将服务库抽象为一种容纳用于共享的服务资源的容器，称为服务空间。本章将从服务空间的基本概念、需求和特征分析入手，依次从其工作流程、数据结构等方面阐述服务空间的工作原理，并重点介绍基于服务连接关系的服务空间组织，以及基于网络科学的服务空间拓扑构造技术。

4.1 基本概念

定义 4.1 服务空间（service space）：一种容纳用于共享的服务资源的容器。服务空间的核心功能之一是服务资源的共享与组织。

服务是服务空间中的核心实体。服务空间通过提供共享的服务实现其业务目标。可从不同维度对服务空间中的服务进行简单分类。根据功能类型，其可分为业务功能服务、基础服务等。其中，业务功能服务是面向应用及业务用户，对完成特定业务任务所需业务处理逻辑的封装；基础服务是为了支撑业务功能服务或其他服务而提供的系统级别的基础服务，如数据存储服务、数据查询服务、消息订阅服务、消息路由转发服务等。根据数据来源，服务空间中的服务可分为物理世界的 IoT 服务、数字世界服务和人工服务。IoT 服务对 IoT 对象的读写及其生命周期管理进行封装。IoT 对象是 IoT 设备或物理实体在数字世界中的对应物。一个 IoT 服务可能对应一个或多个 IoT 对象。数字世界服务是对源于数字世界信息系统的数据和功能的封装。人工服务是对人工活动或人工交互行为等的封装。

在服务互联网中，服务空间的一个基本需求是对跨组织、跨领域边界的各类服务进行统一的组织和管理，目标是满足各类服务空间用户（如服务方案的建模人员及高级用户）在服务方案建模和执行过程中对服务资源进行“浏览”、“绑定”和“控制”的需求。其中，“浏览”是指用户对服务资源的查看、检索等；“绑定”是指用户将服务资源绑定到服务方案的某个可执行元素上，以便在服务方案执行时与该服务资源进行交互；“控制”是指用户通过相关指令掌管服务资源的数据和行为。

4.2 服务空间的基本工作原理

4.2.1 服务空间的基本工作流程

人类社会中任何实体的任何活动或事件都处在一定的时间、地点或与环境中的其他人和物的关系中，即是在特定的情境中发生的。我们把能够刻画一个实体的情境的信息称为该实体的情境信息（或上下文信息），把系统能够及时获取实体的情境信息的能力称为情境感知能力，把根据实体所处情境主动提供的相关服务，称为支持情境感知的服务。

以支持情境感知的服务绑定为例，服务空间的基本工作流程如图 4-1 所示。首先，建模人员在方案的建模过程中建立一个没有绑定具体服务实现的 placeholder 元素，并将表示该 placeholder 对其运行时需要绑定的服务资源的相关需求的描述发送到服务空间；其次，服务空间根据这些需求的描述和在服务空间中注册的可用服务的描述或标签，选取一些基本服务，同时根据服务之间潜在的关联关系，发现更多的服务，作为补充；再次，根据方案实例化时或运行过程中的情境对服务进行匹配和排序，生成候选服务，其中，情境可能是基于物联网服务定义和产生的，具有实时变化的特点；最后，在运行时实现 placeholder 与具体服务的绑定。

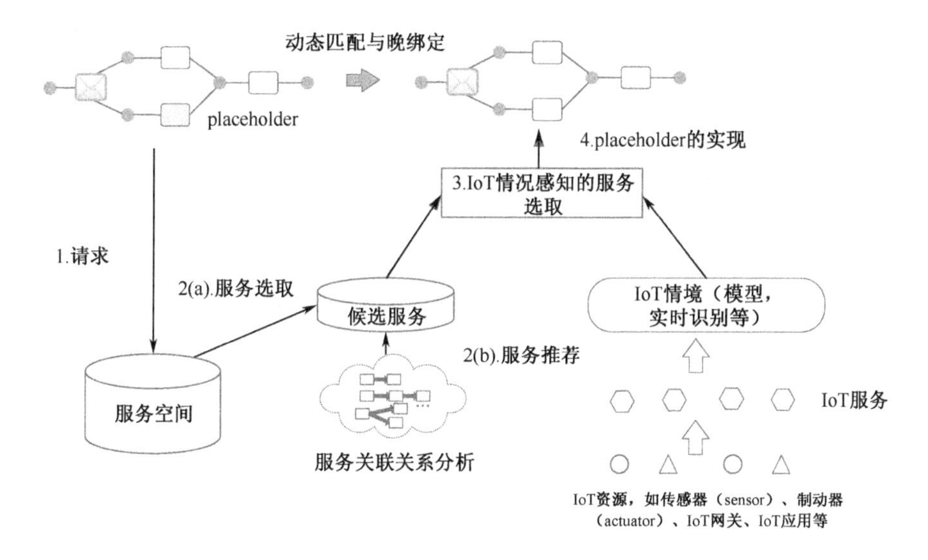

图 4-1　服务空间的基本工作流程：支持情境感知的服务绑定

在上述工作流程中，需要定义几个术语。

定义 4.2　服务语义标签（service tag）：在服务空间中，使用服务语义标签来对数字世界的服务进行标注，以便后续根据情境选择相应的服务。定义标签集合 $T=\{t_1,t_2,\cdots,t_n\}$，每个服务都可以用任意数量的标签进行标注。

用基于标签的方法进行元素搜索和发现是一种广泛应用的方法。可以把标签看作自然语言的一部分，对于人类用户来说，标签是较低难度、较少成本的一种描述形式。相比于对服务进行严格的形式化刻画，对元素加标签不需要专业用户完成，成本较低。

由于标签是自然语言的一部分，因此它有自然语言固有的复杂性和模糊性等问题，如歧义、多义等。要基于标签进行精准的服务发现，需要有海量的背景知识和设计良好的知识表示方法，将其转换为机器可理解的表示。研究者也开发了各种各样的方法应对这些问题，如传统基于本体的方法及近年来基于知识图谱的方法，在此不做赘述。

定义 4.3　IoT 设备（IoT entity）：每个 IoT 设备都可由一个或多个属性（attribute）来刻画，每个属性都是一个随时间变化的数据流。例如，一个温度计由其温度属性刻画；一艘船由其用经纬度表示的地理位置刻画。

为了形式化地表示随时间变化的数据流，我们引入标签流（tagged stream）和时变关系（time-varying relation）来表示连续变化的数据及其关系模型。

S 是一种标签流，用以描述数据流的变化，可表示为“ Tag<attr>ts ”，其中，

Tag 可为 u、+或−（u 表示元素的更新，+表示新增元素，−表示元素的减少或消失）；attr 是数据流的属性；ts 表示元素变化（更新、增加或消失）发生时刻的时间戳。例如，标签流“+<0001,075,···>1”表示在时间戳为 1 的时刻，元组<0001,075,···>出现，新增到该数据流中。图 4-2 中的流式数据源 Vesseltraj 就是一种标签流。

标签流是原始数据流的一种增量表示格式，任何原始数据流都可以表示为标签流，并且由于数据流的实时性和无限性，任何标签流都有其对应的时变关系 $\mathfrak{R}(S)$，所谓时变关系 $\mathfrak{R}(S)$ 就是随着时间的推移，S 中新到来的元组使 $\mathfrak{R}(S)$ 的内容也不断发生变化，因此建立在这种关系上的查询或视图的输出结果也会随时间的变化而变化。图 4-2 中的 $\mathfrak{R}$(Vesseltraj) 就是由标签流 Vesseltraj 形成的时变关系，其在每个时刻都具有不同的数据内容。

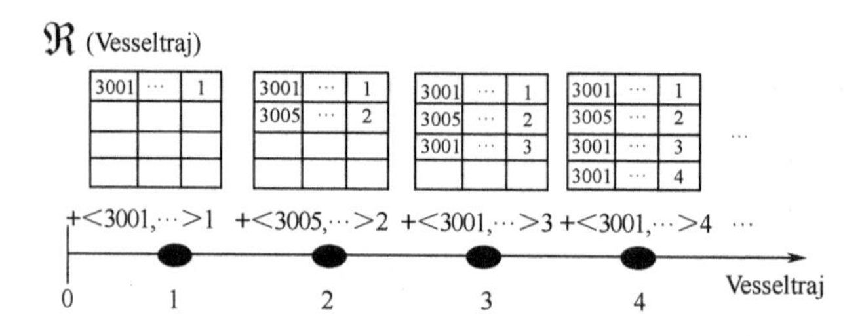

图 4-2　标签流及其对应的时变关系 $\mathfrak{R}$(Vesseltraj)

为了能够控制时变关系的数据更新时间，我们引入了“同步时间流”的概念，以此来更灵活地表示数据流随时间变化的特征。Sync 代表同步时间流（synchronized stream），它是一种特殊的标签流，用“+<timepoint>ts”来表示。其中，timepoint 是 Sync 的唯一属性，用来表示时间点。例如，“+<0>0,+<2>2”表示时间点为时间序列[0, 2, 4,···]的同步时间流，同理，[0, 1, 2,···]则表示单位时间为 1 的同步时间流 Sync_1。

借鉴关系模型的原理，在上述概念之上，可以使用 $\mathfrak{R}_{\text{Sync}_2}$(Vesseltraj) 来表示一个同步关系，其中标签流 Vesseltraj 的元组仅在与同步时间流 Sync_2 时间点一致时反应在同步关系 $\mathfrak{R}_{\text{Sync}_2}$(Vesseltraj) 上。这里，与关系模型的表示类似，同步关系模型可以用来描述流式数据源的内容，使用 $\mathfrak{R}_{\text{Sync}}(S)$ 描述一个同步关系，它和关系模型的唯一区别是引入了同步时间流的概念。

这样，同步关系模型 $\mathfrak{R}_{\text{Sync}}(S)$ 就可以进一步地通过一个二元组来表示：<attrs,syncunits>。其中，attrs={attr} 是这个关系的属性集合；syncunits 表示同步时间流 Sync 的下标值。例如，Sync_2 表示 syncunits 为 2 的同步时间流。

如图 4-3 所示为一个同步关系模型 $\mathfrak{R}_{\text{Sync}_2}(\text{Vesseltraj})$，在时间点 1 时 $\mathfrak{R}_{\text{Sync}_2}(\text{Vesseltraj})$ 中的数据为空，“$+<3001,\cdots>$”直到时间点 2 才插入 $\mathfrak{R}_{\text{Sync}_2}(\text{Vesseltraj})$ 中。

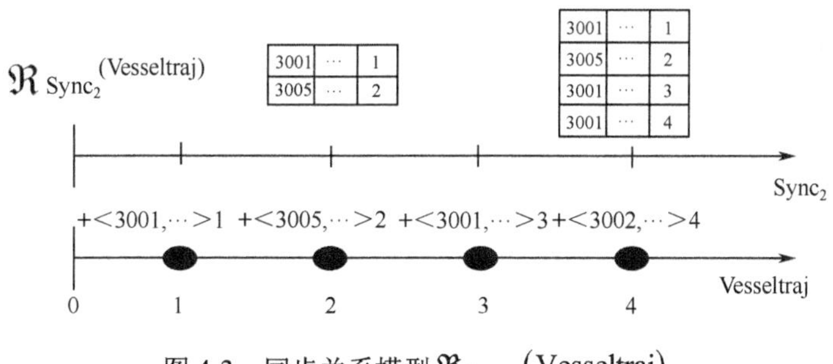

图 4-3　同步关系模型 $\mathfrak{R}_{\text{Sync}_2}(\text{Vesseltraj})$

基于数据流的同步关系模型，一个 IoT 对象可以用该对象的同步关系模型表示，或者可以表示为一个三元组：<id, attrs, syncunits>。上述例子中，表示一艘船的 IoT 对象对应的数据流 $\mathfrak{R}_{\text{Sync}_2}(\text{Vesseltraj})$ =<id,location,timestamp,2>，表示船的位置序列，平均每 2 分钟更新一次。

定义 4.4　IoT 对象（IoT object）：IoT 对象是业务人员关心的 IoT 实体，如一个房间，它由温度、湿度等多个 IoT 设备的属性刻画。因此，一个 IoT 对象由一个或多个 IoT 设备的属性（attribute）组成，用 IoT 设备的属性值或属性值的组合表达 IoT 对象的“状态”。IoT 对象的属性值是一个随时间变化的数据流，IoT 对象状态的切换或变化也是一个随时间变化的事件的数据流 statechange=<preState,currState,syncunits>。例如，对于一个房间，其温度和湿度均在规定范围时，状态为“舒适”，超出此范围为“闷热”“热”等，状态在切换时将产生一个状态切换的事件。需要注意的是，IoT 对象的状态可以用 IoT 实体属性的逻辑表达式直接建模表示，在难以用逻辑表达式人工建模表达的情况下，也可以通过其他方式表示，如通过构建假设函数基于神经网络和训练数据学习的方式建模。

定义 4.5　原子 IoT 服务（Atomic IoT service）：原子 IoT 服务以发布/订阅的方式封装对 IoT 对象的读操作，在默认情况下，原子 IoT 服务订阅其对应的 IoT 对象的所有属性及状态切换事件流。对于 actuator 类型的 IoT 设备，原子 IoT 服务以订阅事件流的方式实现对 IoT 对象属性的写操作，AtomIoTService= <id, object, props,subs,validity_cond,instantiation_exp>。其中，各元素含义如下。

id 表示每个服务的唯一标识。

object 为该原子 IoT 服务对应的 IoT 对象。

props 为服务的空间（地理位置）属性、时间属性、数据质量、可靠性等属性。

subs 是服务订阅的事件流集合，表明该服务所能提供的数据内容及时间窗口特性。$\text{subs} = \{<S_{\text{sub}}, \text{dataConstrs}, \text{timeConstr}>\}$，其中，$S_{\text{sub}}$ 是一个标签流，其对应的时变关系 $\Re(S_{\text{sub}})$ 可表示为 $<\text{attrs}, \text{syncunits}>$。dataConstrs 和 timeConstr 分别是标签流的数据约束条件和时间约束条件。在默认情况下，原子 IoT 服务订阅对应的 IoT 对象的所有属性及状态切换对应的事件流，而用户可以通过 dataConstrs 和 timeConstr 改变默认订阅的数据。$\text{dataConstrs} = \{\text{dataConstr}\}$ 表示服务的数据约束条件集合，每个数据约束条件 $\text{dataConstr} = <\text{attr}, \text{condop}, \text{constant}>$。其中，attr 是 $\Re(S_{\text{sub}})$ 的属性；condop 是比较操作符，可取>、=、<、≥、≠、≤；constant 是常量值。$\text{timeConstr} = <\text{range}>$ 表示连续数据服务的时间约束条件，即标签流中元组只将在距当前时间戳 range 范围内的时间点反映在其对应的同步关系上。将同步时间流 Sync 用 slide 表示，二元组（range,slide）可描述为同步关系的滑动窗口（sliding window）。翻滚窗口（tumbling window）和跳跃窗口（hopping window）都是滑动窗口的特定情况。对于翻滚窗口，时间范围 range 与窗口滑动步长 slide 大小一致；而对于跳跃窗口，range 大小是 slide 大小的整数倍。对于 validity_cond，由于 IoT 服务为连续运行的服务，为了避免服务实例启动后无限运行占用不必要的资源，因此设置此参数表达服务的有效期，如超时条件等。

instantiation_exp 用来表示服务实例化时区分不同服务实例的参数条件。在具体的业务场景下，不同的服务实例虽然订阅的事件流类型（或 topic）一样，但在很多情况下，不同的服务实例不需要订阅所有该类型的事件流。例如，在针对不同船舶的业务流程实例中，船舶位置监控服务的实例只需要订阅该实例所属船舶 ID 对应的事件流。

定义 4.6 IoT 情境（IoT situation）：IoT 情境是由 IoT 服务的一个或多个输出事件（IoT 对象的属性值或状态切换）匹配条件连接而成的复合条件表达式，或者是通过某种手段推理而来的表达式。例如，根据机器内部各传感器属性及机器外部环境传感属性建立概率图，判断在当前属性值组合情况下机器的运转状态为“正常”或“异常”。

定义 4.7 服务规则：表示在某情境下调用服务的产生式集合，基本形式为 IF situation THEN service(params)。其中，situation 为 IoT 情境，如机器运转异常；service(params) 为服务名称及其参数，如可表示在机器运转异常时，调用的某数字世界的服务。

服务空间原型系统在工作过程中，首先通过 placeholder 的描述与服务标签列表进行匹配，从而得到初始候选服务。为了扩大候选服务的范围，还可通过对历史数据和服务关系的挖掘分析补充候选服务列表，具体方法见本章 4.3 节和 4.4 节。

4.2.2 服务空间的基础数据结构

服务空间中的数据分为两种类型：一种是元数据，如各类服务的元数据，包括服务本身的名字、类型、访问地址等基本信息，服务输入/输出的名字、类型、取值范围等基本信息，服务的 QoS 属性及其值，以及服务对实体数据的引用等；另一种是实体数据，如 IoT 对象对应的 IoT 设备源源不断产生的感知数据。

服务的元数据由于数据量相对不大，可以采用传统的关系数据结构。实体数据的数据量较大，为了方便扩展，更适合采用 key/value 的数据结构，如多维稀疏矩阵的数据结构。

在多维稀疏矩阵中，第一维称为行（row），行键（row key）值即主键，所有行的信息可以基于主键进行排序；第二维称为列族（column family），一个列族包含多个列（column qualifier）的集合，它们一般具有相同的类型属性，系统在存储和访问表时，都是以列族为单元组织的；第三维称为列，理论上，一个列族中列的个数不受限制，列的命名方式通常采用“family:qualifier”的方式；最后一维称为时间戳（timetstamp），它通常是系统在插入一项数据时自动赋予的。如果把行和列族看成三维矩阵的行和列，那么可以将时间戳看成纵向深度坐标。Google BigTable、HBase 就采用了此种数据结构。

通过将服务的元数据中表示“对实体数据的引用”的元素指向多维稀疏矩阵的某个行键或行键集合，建立对服务实体数据的间接寻址关系，从而减少不必要的数据移动，提高数据访问效率。

面向服务互联网的服务空间承载的是跨网跨域的资源，由于集中式架构具有单点瓶颈及规模限制，因此其数据存储必然需要采用分布式架构。对于服务元数据，由于数据量相对不大，因此在数据存储上可以采用去中心、全副本的分布式方式。对于实体数据，由于数据量比较大，因此在数据存储上无法采用全副本的分布式方式，需要对数据进行一定的划分。

对服务空间中服务元数据的存储，其去中心、全副本的分布式方式可以借鉴区块链中的数据存储体系结构。而对实体数据的存储，这里采用映射表的机制。

映射表维护了数据及其存储所在的服务互联网节点之间的映射关系，当需要访问某个数据时，首先去映射表中查找，找到后再定位相应的节点，这可以称为数据的“路由”，其好处是服务互联网节点加入或退出对用户是透明的。考虑到服务互联网中可能存在大量的组织及相应的服务互联网节点，映射表的设计可以采用间隔映射表的结构。组织 ID 的空间被划分为多个间隔，每个间隔与一个服务互联网节点组对应。在定位时，首先对组织 ID 进行哈希，搜索一个间隔，其次使用二分查找法来定位该组织 ID 对应的服务互联网节点。

如表 4-1 所示，可以先确认 ID 的哈希为 001 的组织所在的服务互联网节点组，再在服务互联网节点组中进行二分查找，就可以迅速定位具体的服务互联网节点。

表 4-1　服务互联网节点间隔映射表示例

OrgKeyHash	NodeID
001	服务互联网节点组 1
002	服务互联网节点组 2

在大规模的服务互联网环境下，出于提高系统可用性的考虑，对于服务元数据全副本的分布式方式，可以不保障严格一致性而保障最终一致性。这里采用“每条记录的时序一致性”的一致性模型：一个记录在不同服务互联网节点上的状态可能不同，但只会是某个严格顺序的状态序列中的一个，同一条记录不同副本的更新都严格按照相同的顺序进行。所有的更新通过可靠消息代理（message broker）传播到其他从节点上的记录副本。一旦更新发布到消息代理中，就认为更新操作已提交。每个记录都有属于自己的一个主节点，当进行记录插入和删除操作时，需要使用主节点。主节点只向唯一的消息代理发布更新操作，因此更新操作是按其提交的顺序传送给各副本的。

4.3　基于服务连接关系的服务空间组织

4.3.1　服务连接关系及其度量

除了单个服务及其标签，服务空间中还需要包含如下两种内容：① $\text{Space}_s = \{<\text{MID}_j, \text{src}_j^i, \text{target}_j^i>\}$，它记录了所有组合服务中每个服务的前驱及后继服务；

② $\text{Space}_r = \{<s_j, \text{relation}(s_j) \mid j = 1,2,\cdots,n>\}$，每个二元组记录了任意一个服务 s 及与 s 存在关联关系的服务集合。通过遍历服务空间中的内容，可以知道其中任意一个服务 s 存在于哪些组合服务、s 的前驱服务集合、s 的后继服务集合、与 s 存在关联关系的服务集合及其具体的关联关系。

可以从不同角度分析、建立服务之间的关联关系。首先，基于服务的输入和输出，可以建立服务之间的输入、输出数据的依赖关系、继承关系。

设定 $s_a, s_b \in \text{Space}$，$s_a$ 的输入、输出参数分别是 $s_{a\text{in}} = \{\text{att}_{a\_\text{i}1}, \text{att}_{a\_\text{i}2}, \cdots, \text{att}_{a\_\text{in}_a}\}$、$s_{a\text{out}} = \{\text{att}_{a\_\text{o}1}, \text{att}_{a\_\text{o}2}, \cdots, \text{att}_{a\_\text{on}_a}\}$，$s_b$ 的输入、输出参数分别是 $s_{b\text{in}} = \{\text{att}_{b\_\text{i}1}, \text{att}_{b\_\text{i}2}, \cdots, \text{att}_{b\_\text{in}_b}\}$、$s_{b\text{out}} = \{\text{att}_{b\_\text{o}1}, \text{att}_{b\_\text{o}2}, \cdots, \text{att}_{b\_\text{on}_b}\}$。服务间的输入、输出数据依赖关系及继承关系定义如下。

1. 数据依赖关系

如果服务的输入、输出之间存在数据依赖关系，如服务 s_b 的输入来自服务 s_a 的输出或 s_a 输出的一部分，即 $s'_{a\text{out}} \subseteq s_{b\text{in}}$（$s'_{a\text{out}} \subseteq s_{a\text{out}}$），则称服务 s_a 与 s_b 之间存在输入、输出的数据依赖关系。

2. 数据继承关系

首先，如果服务 s_a 的输入是服务 s_b 输入的非空子集且服务 s_a 的输出是服务 s_b 输出的非空子集，即 $(s_{a\text{in}} \subset s_{b\text{in}}) \cap (s_{a\text{out}} \subset s_{b\text{out}})$，则服务 s_b 继承于服务 s_a。服务 s_b 的输入、输出参数除包含服务 s_a 的输入、输出参数之外，还有自己独特的一些属性参数，因此，用户在创建组合服务时可以用服务 s_b 替代 s_a。

其次，对服务之间的连接关系进行量化。引入连接度测量服务间关联关系的强弱。用 $C(s_i, s_j)$ 表示服务 s_i, s_j 间的连接度。在计算连接度的过程中，将输入、输出数据的依赖关系、数据继承关系，以及服务间潜在的关联关系考虑进去，如式（4-1）所示。其中，$\text{Dep}(s_i, s_j)$ 是服务的依赖度；$\text{Inh}(s_i, s_j)$ 是服务的继承度；$\text{Pot}(s_i, s_j)$ 是数据服务间的潜在关联度。它们分别测量了服务间的数据依赖关系、服务间的数据继承关系及服务间潜在的关联关系。设定三个参数 $\alpha, \beta, \gamma\ (\alpha + \beta + \gamma = 1)$，分别表示数据依赖关系、数据继承关系及潜在关联关系在计算连接度过程中所占的权重。

$$C(s_i, s_j) = \alpha \text{Dep}(s_i, s_j) + \beta \text{Inh}(s_i, s_j) + \gamma \text{Pot}(s_i, s_j) \tag{4-1}$$

下面具体介绍依赖度、继承度和潜在关联度的度量。

如果一个服务输出参数的全部或一部分是另一个服务的输入，则这两个服务间存在数据依赖关系。s_{src} 表示源服务，输出为 $s_{src-out} = att_{src-out1}, att_{src-out2}, \ldots, att_{src-outn}$，$n$ 是输出的属性个数。s_{target} 是目的服务，$s_{target-in} = att_{target-in1}, att_{target-in2}, \cdots, att_{target-inn}$，是它的输入，$n'$ 是输入的属性个数。根据源服务的输入与目的服务的输出，将计算 $\text{Dep}(s_i, s_j)$ 的值分为以下三种情况。

（1）$s_{target-in} \subseteq s_{src-out}$，即候选目的服务的输入参数集合 $s_{target-in}$ 是源服务输出参数集合 $s_{src-out}$ 的非空子集，则 $\text{Dep}(s_{src}, s_{target}) = 1$。

（2）$s_{src-out} \subset s_{target-in}$，即源服务的输出参数集合是候选目的服务输入参数集合的非空子集，则该候选目的服务与源服务的依赖度计算公式如式（4-2）所示。其中，num_{src} 表示是该候选目的服务的输入来自源服务的个数。

$$\text{Dep}(s_{src}, s_{target}) = 1/\text{num}_{src} \tag{4-2}$$

（3）$s_{target-in}$ 与 $s_{source-out}$ 无关，即候选目的服务的输入集合 $s_{target-in}$ 与源服务输出无上述（1）或（2）中的关联联系，则 $\text{Dep}(s_{src}, s_{target}) = 0$

当源服务的某一输出属性与候选目的服务的某一输入属性名字不同时，不能绝对说明它们不同，因为两者可能有相同的语义。但是，对我们来说，服务间的语法对比比语义对比更简单且实验证明语法对比是有效的，所以本书暂时不考虑服务间的语义相似。有关利用语义进行服务间关联关系度量的研究有很多，本书不进行赘述。

用 $\text{Inh}(s_i, s_j)$ 衡量两个服务之间的继承程度。如果 s_i 与继承了 s_i 的服务 s_j 都是十分重要的数据服务，则认为 s_i 与 s_j 之间的继承度很高。用 $\text{Imp}(s_i)$ 衡量任意一个数据服务在数据空间中的重要度。影响数据服务 s 重要度的因素主要有两个方面：基本重要度、与 s 存在继承关系的服务的重要度。

将 s 出现在服务空间的次数作为衡量 s 基本重要度的基准，s 在服务空间中出现的次数越多，其基本重要度越高。对于所有服务空间的服务，$\sum \text{base}(s) = 1$。任意一个服务的基本重要度的具体计算如式（4-3）所示。其中，$\text{Num}(s)$ 是服务 s 出现在服务空间中的次数；sNum 是服务空间中服务的总数。

$$\text{base}(s) = \text{Num}(s) / \sum_{i=1}^{\text{sNum}} \text{Num}(s_i) \tag{4-3}$$

除此之外，服务间的继承关系也会直接影响服务的重要度。根据服务间的继承关系可以构建一张有向图，如果两个服务之间存在继承关系，则这两个服务间存在一条边且该边指向被继承的服务。如果我们将该有向图作为一个网页，图中的服务作为网页中的链接，那么可以使用 PageRank 算法计算继承关系对服务重要度的影响。PageRank 算法是完全独立于查询的，它只依赖继承关系图中的服务，因此使用该算法可以离线计算服务的重要度，并且经过若干次迭代计算后可以一次性输出所有服务的重要度。

设定两个参数 $j,k\left(j+k=1\right)$ 代表服务的基本重要度、服务间的继承关系在计算某个服务重要度时所占的权重，服务重要度计算如式（4-4）所示。初始 $\text{Imp}_0\left(s\right)=\text{base}\left(s\right)$，循环计算 $\text{Imp}_1\left(s\right),\cdots,\text{Imp}_{i-1}\left(s\right),\text{Imp}_i\left(s\right)(i>1)$，直到 $|\text{Imp}_i\left(s\right)-\text{Imp}_{i-1}\left(s\right)|$ 达到设定的阈值。

$$\text{Imp}\left(s\right)=j\left[\text{base}\left(s\right)\right]+k\left[\sum_{\{s_{\text{inh}}|s_{\text{inh}}\in\text{set}_{\text{inh}}\}}\frac{\text{Imp}\left(s_{\text{inh}}\right)}{|\{s'_{\text{inh}}\mid s'_{\text{inh}}\in\text{set}_{\text{inh}}\}|}\right]\tag{4-4}$$

在得到服务重要度之后，可以根据式（4-5）计算服务继承度。

$$\text{Inh}\left(s_i,s_j\right)=1-\left|\text{Imp}\left(s_i\right)-\text{Imp}\left(s_j\right)\right|\tag{4-5}$$

上面介绍了依赖度和继承度的计算。我们使用 $\text{Pot}\left(s_i,s_j\right)$ 衡量服务间的潜在关联关系的紧密程度。在计算潜在关联度的过程中，首先找到两个服务共同存在的组合服务。如果该集合中组合服务的个数超过设定的阈值，则称这两个服务为频繁子集。本书选用 gSpan 算法来寻找包含指定的两个服务的频繁子图，因为 gSpan 算法是目前公认最好的频繁子图挖掘算法，它利用模式增长策略和深度优先方法遍历搜索空间，通过一次搜索能够得出所有的符合条件的频繁子图。

在使用 gSpan 算法统计频繁子图之前，首先根据组合服务中服务间的前驱、后继关系将每个组合服务转换为有向图结构。与继承关系图类似，图中的节点表示服务，若两个服务间存在前驱、后继关系，则两个服务间有一条有向的边，并且边的方向由前驱服务指向后继服务。在构造图的过程中需要注意以下两点。

（1）若将数据服务进行聚合 (union，join，cart，except，intersect)，则它们两个既可以作为对方的前驱服务，又可以作为对方的后继服务，所以两个服务之间的边是无向边。

（2）若将两个数据服务 s_i,s_j 聚合后的输出作为第三个数据服务 s_k 的输入，表明 s_i,s_j 的输出都要作为 s_k 的输入，即 s_i,s_j 的后继服务都为 s_k。

将服务空间中的所有组合服务转化为混合图后，以其作为 gSpan 算法的输入，设定频繁子图中边的最大数目 $\text{Num}\left(e\right)$ 和最小支持度 S，gSpan 算法的输出为所有频繁子集。在得到频繁子集后，s_i,s_j 间的潜在关联度的计算分为以下两种情况。

（1）若 s_i,s_j 共存于频繁子集（frequent subset，FS）中，则 $\text{Pot}\left(s_i,s_j\right)=1$。

(2)若频繁子集中没有s_i，则需要遍历服务空间，统计与s_i直接连接的服务，连接的次数越多，潜在关联度越高。

两个服务s_i, s_j间的潜在关联度计算如式（4-6）所示。

$$\mathrm{Pot}\left(s_i, s_j\right)=\begin{cases}1, & s_i, s_j \in \mathrm{FS} \\ \mathrm{num}\left(s_i, s_j\right) / \sum_{l=1}^{n_i} \mathrm{num}\left(s_i, s_l\right), & s_i \notin \mathrm{FS}\end{cases} \tag{4-6}$$

通过以上计算最终可以计算任意两个服务间的依赖度、继承度及潜在关联度，得出两个服务间的连接度。

4.3.2 服务连接关系度量的应用

下面介绍如何利用服务间的连接度为用户推荐服务。推荐过程分为三步：①根据源服务从服务空间中选出候选目的服务的集合；②计算候选目的服务集合中的服务与源服务的连接度并进行排序；③当用户选择目的服务后修改服务空间中的记录。

为了最大化地圈定候选目的服务的范围，推荐机制在服务空间中分别查找与源服务的依赖度达到设定阈值t_{dep}的服务、继承度达到设定阈值t_{imp}的服务及与源服务的潜在关联度达到设定阈值t_{pot}的服务，它们构成候选目的服务集合$\mathrm{set}_{\mathrm{tar}}$。当用户选择一个服务$s$后，推荐机制即时搜索该服务的候选目的服务集合$\mathrm{set}_{\mathrm{tar}}$。

依次选择候选目的服务集合$\mathrm{set}_{\mathrm{tar}}$中的服务，根据$C\left(s, s_{\mathrm{tar}_i}\right)=\alpha \mathrm{Dep}\left(s, s_{\mathrm{tar}_i}\right)+\beta \mathrm{Inh}\left(s, s_{\mathrm{tar}_i}\right)+\gamma \mathrm{Pot}\left(s, s_{\mathrm{tar}_i}\right)$计算每个$s_{\mathrm{tar}_i}$与源服务$s$的连接度。目前将权重参数$\alpha, \beta, \gamma$都设置为1/3，该值也可以根据用户需要进行改变。将候选目的服务集合中的服务根据与源服务的连接度大小进行排序，排序后的候选目的服务集合为$\mathrm{set}_{\mathrm{tar}}'$，设定一个$k$值，只需要将$\mathrm{set}_{\mathrm{tar}}'$中的前$k$个服务推荐给用户即可。

每当用户选择目的服务s_{tar}后，都要对已有的服务空间结构进行维护，在服务空间中加入新构建的组合服务中的前驱服务与后继服务二元组，并更新相关连接关系的度量结果。

4.3.3 基于事件日志挖掘的服务流程连接带

服务空间还管理着大量的各类服务调用产生的事件日志，这些事件日志隐含着大量有价值的信息，从庞杂的事件日志中也可以发现服务之间的连接关系及服务组合的模式。但是，面对复杂的数据世界，流程挖掘算法在处理复杂的事件日志时可能会生成我们难以理解的“意大利面过程”模型，我们难以从中获得有价值的信息（Aalst 2014）。因此，在进行流程发现的时候，我们不会试图利用所有的案例建立一个庞大复杂的模型，而是通过抽取特征的方式来描述案例，然后对案例的轨迹进行聚类（Aalst 2014），使得每个聚类结果对应于相关过程执行的连贯集合，每个相关过程执行可以由过程模型表示。

当前相关研究已经提出了几种面向事件日志的轨迹聚类技术（Miller 2019，Ferreira et al. 2007），但轨迹聚类技术的应用潜力因其可解释性较差而受到很大影响。大多数的轨迹聚类技术都依赖“案例轨迹之间的距离”计算，而用它来解释聚类结果很不直观，业务用户更倾向于从领域相关的角度（如控制流的属性、特点）理解轨迹聚类的结果（Ferreira et al. 2007）。

针对这个问题，我们定义了服务“流程连接带”来描述对轨迹进行可解释聚类分析的输出结果，并借鉴机器学习中可解释聚类的相关思路，提出了一种事件日志的可解释聚类分析方法，称为 iBelt（interpretable process belt）。

定义 4.8　事件、属性（Aalst 2014）：设 ε 为事件空间，即所有可能的事件标识符的结合。设 AN 是属性名的集合。对于任意事件 $e \in \varepsilon$ 和属性名 $n \in \mathrm{AN}$，$\#n(e)$ 是事件 e 的属性 n 值。如果事件 e 不含属性名 n，则 $\#n(e) = \perp$（空值）。

事件由不同的属性描述，典型的属性有活动、时间戳和资源，如表 4-2 所示。

表 4-2　某事件日志片段

案例 ID	属性		
	活动	时间戳	资源
1	Accepted	2006-11-07 10:00:36+01:00	Niklas
	Queued	2006-11-07 13:05:44+01:00	Niklas
	Completed	2009-12-02 14:24:32+01:00	Tomas
2	Accepted	2009-12-02 14:24:32+01:00	Tomas
	Accepted	2010-08-25 11:13:01+02:00	Tomas

定义 4.9　案例、轨迹、事件日志（Aalst 2014）：设 $\pounds$ 为案例空间，即所有可能的案例标识符的集合。案例也是有属性的。对于任意案例 $c \in \pounds$ 和属性名 $n \in \mathrm{AN}$，$\#n(c)$ 是案例 c 的属性 n 的值（若案例 c 没有属性 n，则 $\#n(c) = \perp$）。每一个案例（case）都有一个特殊的强制属性——轨迹（trace）。

（1）轨迹是事件 $\sigma \in \varepsilon^*$ 的一个有限序列，其中 ε^* 为事件空间中的元素序列组成的集合，且每个事件只出现一次。

（2）事件日志是案例$L \subseteq \pounds$的集合，其中每个事件在整个日志中最多出现一次。

定义 4.10 轨迹聚类：设$L \subseteq \pounds$为一个事件日志，在L上的一个轨迹聚类是L的一个子日志。一个轨迹聚类 $T\pounds \subseteq P(L)$是事件日志L上的一组轨迹，其中$P(L)$为L所有可能的子日志。

定义 4.11 事件日志视角（Aalst 2014，Song et al. 2009）：视角是从特定角度描述轨迹的相关项，它用具体的数值来度量案例中的轨迹，对事件日志进行分析后可用多个视角构成一个聚合向量来描述轨迹行为。

（1）控制流视角：描述活动发生顺序，如(A,B)表示活动A到B的直接跟随关系，可以统计轨迹活动之间的直接跟随关系是否发生或发生次数。

（2）组织视角：展现资源的组织情况，可以统计事件组织资源者参与的次数或资源者是否参与。

（3）活动视角：关注活动的发生频率，可以统计事件活动发生的次数或活动是否存在。

（4）时间视角：又称性能视角，关注事件的时间和频率，可以统计同一个案例中事件发生的次数、案例的持续时间、案例中相邻事件持续时间的一些统计量，如最值、均值及众数等。

决策者可以利用组织数据深入了解典型的工作模式和组织结构，利用活动数据更好地理解决策制定和分析轨迹之间的差异，利用时间戳诊断与性能相关的问题，如瓶颈问题。

定义 4.12 流程连接带：$L \subseteq \pounds$为一个事件日志，流程连接带B是一个三元组：$B = < T, I, C >$，流程连接带中的流程实例可用基于轨迹特征属性的规则进行直观解释。T, I, C 的定义如下。

（1）T 为流程连接带对应的轨迹集合。例如，某L聚类后为两个簇，对应于两个流程连接带的轨迹集合：$T_1(\text{trace}_1, \text{trace}_2, \text{trace}_3)$和$T_2(\text{trace}_4, \text{trace}_5)$。

（2）I 为对流程连接带的定量描述。例如，对某流程连接带对应的轨迹集合，假设其特征组合为$[X,Y]$，其特征值经过可解释聚类分析方法形成的定量矩形区域为$\{X \subseteq [x_1, x_2], Y \subseteq [y_1, y_2]\}$。其中，$x_1$和$y_1$是特征值的最小值；$x_2$和$y_2$是特征值的最大值。

（3）C 为不同的流程连接带经过过程挖掘得到的不同的因果网（C-net）（Aalst 2014）。

如图 4-4 所示，事件日志由流程实例$(\text{PI}_{01}, \text{PI}_{02}, \cdots, \text{PI}_n)$构成，经过具有可解释性的轨迹聚类算法后产生聚类簇$(\text{cluster}_1, \text{cluster}_2, \cdots, \text{cluster}_n)$，聚类簇中各自包

含多组不同的流程实例，形成具有可解释规则的流程连接带$(B_1,B_2,\cdots,B_n)$。例如，对某流程连接带的轨迹集合$T_1(\text{trace}_1,\text{trace}_2,\cdots,\text{trace}_n)$，当特征组合为$X$和$Y$时，映射到二维空间，不同的轨迹代表不同的点，其构成的矩形区域为$\{X\subseteq[2,3],Y\subseteq[1.5,3]\}$，同时每个流程连接带都会对应一个因果网$C$。

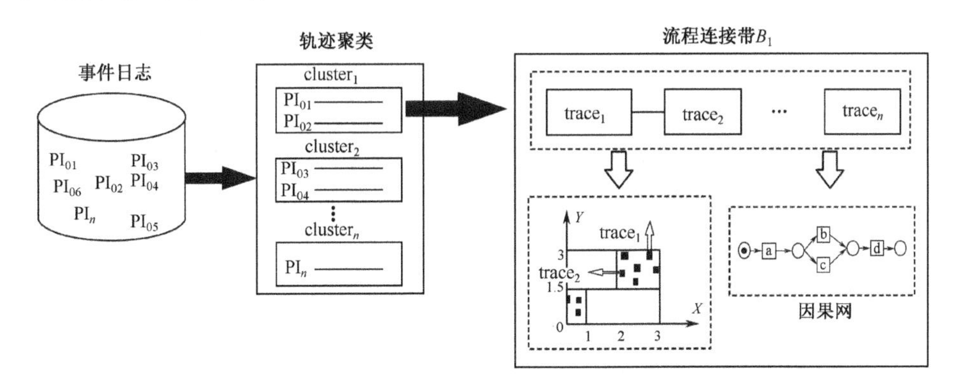

图 4-4 流程连接带示意

在上述过程中，得到流程连接带可解释性规则最关键的一步在于建立可解释聚类模型。目前，典型的聚类算法往往基于距离算法或密度算法对数据点进行分簇，这样得到的簇边界往往是不规则的，聚类结果缺乏可解释性。因此，考虑决策树算法具有规则简单、结果可读的特点，可借鉴可解释聚类算法 CLTree 的思想（Bing et al. 2005）构建事件日志的聚类模型，得到具有可解释性的聚类结果，满足定量描述流程连接带的需求。

CLTree 的基本思想是在目标数据 Y 中均匀地添加一类虚拟数据 N，再用决策树对目标数据和虚拟数据进行二分类，将虚拟数据从分类结果移除，剩下的不同特征属性范围的目标数据就成了聚类结果。这种方法之所以有效，是因为如果目标数据中存在聚类，那么数据点不可能均匀地分布在整个空间中。通过添加均匀分布的虚拟数据点，就可以隔离聚类（Bing et al. 2005），因为在每个聚类区域内，Y 点比 N 点多，而在其他区域 N 点比 Y 点多。通过这种方法，通常用于解决分类问题的决策树就转化成了用于聚类的聚类树。采用单一的决策树进行聚类容易受到噪声影响而得出错误的决策结果。提升树（boosting tree）是以决策树作为基学习器，通过串行迭代得到强学习器的算法，每一次迭代以损失函数最小为优化目标学习基函数。相比于提升树，梯度提升决策树（GBDT）结合梯度提升思想来提高预测准确性。如果能够同时借鉴 CLTree 和 GBDT 的优点，就有望进一步提升 CLTree 的聚类准确性，结合二者的模型称为提升聚类树（CLBDT）模型。

如果将原始数据作为 Y 类，将预先生成的均匀的虚拟数据作为 N 类，先利用 GBDT 对其进行二分类，再将叶子节点作为聚类簇，将难以得到预想的结果。通过实验也发现，这样的拟合度低于未聚类前，更远低于 CLTree。这是因为预先生成所有的 N 类数据并不能将原始数据很好地分簇，需要在决策树每次进行分支时动态生成，以保障添加足够的 N 类数据点来隔离聚类（Bing et al. 2005）。但如果在 GBDT 工作过程中动态生成 N 类数据，又将破坏梯度计算的意义。通过观察 CLTree 建立决策树的过程可以发现，在当前决策树中，同一聚类中的点比不同聚类中的点有更大的概率在下一棵决策树中仍然属于同一个聚类。也就是说，如果前一棵决策树在分支时将同一个聚类中的数据点分到了不同的分支节点上，利用提升树思想，可以通过下调信息增益来优化下一棵决策树的建立过程（He et al. 2018）。因此，一方面，在生成 N 类数据时，沿用 CLTree 的动态增加虚拟数据的方法，当节点中 N 点少于 Y 点时，要将 N 点增加到相同数量；另一方面，在建立聚类树时，通过动态更新信息增益，使得同一个簇中的点在下一棵聚类树建立过程中更倾向于被划分到一起，从而提高聚类结果的准确性。

当从事件日志中提取的相关特征维度比较高时，CLBDT 模型的决策树结构会过度复杂，使得聚类结果的可解释规则复杂，计算效率降低。因此，在提取特征后增加降维方法来解决上述问题。典型的降维方法的思想是将原始高维的特征空间转化到低维的特征空间，投影矩阵为稠密矩阵，混合所有的特征生成新的特征，这样会丢失原始特征本身的特点和可解释性。因此，为了更好地增强子空间学习的可解释性，从特征选择的过滤式和嵌入式方法考虑，可采用方差结合判别特征选择的无监督特征选择算法，这样既能利用方差选出表现能力强的特征，又能利用离散矩阵和特征相关性选出具有判别性的特征。

按照前述的算法基本思想，首先对事件日志进行特征提取，作为可解释聚类模型的输入，通过基于无监督特征选择的 CLBDT 模型输出聚类簇，得到流程连接带的轨迹集合T；根据聚类簇对应的解释规则，可支持对流程连接带进行定量的描述I；最后通过流程挖掘得到流程连接带的因果网C，构成事件日志的流程连接带$B = <T, I, C>$。iBelt 基本流程如图 4-5 所示。

1. 特征提取

在事件日志的可解释性轨迹聚类的特征提取时，用户最终希望理解多个过程实例聚类簇之间具有区分作用的特征，而这主要依赖当前过程中存在的控制流特征（He et al. 2018）及活动特征。根据上述需求，基于定义 4.11 中所描述的活动视角和控制流视角进行特征提取。活动视角更倾向于了解活动出现的频数，而控制流视角更倾向于了解活动是否存在。通过单视角聚类结果对比可知，相比于以活动之间直接跟随关系的出现频数为特征进行聚类，基于控制流存在与否的特征进行聚类的结果的轮廓系数略好。

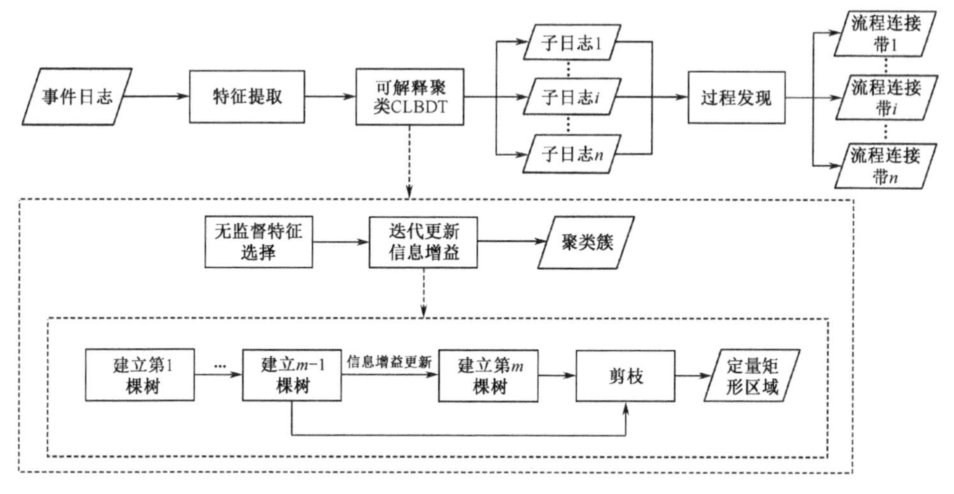

图 4-5　iBelt 基本流程

事件日志特征提取后的特征向量如表 4-3 和表 4-4 所示。其中，表 4-3 是 2013 年 BPI 挑战赛对 OProblem 数据集提取特征后构建的特征向量，共 9 维；表 4-4 是 2020 年 BPI 挑战赛对 DomesticDeclarations 数据集提取特征后构建的特征向量，维度相对要高，共 56 维。

表 4-3　OProblem 数据集的特征向量

案例 ID	活动视角			控制流视角的转换关系					
	Accepted	Queued	Completed	(0, 0)	(0, 1)	(0, 2)	(1, 0)	(1, 1)	(2, 0)
1	4	0	0	1	0	0	0	0	0
2	3	0	0	1	0	0	0	0	0

注：0 代表 Accepted；1 代表 Queued；2 代表 Completed；(0,1)代表从 Accepted 到 Queued 的发生顺序。

表 4-4　高维数据集 DomesticDeclarations 的特征向量

案例 ID	活动视角				控制流视角的转换关系			
	0 Declaration SUBMITTED by EMPLOYEE	1 Declaration FINAL_APPROVED by SUPERVISOR	…	16 Declaration FOR_APPROVAL by ADMINISTRATION	(0, 1)	(0, 4)	…	(16, 0)
1	1	1	…	0	1	0	…	0
2	2	1	…	1	1	0	…	1

注：活动视角有 17 个特征（前面编号 0～16），部分因空间问题用省略号代替；控制流视角有 39 个特征，同样省略处理。

对特征向量表格进行分析，活动视角统计的是频次，属于数值型的数据；控制流视角统计的是存在与否，只有 0 和 1 两个取值，属于类别型的数据。

针对所提取的高维数据集，采用方差特征选出区分度大的特征。当控制流视角矩阵过于稀疏时，结果会偏向活动视角的特征，因此进行无监督判别特征选择（UDFS）来增加控制流视角特征的判别重要性，最终取方差选择特征集和无监督判别特征选择特征集的交集。

2. 聚类树构建

在当前决策树中，同一聚类中的点比不同聚类中的点有更高的概率在下一棵决策树中仍然属于同一个聚类，根据此经验来构建决策树，通过更新信息增益使同一个簇中的点更倾向于被划分到一起，从而提高聚类结果的准确性。当使用无监督思想建立决策树时，首先把事件日志特征数据集中的数据作为类别为 Y 的点，其次假设数据空间中均匀分布着类别为 N 的虚拟数据点，将原始点聚类的问题转变成对真实点 Y 和虚拟点 N 进行分类的问题，也就是将聚类问题转变成在空间中划分数据点密集区域和空白区域的问题。决策树使用划分前后信息熵的差值（信息增益）来衡量使用当前特征对样本集合 D 划分效果的好坏，信息增益越大，特征属性对样本集合 D 进行划分所获得的纯度提升越好。

假设一个样本数据集有 q 类，即 $C_1,\cdots,C_q$，样本数据集 D 的信息熵定义为

$$\text{info}(D)=-\sum_{j=1}^{q}\frac{\text{freq}\left(C_j,D\right)}{|D|}\times\log_2\left(\frac{\text{freq}\left(C_j,D\right)}{|D|}\right) \tag{4-7}$$

式中，$\text{freq}(C_j,D)$ 表示类 C_j 在 D 的数据点数；$|D|$ 是 D 中的数据记录总数。

对于样本数据集 D 来说，A 是样本的属性，根据属性 A 划分 m 个集合后的信息熵为

$$\text{info}_X(D)=-\sum_{i=1}^{m}\frac{|D_i|}{|D|}\times\text{info}\left(D_i\right) \tag{4-8}$$

式中，$|D_i|$ 表示分区后子集 D_i 中的数据点数。

最后，属性 A 对样本集合 D 分区所得的信息增益为

$$\text{gain}(X)=\text{info}(D)-\text{info}_X(D) \tag{4-9}$$

CLBDT 算法将当前决策树与下一棵决策树属于不同聚类簇的数据点的信息增益作为调整项，其计算公式如下：

$$\text{gainRes}=\sum_{i=1}^{n}\frac{\left|D_{Y_{j,i}}^{(m-1)}\right|}{\left|D_{Y_j}^{(m-1)}\right|}\log\frac{\left|D_{Y_{j,i}}^{(m-1)}\right|}{\left|D_{Y_j}^{(m-1)}\right|} \tag{4-10}$$

式中，$\left|D_{Y_{j,i}}^{(m-1)}\right|$ 是当前决策树的节点 i 上的第 $(m-1)$ 棵树上聚类号为 j 的 Y 数据点的数量；$\left|D_{Y_j}^{(m-1)}\right|$ 是当前决策树第 $(m-1)$ 棵树上聚类号为 j 的 Y 数据点的数量。

更新后的信息增益如下：

$$\text{newGain}(D,A)=g(D,A)+\sum_{j}^{J}\alpha\left(-\sum_{i=1}^{n}\frac{\left|D_{Y_{j,i}}^{(m-1)}\right|}{\left|D_{Y_j}^{(m-1)}\right|}\log\frac{\left|D_{Y_{j,i}}^{(m-1)}\right|}{\left|D_{Y_j}^{(m-1)}\right|}\right) \tag{4-11}$$

式中，α 为学习率，用于控制每棵树对前一棵树的信息增益的纠正强度。

建立多棵聚类树的算法如算法 4-1 所示，其能根据前一棵聚类树的结果得到信息增益调整项，而建立一棵聚类树的算法基于 CLTree 算法。CLTree 算法与决策树算法最大的区别是其具有最佳分割算法，算法 4-2 描述了 CLTree 算法进行最佳分割的过程（Bing et al. 2005）。在算法 4-2 中，第 5 行进行所在维度 d_i 的第一次切割 d_i_cut1，找到了聚类树的最佳信息增益。但是，如果决策树建立时只通过寻找一次最佳信息增益作为最佳分割，而不会考虑之前计算的信息增益结果，就会造成所得聚类簇碎片化和数据点丢失。前瞻策略通过在建立聚类树的过程中寻找之前的信息增益结果，避免了上述问题。算法 4-2 的第 6 行和第 9 行使用前瞻策略寻找所在维度 d_i 的第二次切割 d_i_cut2 和第三次切割 d_i_cut3。算法 4-2 的第 7 行和第 11 行使用相对密度（$r=r_Y/r_N$，r_Y 和 r_N 分别为区域中 Y 点和 N 点数量）来判断最佳分割为第二次切割还是第三次切割，第 12 行得到最佳分割，如果没有第三次切割，则最佳分割为第二次切割。

算法 4-1 CLBDT 算法中建立多棵聚类树的算法

输入：事件日志特征选择后的特征集 $F=\{f_1,f_2,\cdots,f_k\}$

输出：聚类簇 $C=\{C_1,C_2,\cdots,C_n\}$

---

1. 对每个属性遍历特征值，由信息增益标准 gain 分裂节点得到第 1 棵聚类树；
2. Repeat:
3. 　　计算信息增益调整项 (gainRes)
4. 　　建立一棵聚类树 (Tree)：
5. 　　　　计算新信息增益 (newGain)
6. Until 第 M 棵树与前一次的迭代结果基本不变
7. 返回 第 M 棵树

在输出的聚类结果中，数值型特征的取值范围为其取值的最小值与最大值之间的范围，即 $[V_{\min},V_{\max}]$；类别型特征的取值范围为数据的取值集合 $\{V_1,V_2,\cdots,V_n\}$。

对于提取的活动视角特征和控制流视角特征，很显然，活动视角的特征是数值型的特征，是活动出现的频数；而控制流视角跟随关系存在与否，属于类别型的数据，数据的取值集合只有{0,1}。对于数值型数据，在寻找最佳分割的时候，需要考虑数据点是否稠密，点和点之间的距离应尽可能小，因此，应用相对密度概念来寻找最佳分割。对于类别型数据，不同的取值不存在距离关系，因此只需要直接根据信息增益选择最佳分割，不需要多次分割。所以，算法 4-2 的第 2 行在寻找最佳分割之前，增加一个类别判断，判断特征数据 AG_i 的所属类型，如果数据为类别型，则只进行一次分割（第 3 行）；如果数据为数值型，则按照上述过程进行分割（第 5～11 行）。

算法 4-2 中的第 2、4、5、8 行出现的 get_bestGain()函数的功能为计算每个维度上的最佳信息增益；第 6 行的 r_density()函数的功能为计算相关区域内的相对密度。

算法 4-2 最佳分割算法

输入：事件日志特征选择后的数据集 F_d

输出：最佳分割 bestCut

---

1. for each attribute $AG_i\{AG_1, AG_2, \cdots, AG_d\}$ do
2. if attribute is Category then
3. bestCut= best gain$(AG_i)\{d_i\}$
4. else
5. d_i_cut1 = best gain$(AG_i)\{d_1\}$
6. d_i_cut2 = best gain$(AG_i)\{L_i\}$ //L_i 产生于 d_1
7. if r_densit(d_i_cut1 and d_i_cut2)> r_densit(d_i_cut2 and b_i) then /* b_i 为区域 L_i 的另一个边缘线*/
8. r_density$_i$=y_i/n_i; //y_i 和 n_i 是 d_i_cut2 和 b_i 之间的 Y 点和 N 点的数量
9. else /* L_i 是 d_i_cut1 和 d_i_cut2 之间的区域*/
10. d_i_cut3= best gain$(AG_i)\{L_i\}$
11. r_density$_i$=y_i/n_i; //y_i 和 n_i 是 d_i_cut1 和 d_i_cut3 或 d_i_cut2 和 d_i_cut3 之间的区域中相对密度低的 Y 点和 N 点的数量
12. bestCut= d_i_cut3

在建立聚类树的时候，还需要考虑剪枝问题。对于模型中生成的聚类树，采用后剪枝策略来提高树的泛化能力，在树建立之后看到数据的完整结构，再来决定哪些部分是不必要的。算法 4-3 描述了剪枝算法，主要思想是以深度优先的方

式递归地沿着树向下下降，然后逐层向上来确定一个簇是应该由一个 Y 节点单独形成，还是应该通过将其与相邻节点连接起来形成。主要通过两个参数来控制剪枝策略：min_y 是一个区域必须包含的最少 Y 点数量的百分比，用来不让树分割成过小的区域；min_rd 是一个相对密度的阈值，用来判断分割后的区域是否合并成一个更大的区域。

如果一个节点下的两个子树可以被修剪，剪枝算法将节点数据结构的 Stop 字段（Node.Stop）赋值为 TRUE；否则，将字段赋值为 FALSE。因此，在算法 4-3 的前两行，当节点是叶节点时可修剪，将 Stop 字段赋值为 TRUE；第 6~13 行根据参数 min_y 来判断是否递归调用剪枝算法。算法 4-3 的第 14~25 行假设左子树的相对密度总是比右子树的高，在右子树是可修剪的情况下，如果右子树的相对密度高于阈值 min_rd，是可修剪的，或者如果左子树是个 N 节点的树，同样是可修剪的；否则，节点不可修剪，将 Stop 字段赋值为 FALSE。

一旦算法 4-3 完成，简单地沿每个分支再次下降到树的下面，找到 Stop 字段为 TRUE 的 Y 节点，这些节点就是聚类簇区域。

算法 4-3 剪枝算法

输入：决策树的节点 Node，min _y，min_ rd

输出：节点的剪枝情况

```
1.  if Node is a leaf：Node.Stop = TRUE;
2.  else LeftChild = Node.left，RightChild = Node.right：
3.     if RightChild.Y < min _y*|D|：RightChild.Stop = TRUE;
4.     else evaluatePrune(RightChild, min _y,min_ rd);
5.     if LeftChild.Y < min _y*|D|：LeftChild.Stop=TRUE;
6.     else evaluatePrune(LeftChild, min _y,min_ rd);
7.     if LeftChild.Stop=TRUE：
8.        if RightChild.Stop=TRUE：
9.           if RightChild.Y/RightChild.N > min _rd：Node.Stop=TRUE;
10.          else if LeftChild is an N Node：Node.Stop=TRUE;
11.          else：Node.Stop=FALSE;
```

3. 流程连接带

下面以数据集 DomesticDeclarations 进行 CLBDT 聚类后簇的情况为例来分析流程连接带 $B = <T, I, C>$。

对数据集DomesticDeclarations特征提取后的特征向量进行分析，共56维，分别为数值型数据和类别型数据（见表4-4）。先采用方差特征选出区分度大的特征。由于当控制流视角矩阵过于稀疏时，结果会偏向活动视角的特征，因此进行UDFS选择，为控制流视角的特征增加判别重要性。特征选择算法从56个特征中提取9个区分度大且具有判别性的特征（见表4-5），通过可解释聚类方法生成3个聚类簇。

表4-5 DomesticDeclarations 数据集的流程连接带结果

簇名	特征值组合
B_1	{活动：Declaration APPROVED by ADMINISTRATION ∈ [0,1] 跟随关系：(0, 9) (9, 7) (10, 9) (10, 15)都不存在}
B_2	{活动：Declaration APPROVED by ADMINISTRATION ∈ [1,1] 跟随关系：(0, 9) (10, 15)不存在，(9, 7) (10, 9)一定存在}
B_3	{活动：Declaration APPROVED by ADMINISTRATION ∈ [2,2]，Declaration REJECTED by SUPERVISOR ∈ [1,1] 跟随关系：(0, 9) (9, 7) (10, 9) (10, 15)都不存在}

注：活动按照出现顺序增加编号。0——Declaration SUBMITTED by EMPLOYEE；7——Declaration REJECTED by EMPLOYEE；9——Declaration REJECTED by SUPERVISOR；10——Declaration APPROVED by ADMINISTRATION；15——Declaration REJECTED by BUDGET OWNER。

聚类得到的3个聚类簇对应了3个流程连接带(B_1,B_2,B_3)，其轨迹集合为(T_1,T_2,T_3)。第一个流程连接带B_1的轨迹集合T_1共有9775条轨迹，第二个流程连接带B_2的轨迹集合T_2共有133条轨迹，第三个流程连接带B_3的轨迹集合T_3共有161条轨迹，案例轨迹点最多的流程连接带轨迹集合为T_1。

对流程连接带的定量描述I如下：B_1和B_3控制流视角的直接跟随关系(0, 9)、(9, 7)、(10, 9)和 (10, 15)都不存在，而对于B_2，直接跟随关系(0, 9)和 (10, 15)不存在，但(9, 7)和(10, 9)一定存在；相比于B_1和B_2，B_3中Declaration REJECTED by SUPERVISOR 活动必然发生1次，活动特征 Declaration APPROVED by ADMINISTRATION 在三个流程连接带中的取值范围各不相同，其中$B_1 \in [0,1]$，$B_2 \in [1,1]$，$B_3 \in [2,2]$。

这样，聚类结果形成了流程连接带，不仅简化了因果网C的结构，而且每个流程连接带活动的相关特征，都能得到定量的描述I。

第二个流程连接带B_2经过流程发现后对应的因果网C_2如图4-6所示。

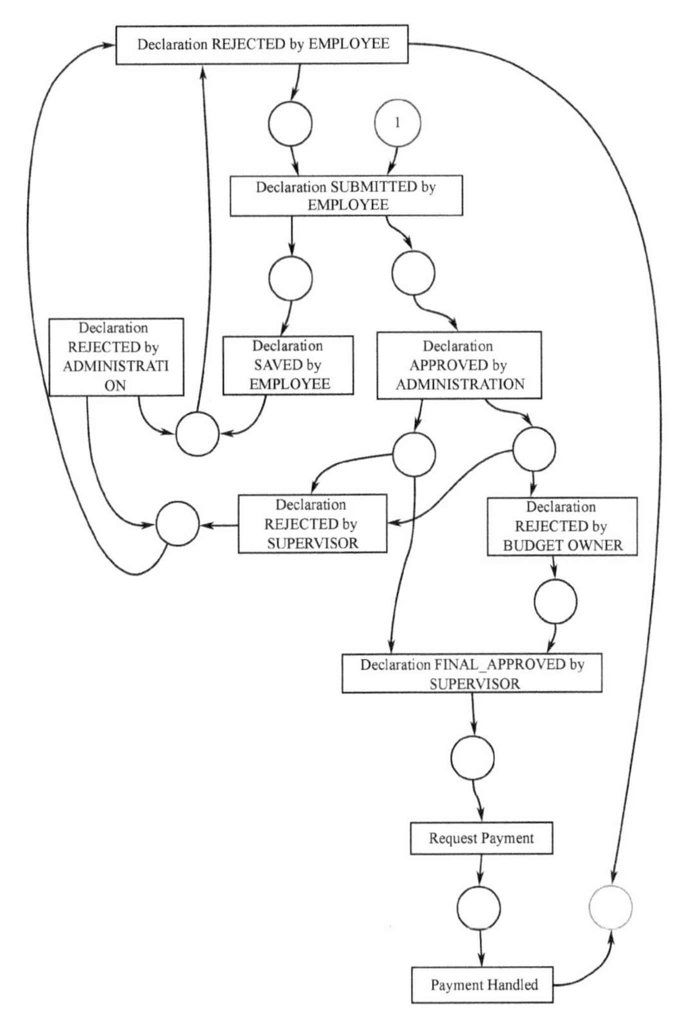

图 4-6　因果网 C_2

4.4　基于网络科学的服务空间拓扑构造

4.3 节根据服务描述信息及事件日志从服务连接关系的角度发现服务之间的关系，从而更有效地管理和组织服务空间。但这种方法关注服务连接关系的微观和局部特征，难以从宏观上度量服务网络的整体特征，也忽略了服务之间关系的演化与变化。基于网络科学的方法提供了一种新的手段来建模由众多服务形成的静态和动态的网络关系。

我们可以将 ProgrammableWeb 作为现实中可见的未来面向“服务互联网”的服务空间的一个雏形来考察。在 ProgrammableWeb 中，截至 2020 年 3 月，有超过 19000 个 Web-API，属于 400 多个预定义的类别，还有超过 7000 个组合服务。一些现有的 Web-API 的消亡和新的 Web-API 的出现，加上它们的动态合作，推动这个服务生态系统不断发展。

对服务互联网来说，在一切即服务（everything as a service）的趋势下，可用服务的多样性和数量稳步增长。对于服务使用者来说，发现合适的服务具有挑战性。当前，服务发现最常见方法还是通过手动，基于关键字搜索的方法进行，如通过对 ProgrammableWeb 和 Mashape 等进行搜索。值得注意的是，像 ProgrammableWeb 这种注册中心中的服务是由不同的提供商独立注册的，它们之间的交互关系在其中没有维护，有关服务演化的信息也没有维护，这使得合适的服务不容易被用户发现。例如，在 ProgrammableWeb 中，Web-API 有分类，但 Web-API 之间的连接关系从未被直接创建或定义。即使少数 Web-API 基于它们在组合服务中的共同出现被联系起来，依然有很多 Web-API 没有参与任何组合服务，这些 Web-API 无法基于 Web-API 在组合服务中的共现关系被发现。根据统计，大约 1525 个 Web-API 在组合服务中被调用（不到资源库中 Web-API 总数的 11%），而大约 75%的 Web-API 没有被发现或调用。

一些现有的研究工作（Cao et al. 2017，Huang et al. 2015）采用了基于网络的方法来发现 Web-API 之间的关系，但这些工作还没有明确的理论方法来说明如何为 Web 服务构建不断演化和变化的网络表示，从而促进服务的发现。

构建服务网络的常见方法是将“服务-组合服务”表示为二部图，再使用“单模式投影”（one-mode projection）的方法对二部图进行处理，从而得出服务-服务网络。但是，这种方法具有明显的局限性，在这种方法中，只有在组合服务中使用的 Web-API（假设每个组合服务至少包含两个 Web-API）才会出现在最终得出的服务-服务网络中。而在实际的服务互联网场景中，只有很少部分的服务参与过服务组合。如前所述，ProgrammableWeb 上参与组合的服务数只占资源库所有服务总数的 1/10 左右。

一些研究工作（Feng et al. 2015，Wang et al. 2010）利用语义信息和历史模式等来增加服务之间的联系。例如，Wang 等人（Wang et al. 2010）利用领域知识来计算任何一对服务之间的语义匹配程度，然后设置一个阈值来确定网络中的链接数量。显然，这种网络是静态的，没有考虑任何动态属性。

4.4.1 基于网络科学建模服务网络的可行性分析

网络科学和复杂网络是近年来发展迅速的科学。著名的“六度分隔”理论及小世界范式就是网络科学和复杂网络的理论成果之一，这种理论表明，在不了解网络拓扑结构的情况下，社会中的任何一个人都可以通过平均 5.2 个中间节点到达目标节点。研究表明，网络的小世界和无标度特性可以被用来提高网络节点的可搜索性，即能够通过带有局部信息的最短路径有效地发现目标节点。

从图 4-7（a）可知，极少数 API 基于组合服务中的调用历史被逻辑地联系起来，而大多数 API 是孤立的，包括新服务。图 4-7（b）说明了复杂网络表示法可以用来建模服务网络，并可以用来增强服务的发现。图中，每个 Web-API 都建模为一个网络节点，并且每个 Web-API 都基于以下因素与一个或多个其他 Web-API 相连：①它的社会属性，如受欢迎程度（与其他 Web-API 的连接数）、角色等；②它与网络中其他节点的相似度，包括功能相似度和结构相似度。

图 4-7（a）中只存在功能关系/分类信息；图 4-7（b）提供了许多包括功能和社会属性在内的潜在关系。

例如，一个服务消费者需要利用来自不同领域的不同 Web-API（如字典、翻译和社交网络 API）来创建一个组合服务，使用英文查询某单词的含义，将其翻译成法语并发布在社交媒体上。给定 Web-API 网络 G，用户可以使用功能需求描述查询该网络，并获得如图 4-7（b）所示的子图形式的结果（由互相连接的候选 Web-API 的列表组成）。用户可以进一步浏览子图，发现更多相关 Web-API。

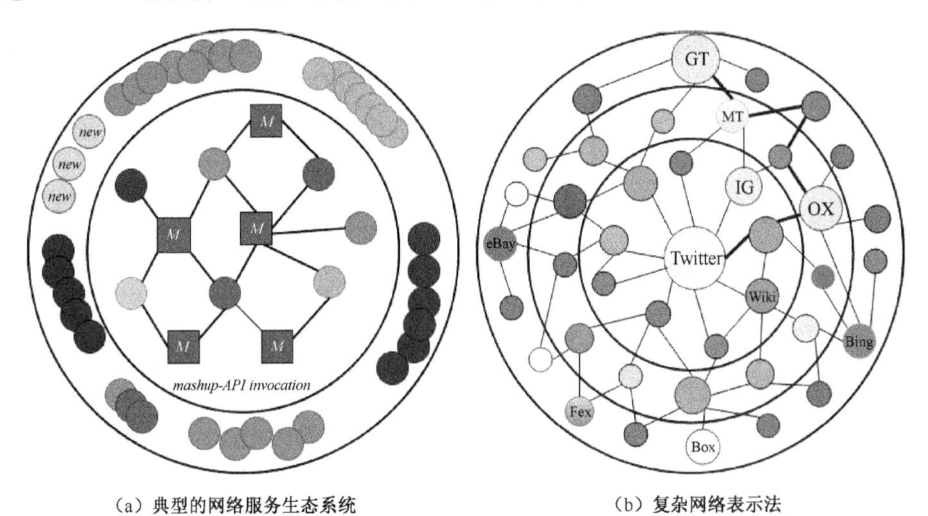

（a）典型的网络服务生态系统　　（b）复杂网络表示法

图 4-7　基于网络科学的 Web-API 发现的说明性例子

还可以基于每个节点或节点的属性来进行进一步的服务发现。例如，基于节点程度中心性，可以先找到子图中最重要的节点，再继续进行服务发现。例如，消费者发现最重要的节点是 Twitter API，然后就可以从 Twitter API 开始，按照最佳跳数导航，发现潜在的候选 Web-API，如 Instagram（IG）、牛津字典（OX）、谷歌翻译（GT）API。这些 Web-API 要么与消费者的功能查询相关，要么与最初的重要候选 Twitter API 共享某些特征。

4.4.2 服务-组合服务关联关系网络

我们首先基于服务-组合服务关联关系二部图构造服务网络，再引入基于网络科学的方法研究其网络拓扑结构及结构特征。服务-组合服务关联关系网络是一个二部图，其中的边表示哪个服务被哪个组合服务调用。下面，使用单模式投影方法得出服务-服务网络。

二部图又称二分图，是图论中的一种模型。设 $G=(V,E)$ 是一个无向图，V 是顶点的集合，E 是边的集合，并且顶点集合 V 可以被分割成两个不相交的顶点集合 U 和 O，边集合 E 中的任意一条边 (i,j) 所关联的两个顶点 i 和 j，分别属于两个不同的顶点集合（$i \in U$，$j \in O$），则称图 G 为一个二部图。二部图网络模型也叫作附属网络（affiliate network）模型。

在服务-组合服务关联关系网络中，存在服务顶点和组合服务关联关系顶点两类顶点，它们分别属于不同的集合，图中的边表示服务被组合服务调用的关系，边的两个顶点分属于服务集合和组合服务关联关系集合，则服务-组合服务关联关系网络完全符合二部图的特点。如图 4-8 所示，以出行服务及相关的组合服务为例，其中，（a）为服务-组合服务关联关系的表格；（b）为服务-组合服务关联关系网络；（c）为服务-组合服务关联关系网络的二部图形式。

单模式投影可以快速构建集合内部的关联关系，采用单模式投影的方法对二部图进行处理，得到服务-服务网络。单模式投影方法的一个简单示意如图 4-9 所示。

图 4-9（a）为服务-组合服务关系网的二部图；图 4-9（b）为顶点集合 X（服务集合）的单模式投影的结果。集合 X 的单模式投影的实现过程如下（集合 Y 同理）：当顶点集合 X 中的两个顶点通过顶点集合 Y 中的一个顶点作为媒介（也可以称为邻居）相连时，如 x_1 与 x_2 通过 y_1 相连，在单模式投影结果中，集合 X 中的这两个顶点之间用一条边连接起来。

例如，在集合 X 中，有 15 个顶点，顶点 x_1 的度为 1，连接着 y_1；顶点 x_2 的度为 3，连接 y_1。这样，顶点 x_1 和 x_2 通过集合 Y 中的 y_1 相连，则在单模式投影中将两顶点连接，其他顶点同理，从而得到如图 4-9（b）所示的结果。

单模式投影可以形象地表示集合内部顶点之间的关联关系，但也存在一些弊端。例如：

（1）服务 A 和服务 B 都被 50 个组合服务调用，但 A 的组合服务与 B 的组合服务只有 1 个组合服务是相同的，我们认为 A、B 差异大；

组合服务	**服务**				
Geo Location Atlas	Yahoo Weather	Vine	Twitter	Quova	Nokis Maps
Whaddado	Yelp	YouTube	Yahoo Weather	Yahoo Geocoding	Filckr
Local Geonius	Yahoo Geocoding	Yahoo Geo Location	Google Places	Google Maps	
Can I Leave?	Yahoo Weather	Yahoo Query Language	Yahoo Geo Location		
RueFind	Yahoo Weather	Yahoo Query Languae	Google Maps		
Mood Music	Yahoo Weather	Last.fm	Geo Names		

（a）服务-组合服务关联关系的表格

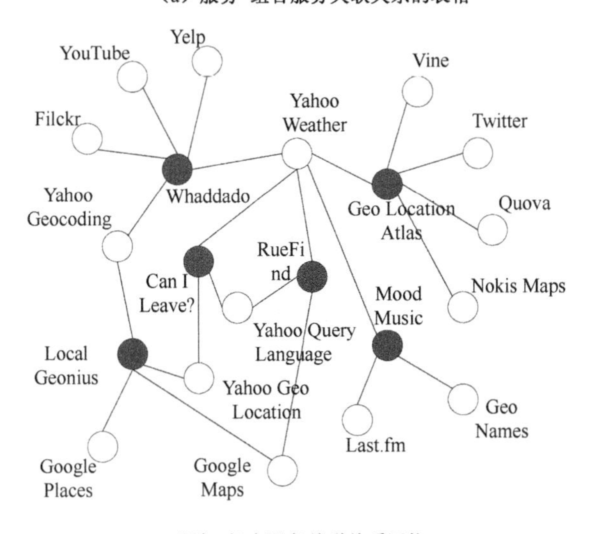

（b）服务-组合服务关联关系网络

图 4-8　出行服务及相关组合服务

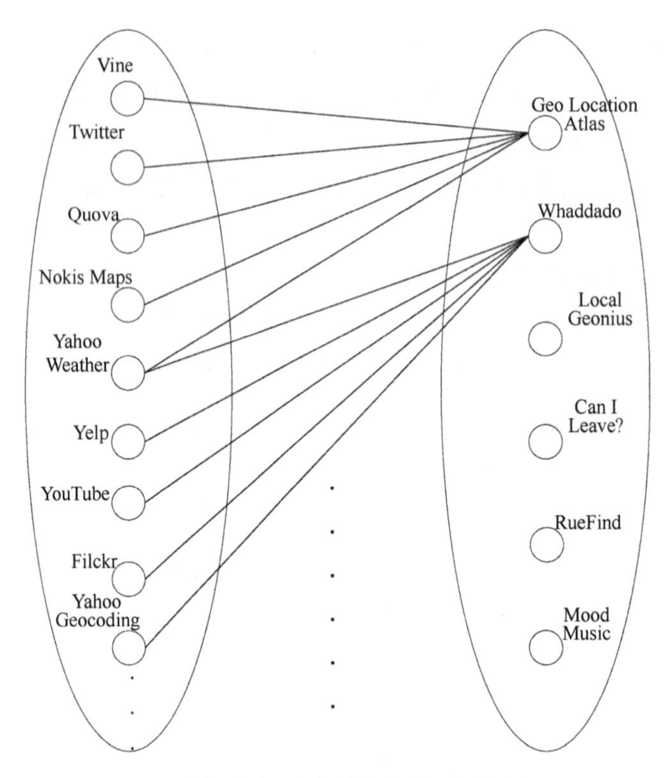

（c）服务-组合服务关联关系网络二部图形式

图 4-8　出行服务及相关组合服务（续）

（2）服务 A 和服务 B 都被 50 个组合服务调用，但 A 的组合服务与 B 的组合服务有 49 个组合服务是相同的，我们认为 A、B 差异小。

但是，根据上述步骤，这两种情况在单模式投影中的表现是一致的。因此，我们可以在进行单模式投影时，在结果图中加入边的权重（最简单的权重计算方式为采用两个顶点共同媒介的个数）来表示两个顶点间的关联程度。单模式投影结果图中边的权重通常在服务推荐中起着重要的作用。我们通过这种方法在服务-组合服务关联关系网络中找出服务集合的单模式投影结果，这个结果就是服务集合的服务网络。

4.4.3　服务网络的度分布分析

分析网络拓扑结构的重要方法是绘制和拟合其度分布 $p(k)$。无标度网络的度分布符合幂律分布。大多数现实世界的网络都是无标度网络，如互联网、WWW 和引文网络。

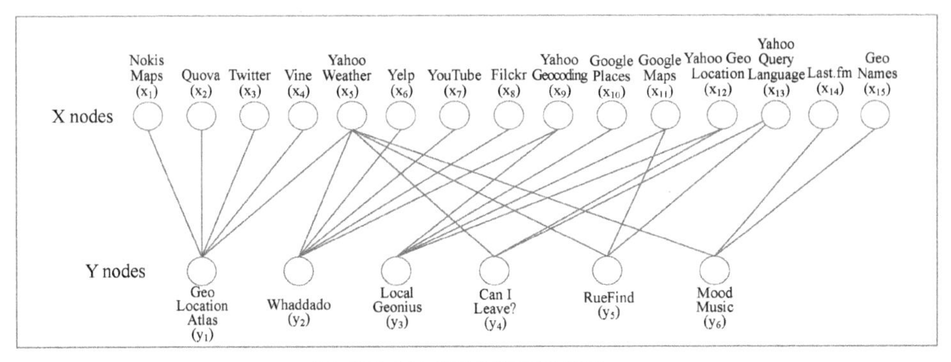

（a）服务-组合服务关系网的二部图

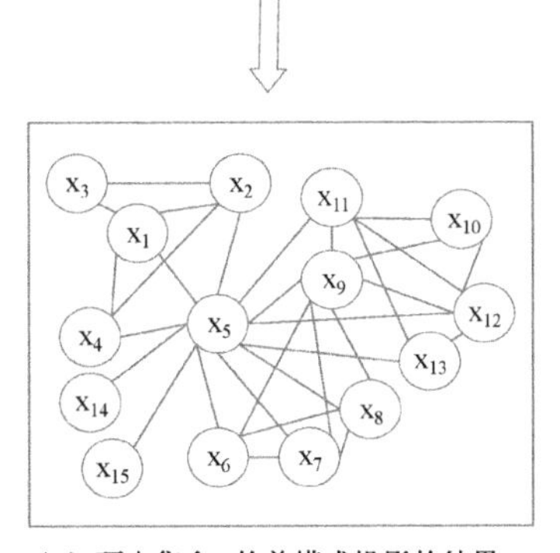

（b）顶点集合X的单模式投影的结果

图 4-9　单模式投影方法示意

根据 ProgrammableWeb 中 1525 个 Web-API 在关联网络中的度数，绘制它们的度分布，如图 4-10 所示。在图 4-10（a）中，度较小的区域呈现 $p(k)$ 与 k 之间的对数线性关系（ $\log p(k) \sim -\gamma \log k$ ，或者 $p(k) \sim k^{-\gamma}$ ），这是无标度网络的典型特征。而在大 k 区域形成了一个高原（plateau），通常度数比较大的节点只有一个，因此高原影响了我们估计度指数 γ 的能力（Barabási 2016）。一种从尾部分布中抽取信息的方法是使用 CCDF（互补累积分布函数）。该函数提升了度数较大区域的统计意义，如果 $p(k)$ 遵从幂律分布，那么 CCDF 仍然是符合幂律分布的。

为了确定服务度分布的最佳拟合，首先将数据拟合到 Power-law、Exponential、Log-normal 和 Poisson 四个经典模型。图 4-10（b）显示了 k_{min}=4 时的拟合结果。

可以看到，Power-law 和 Log-normal 都对数据提供了很好的拟合，而 Exponential 和 Poisson 则对数据的拟合很差。

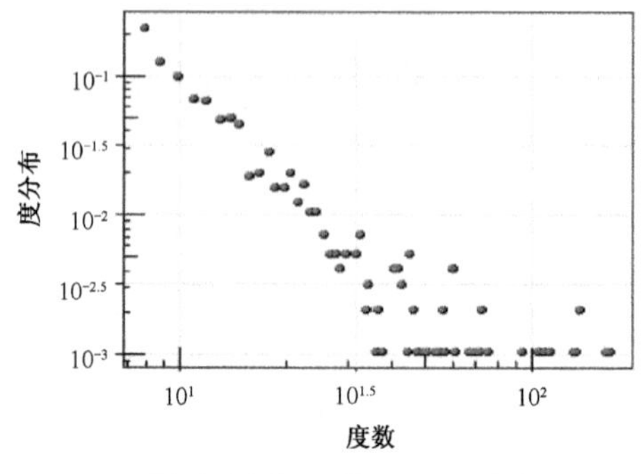

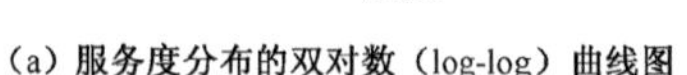
(a) 服务度分布的双对数（log-log）曲线图

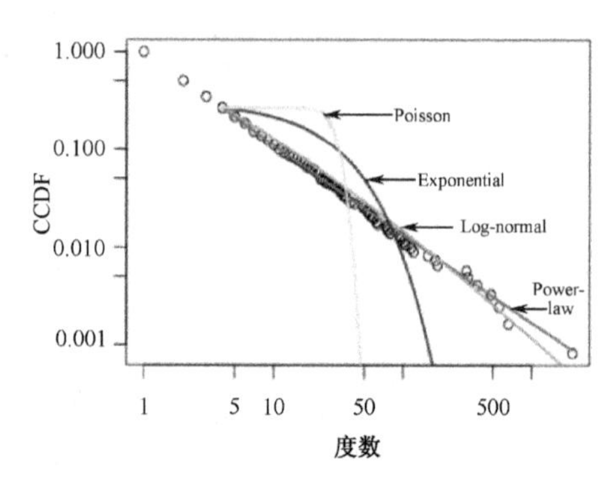

(b) 服务度分布的CCDF及其与Power-law（PL）、Log-normal、Exponential和Poisson模型的拟合

图 4-10 ProgrammableWeb 上服务的度分布

由于无标度网络的性质依赖度指数，因此需要确定度指数γ的值。按照文献（Muniruzzaman 1957）的步骤，得到γ的值约为 2.2，与互联网的γ值（3.42）（Barabási 2016）很接近。

4.4.4 服务网络中的优先依附性

现实世界的网络是通过逐步增加新的节点来达到当前规模的，在这个过程中有一种现象，即新的节点倾向于连接到现有的度数较高的节点，这种现象称为“优先依附”（preferential attachment，PA）（Barabási et al. 1999）。如果一个新到达的节点连接到现有节点i的概率与该节点的度数k_i成正比，或：

$$\Pi(k_i)=\frac{k_i}{\sum_j k_j} \tag{4-12}$$

那么我们称其为线性 PA。网络增长和线性 PA 的结合在网络拓扑结构的建模中起着关键作用，被认为是网络无标度特性出现的主要原因（Barabási 2016）。

可以用指数对 PA 进行分类：

$$\Pi(k)\sim k^{\alpha} \tag{4-13}$$

如果α为 1，那么 PA 是线性的；如果α小于 1，那么 PA 是亚线性的；如果α大于 1，那么 PA 是超线性的（Barabási 2016）。

下面，我们以 ProgammableWeb 为例验证在服务网络中确实存在优先依附特性，并且计算其 α 值。考察一个节点 i 在固定跨度 Δt 之间的度数增加：$\Delta k_i = k_i(t+\Delta t) - k_i(t)$。例如，如果 $\Delta t = 5$，$k_i(t+\Delta t)$ 就是五个新节点加入网络后节点 i 的度。相对变化 $\Delta k_i / \Delta t$ 是 PA 的函数形式，为了减小其噪声影响，一般用如下的累积优先依附函数测量 α 的值：

$$\pi(k) = \sum_{k_i=0}^{k} \Pi(k_i) \tag{4-14}$$

可以采用 PAFit 方法（Pham et al. 2015）和 Newman 的方法（Newman 2001）来估计 PA。如表 4-6 所示，在节点跨度 10、20、50、100 以及每月都输出一致的 $\alpha \approx 1$ 的结果，这证明了在 ProgrammableWeb 服务网络中存在线性 PA 或无标度属性。

表 4-6　PA 的度量

节点跨度	α(Newman)	α(PAFit)
10	0.97 ± 0.05	1.09 ± 0.06
20	0.96 ± 0.05	1.08 ± 0.06
50	0.94 ± 0.06	1.05 ± 0.08
100	0.95 ± 0.05	1.06 ± 0.07
每月	0.96 ± 0.09	1.03 ± 0.06

4.4.5　BA 及 PSO 模型介绍

通过考察基于二部图构建的服务网络的结构特征，我们已经知道服务网络中是存在线性 PA 特征的，基于此特征，我们可以进一步构建基于 PA 的服务演化网络模型，从而克服仅基于二部图构造的服务网络在发现很少参与组合的服务，以及刻画网络动态性等方面的局限。

Barabási-Albert（BA）模型是最流行的基于 PA 的网络生成模型，BA 模型中的优先依附机制决定了它与任何先前存在的节点的连接原则将不完全是随机的，而是先前存在的节点的连接数越多，新的节点与其连接的可能性就越大。BA 模型主要抓住了无标度的特性，但未能解释现实世界网络中社区结构的出现和强聚类系数。与此相反，基于流行度-相似性优化（popularity-similarity optimization，PSO）的模型能够捕捉到网络的无标度、社区结构的出现及强聚类系数等基本属性。因此，我们拟基于 BA 和 PSO 模型创建服务演化网络。

BA 模型是由一个简单的优先连接形式定义的，其中度数为 $k_i(t)$ 的顶点 v_i 在时间步骤t获得链接的可能性被定义为与一个时间相关的函数A_k成正比。A_k称为优先连接函数（Pham et al. 2016）。BA 模型包括两个方面的刻画：网络增长模型及优先依附模型。前者描述了网络中增加新节点的方法；后者描述了一个新节点连接到现有节点的概率。

PSO 模型（Papadopoulos et al. 2012）是一种在双曲几何空间下的复杂网络动态生成模型。PSO 模型假设复杂网络处于双曲几何空间中，网络由节点和边组成，在几何空间中布点，然后根据一定的概率进行边的连接，即可生成不同拓扑结构的网络。不同的生成模型在节点间连接概率的设计和网络生成过程方面不同。一般节点间连接概率受空间中距离的影响。静态网络模型的节点和边一次性生成且不随时间变化；在动态网络模型中，网络中的节点会增加和退出，边在节点加入和退出时会发生变化。PSO 模型建立在扩展的庞加莱圆盘上。要进一步理解 PSO 模型的工作原理，需要先了解双曲几何空间及复杂网络的双曲几何模型。

双曲几何是非欧几何的一个特例。在双曲几何中，对于欧几里得几何的五条公理，前 4 条保留，第 5 条修改为“过已知直线外一点至少可以作两条直线与已知直线平行”。庞加莱圆盘模型是双曲几何空间的表达模型在二维下的一个具体体现，可以通过庞加莱圆盘模型较为直观地理解双曲几何模型。

记S是平面上半径为 1 的圆，S所包围的平面区域记为D（不包括S，称为单位圆盘）。如同球面几何中球面中的点一样，我们在双曲几何中所说的点是单位圆盘D中的点，我们也可以将D称为双曲平面。我们规定双曲平面D中的“直线”是与圆S正交的圆或直线在双曲平面D中的部分，我们称这样的“直线”为双曲直线。如图 4-11 所示，弧ABC、线段$E'E$及弧FGH都是双曲直线。由于只考虑D中的点，这些弧和线段都不包括端点，这样的模型是庞加莱圆盘模型。扩展的庞加莱圆盘模型与庞加莱圆盘模型最大的不同在于，每个点到原点的距离为双曲距离而不是欧几里得距离。

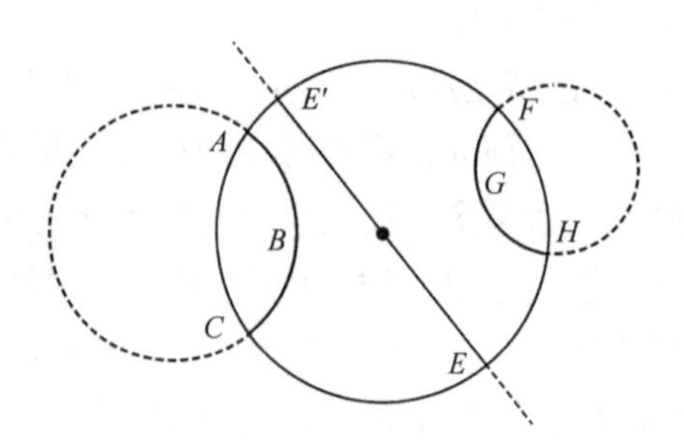

图 4-11　双曲直线示意

在 PSO 模型中，网络通过优化节点流行度（以双曲几何空间中的径坐标为特征）和节点相似度（以双曲几何空间中的角距离为代表）之间的权衡而发展。由该模型产生的网络表现出现实世界网络系统的拓扑和动态特性。该模型用节点的产生时间作为流行度的代表，这样产生时间最早的节点有更多的机会吸引新的链接并成为流行的。节点被随机放置在几何空间中，空间中节点之间的角距离是它们相似性距离的衡量标准。如图 4-12 所示，PSO 模型生成网络的过程如下（Papadopoulos et al. 2012）。

（1）$t=0$ 时刻，网络为空。

（2）当 $t \geqslant 0$ 时，坐标为 (r_t,θ_t) 的新节点 t 加入，其中，$r_t=\ln(t)$，θ_t 为 $[0,2\pi]$ 的角度随机值。

（3）当 $t \leqslant m$ 时，新节点 t 连接至所有已经存在的节点。

（4）当 $t>m$ 时，新节点连接到 m 个双曲距离最近的节点，可转化为求解 m 个 $s\,\Delta\theta_{st}$ 最小的节点。其中，$m=\bar{k}/2$ 是控制网络平均节点度的参数；s 是 s 时刻生成的节点且 $s<t$；$\Delta\theta_{st}$ 是节点 s 和节点 t 的角距离。

PSO 模型中网络的生长过程表现为流行度和相似性的竞争。每个节点的径坐标为 $\ln(s)$。s 为诞生时间，代表流行度特征，s 越小，节点诞生越早，新节点连接它的概率越大；$\Delta\theta$ 为相似性特征，$\Delta\theta$ 越小，节点越相似，连接概率越大。在上述模型中，流行度与相似性对节点连接具有同样的影响力，可引入流行度与相似性的权重调节参数 $\lambda[0,1]$，使得新节点连接时 $s^{\lambda}\Delta\theta_{st}$ 最小化。改进后的模型即流行度的衰减模型，在 t 时刻新节点加入时，对于已存在的节点 $s(s<t)$，增大它的径坐标至 $r_s(t)=\lambda r_s+(1-\lambda)r_t$，其中，$\lambda=1/(\lambda-1)\in[0,1]$，故 λ 可控制流行度衰减的速度。

在图 4-12 的（a）和（b）中，$t=3$，$m=1$，在（a）中，节点 3 连接到节点 2，这是由于 $2\times\theta_{23}=2\pi/3$ 小于 $1\times\theta_{13}=5\pi/6$；在（b）中，节点 3 连接到节点 1，这是因为 $1\times\theta_{13}=2\pi/3$ 小于 $2\times\theta_{23}=\pi$。在图 4-12（c）中，$m=3$，$t=20$ 的半径为 $r_t=\ln(t)$，在图中用长的黑色箭头标示。图 4-12（c）中的新节点与双曲平面上 m 个最近的节点连接，深灰色区域标记了双曲距离小于 r_t 的范围。平面中节点上的黑色箭头表示流行度的衰减 λ。

4.4.6　基于 BA 模型的服务演化网络的创建

首先，初始化网络，从完全连接的 m_0 个节点开始。在每个时间步骤中，增

加一个有 m 个边的新节点。

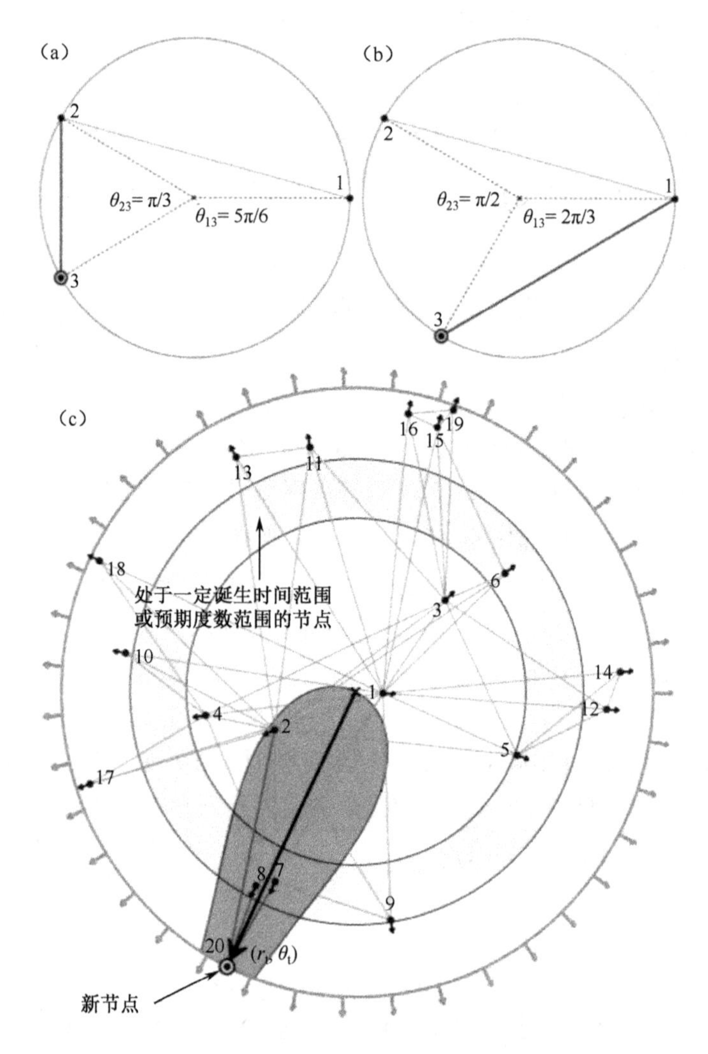

图 4-12 PSO 模型示例（Papadopoulos et al. 2012）

新节点 A_j 与网络中已有的节点 A_i 连接的概率既不均匀也不随机，而是取决于节点 A_i 的度数 k_i。为了纳入 PA，根据 A_i 的度数 k_i 动态地估计新节点 A_j 与现有节点 A_i 连接的概率。

图 4-13 说明了网络增长的过程。给定 $m_0=4$，$m=1$，当 $t=0$ 时，4 个完全连接的节点形成初始网络；当 $t=1$ 时，节点 5 加入网络，基于 PA，由于节点 1～4 各自的度数相同，它们各自吸引节点 5 与之连接的概率也相同，为 1/4；当 $t=2$

时，基于 PA，节点 1～5 吸引新节点的概率为$\left[\frac{3}{K},\frac{3}{K},\frac{4}{K},\frac{3}{K},\frac{1}{K}\right]$，其中 $K=13$，是网络的总度数，分子是每个现有节点的度数；$t=3$ 的情况类似。在这种情况下，开放网络中的老节点总是比新节点有更好的机会吸引边，因为它们有更好的度（流行度）。

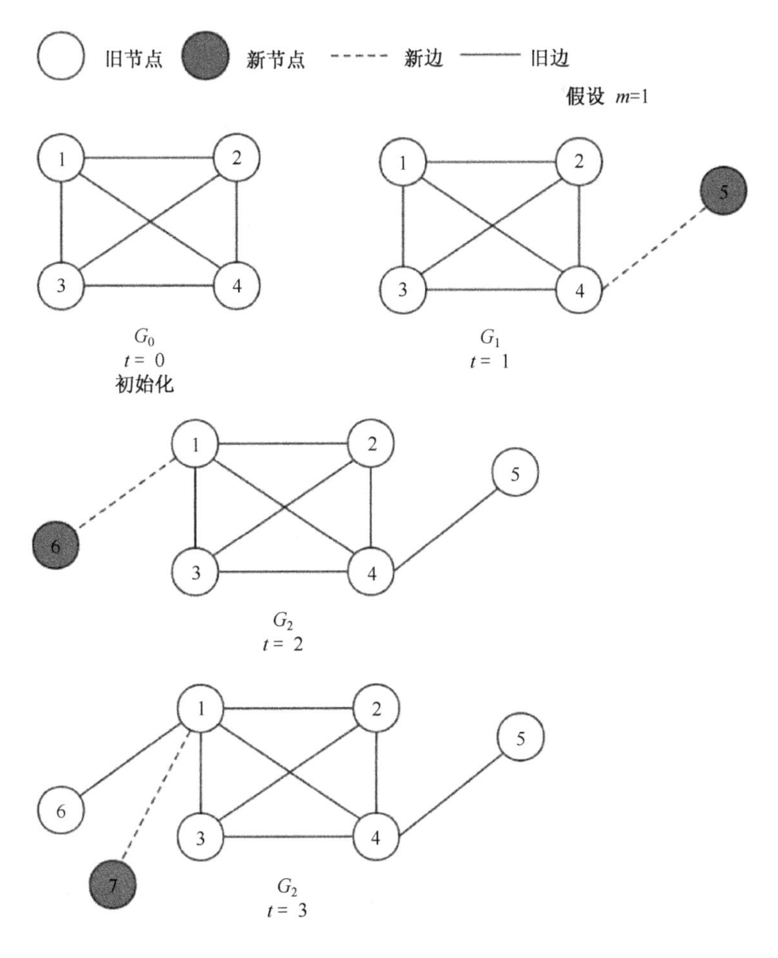

图 4-13　基于优先依附（PA）的 BA 网络增长示意

具体到 ProgrammableWeb，为了保留网络中的流行信息，需要定义一个关于服务何时加入增长网络的策略。也就是说，需要对服务进行排序，并根据它们在排序列表中的位置逐一（或逐步）将其放入网络。

基于 BA 模型的 Web-API 演化网络的输入、节点列表创建策略和完整的构建程序如下。

（1）根据 Web-API 节点在关联网络中的度，以降序的方式对其排序，使度数较大的节点排在前面，产生 L_1。

（2）对于没有出现在关联网络中的 Web-API，根据它们的生成日期以升序进行排序，这样较早的节点就会排在前面，产生 L_2。

（3）在 L_1 的末尾追加 L_2。

（4）根据节点在列表中的顺序逐一将其放入网络。当 $t=0$ 时，通过完全连接列表 L_1 中的 m_0 个排序在前的节点来初始化网络 G_0。

（5）在每个时间步骤 t，一个有 m 条边的新节点被添加到网络 G_t 中，并与网络中已有的 m 个节点相连，其中 $m \leqslant m_0$。在此过程中，基于式（4-12）动态计算网络 G_{t-1} 中的每个节点的 PA，根据 PA 选择 G_{t-1} 中的 m 个邻居。

（6）在全部 N 个节点加入网络后，就得到了 BA 网络 G_{BA}。

4.4.7 基于 PSO 模型的服务演化网络的创建

为了基于 PSO 模型构建服务网络，需要衡量服务的相似度。我们拟整合服务的功能相似度和结构相似度，得到全局的相似度。

首先，收集 Web 服务和组合服务的文本描述。对于每个服务，创建一个文档，其中包含服务的文本描述、类别、标签和名称。这些文档形成服务文档语料库，语料库中的每个文档都捕捉服务的功能词汇。

其次，采用潜在狄利克雷分布（latent dirichlet allocation，LDA）主题模型来分析每个服务文档并获得相关的主题分布。假设具有相似话题分布的服务文档在功能上是相似的。根据服务文档之间存在的潜在相似度来计算服务的功能相似度。具体来说，应用 LDA 来分析每个服务文档并提取相关的主题分布。在使用 LDA 之前，我们进行了一系列的数据预处理步骤，包括标记化、去除停顿词和词干化，以提取代表文档内容的特征向量。

最后，将两个相邻的网络服务 a_i 和 a_j 之间的功能相似度得分定义为主题分布 a_i：θ_i 和 a_j：θ_j 的相似性。通过使用式（4-15）中定义的 Jensen-Shannon 散度法简单地比较服务 a_i 和 a_j 的主题分布来实现这一点。

$$\mathrm{JSD}\left(\theta_i \| \theta_j\right)=0.5\times\left(D\left(\theta_i \| M\right)+D\left(\theta_j \| M\right)\right) \tag{4-15}$$

$$f\left(a_i,a_j\right)=1-\mathrm{JSD}\left(\theta_i \| \theta_j\right) \tag{4-16}$$

式中，$M=\left(\theta_i+\theta_j\right)/2$ 和 $D=\left(.\parallel.\right)$ 是 Kullback-Leibler 散度的平滑版本。由于 JSD 是两个分布 θ_i 和 θ_j 之间差异的非负度量，其中 $0\leqslant \text{JSD}\left(\theta_i\parallel\theta_j\right)\leqslant 1$，当 $\theta_i=\theta_j$ 时，$\text{JSD}\left(\theta_i\parallel\theta_j\right)=0$，我们用式（4-16）计算服务 a_i 和 a_j 之间的功能相似度。功能相似度值被存储为矩阵 $\boldsymbol{S}_f$。

对于网络构建，我们采用了层次表示学习（hierarchical representation learning for networks，HARP），它保留了网络中节点的高阶结构特征。我们采用 HARP 将网络服务关联网络数据映射到一个低维空间，其中网络中的每个服务节点都被表示为一个低维向量，并且保留了原始网络结构。该模型的工作原理是将网络基于图粗化技术分解成一系列的层次，其中，网络中节点数越少，粗化级别越高，然后将网络的层次从最粗的层次嵌入原始网络中。

一般来说，采用 HARP 模型是为了解决其他嵌入技术（如 node2vec、deepwalk 和 LINE）所共有的两个问题：① 关注局部结构而忽略距离较长的全局关系；② 通过随机梯度下降法对一个非凸的目标函数进行优化，如果初始化不佳，可能会陷入局部最小值。HARP 模型将原始网络图的节点和边通过合并划分成一系列分层的结构更小的网络图，避免局部最优化问题，然后利用现有的算法不断进行特征提取，从而实现最终的网络嵌入特征提取。

在获得关联网络中每个服务节点（包括组合服务节点）的嵌入向量表示后，一对服务节点 i 和 j 之间的向量相似度可用它们的嵌入向量之间角度的余弦函数来计算。用式（4-18）计算它们的嵌入向量间的角度，其中 $\theta_{u_i;v_j}$ 是该服务节点对的嵌入向量 $\boldsymbol{u}_i$ 和 $\boldsymbol{v}_j$ 之间的角度，$\boldsymbol{u}_i\cdot\boldsymbol{v}_j$ 是这两个嵌入向量的点积。为了整合结构相似度和功能相似度 $\boldsymbol{S}_f$，我们用一个与 $\boldsymbol{S}_f$ 相同索引和大小的零矩阵 $\boldsymbol{S}_s$ 来映射结构相似度 $\boldsymbol{S}_{i,j}$，得到全局相似度 $\boldsymbol{S}_g$。

$$\boldsymbol{S}_{i,j}^n=\frac{\cos\left(\theta_{u_i,v_j}\right)+1}{2} \tag{4-17}$$

$$\cos\theta_{u_i,v_j}=\frac{\boldsymbol{u}_i\cdot\boldsymbol{v}_j}{\|\boldsymbol{u}_i\|\ \ \|\boldsymbol{v}_j\|}=\frac{\sum_{i=j=1}^n\boldsymbol{u}_i\boldsymbol{v}_j}{\sqrt{\sum_1^n\boldsymbol{u}_i^2}\sqrt{\sum_1^n\boldsymbol{v}_j^2}} \tag{4-18}$$

$$\boldsymbol{S}_g=\frac{\boldsymbol{S}_f+\boldsymbol{S}_s}{N-1} \tag{4-19}$$

在得到相似度之后，我们开始基于 PSO 模型构建服务网络。算法 4-4 描述了构建基于 PSO 模型的 Web-API 网络的步骤。算法 4-4 的前 6 行遵循了与 BA 网络相同的节点列表创建程序；在第 8 行，我们对加权的 Web-API 相似性矩阵

W 采用归一化图拉普拉斯方法进行归一化处理，因为它产生了一个对称的相似性权重，如 $w_{i,j}=w_{j,i}$，在这种情况下，这是一个理想的属性；在第 10～11 行中，我们用缩放系数（$1-\eta$）2π 对相似性矩阵进行缩放，得到两个数据点之间的角度距离，使 $0\leqslant\theta\leqslant2\pi$，然后我们应用 IsoMap 降维技术（Joshua et al. 2000）将矩阵的维度从 N 维降到 n 维，其中 n=2，得到每个数据点的角度坐标。第 13～22 行描述了双曲几何空间中的网络生长过程。最初，我们将有序节点列表 L_1 上的第一个节点放入网络 G_1，得到其径向坐标（$r_1=0$）和相应的角坐标（$\theta\in[0,2\pi]$）。

对每个节点 $t=2,\cdots,N$，进行以下三个操作。

（1）节点 t 被添加到网络中，并分配一个径向坐标 $r_t=2\log(t)$。

（2）每个现有节点 $s(s<t)$ 的径向坐标根据 $r_s(t)=\beta r_s+(1-\beta r_t)$ 增加，这个过程被称为现有节点的流行度衰减，其中 $\beta\in(0,1]$。

（3）新节点 t 随机选择现有节点 $s(s<t)$，鉴于 t 还没有连接到 s，t 以概率 $p(x_{st})$ 连接到 s。根据式（4-20）计算 $p(x_{st})$。

$$p(x_{st})=\frac{1}{1+\exp\left(\dfrac{x_{st}-R_t}{2T}\right)} \tag{4-20}$$

式中，R_t 是双曲圆盘当前的半径，x_{st} 是节点 t 和 s 之间的双曲距离。

新节点 t 随机选择一个节点 $s(s<t)$，与之连接的概率为 $p(x_{st})$。重复步骤(3)，直到节点 t 被连接到 m 个不同的节点。步骤（1）～（3）重复进行，直到网络由 N 个节点构成。

算法 4-4 基于 PSO 模型的 Web-API 网络构建

输入：

N：节点总数，$N>0$

m：平均节点度数的控制参数，$\bar{k}=2m,\ m>0$

β：流行度衰减参数，$\beta\in(0,1]$

$\boldsymbol{W}$：Web-API 全局相似性矩阵

$\boldsymbol{D}$：$\boldsymbol{W}$ 对应的度矩阵

node_{dob}：API 的出现或创建日期（date-of-birth）

G_{af}：服务-组合服务关联关系二部图网络

输出：

G_{ps}：基于 PSO 模型建构的 Web-API 复杂网络

1. nodeDegree ← G_{af}.getDegree

2. $L_1 \leftarrow \text{Sort}_{\text{desc}}(\text{nodeDegree.keys}, \text{degree})$

3. for i in N and i not in L_1 do:

4. $\text{isolateNode}[i] \leftarrow \text{getDoB}(\text{node}_{\text{DoB}}, i)$

5. $L_2 \leftarrow \text{Sort}_{\text{asc}}(\text{isolateNode.keys}, \text{DoB})$

6. end for

7. $L_1.\text{append}(L_2)$

8. 计算 $\tilde{W} = \left(\boldsymbol{D}^{-\frac{1}{2}}\boldsymbol{W}\boldsymbol{D}^{-\frac{1}{2}}\right) * (-1)$

9. $\text{diag}(\tilde{W}) \leftarrow 0$

10. $\eta = \dfrac{\tilde{W} - \min(\tilde{W})}{\max(\tilde{W}) - \min(\tilde{W})}$

11. 计算两个数据点间的角度距离 $S = (1-\eta)2\pi$

12. $\theta = S \to \mathbb{R}^n$, where $n \ll N$

13. $\text{Coords} = \{\ \}$

14. 设置初始值：$G_1 \leftarrow L_1[0]; \text{Coords}\{r_1, \theta_1\}$

15. for $t = 2 \cdots L_1.\text{getLength}$ do:

16. for $s = 1 \cdots t-1$ do:

17. $r_s \leftarrow 2\beta \log(s) + 2(1-\beta)\log(t)$

18. $\text{Coords}[r_s] \leftarrow \theta_s$

19. $r_t \leftarrow 2\log(t)$

20. 得到每个数据点的角度坐标 $\{r_t, \theta_t\}$

21. 计算 $p(x_{st})$

22. $G_t \leftarrow (G_{t-1}, p(x_{st}), m)$

23. return G_{ps}

4.4.8 服务演化网络的应用

利用服务演化网络进行服务发现是服务演化网络重要的应用之一。下面选择基于 PSO 模型的 Web-API 网络进行服务发现，因为它具有优越的拓扑特性、小世界性和可导航性。基本思路如下。

给定一个用户的组合服务需求 Q_t，其中有 n 个关键词，将其去掉停词后定义用户想要的组合服务。通过搜索 PSO 网络 G，前 k 个网络 API 被检索出来，并依次堆叠在前一个搜索结果上，得到一个数组列表 B。

然后，定义一个受排序选择投票程序启发的聚合策略，根据出现频率和每个 Web-API 在有序列表 B 中的位置，为用户的组合服务需求生成一个候选 Web-API 的综合排序列表，以确定每个 Web-API 在 Q_t 下的最终前 k 个列表，累积排序列表 L_m 中的位置。例如，假设我们使用成对术语 (t_i,t_{i+1})、(t_i,t_{i+2}) 和 (t_i,t_{i+3}) 查询网络，其中 $t_i \in Q_t$，并得到 $b_1=\{api_1,api_2,api_3,api_4\}$，$b_2=\{api_2;api_5;api_6;api_3\}$，$b_3=\{api_4;api_1;api_7;api_8\}$，分别作为每对术语查询的前 k 个列表。下面的程序解释了聚合策略的工作原理。

（1）对于这个例子，我们有 $b_1=\{api_1\text{: weight}=1, api_2\text{: weight}=1/2, api_3\text{:weight}=1/3, api_4\text{: weight}=1/4\}$，对 b_2 和 b_3 采取类似程序，得到 $b_2=\{api_2\text{: weight}=1, api_5\text{: weight}=1/2, api_6\text{: weight}=1/3, api_3\text{: weight}=1/4\}$ 和 $b_3=\{api_4\text{: weight}=1, api_1\text{: weight}=1/2, api_7\text{: weight}=1/3, api_8\text{: weight}=1/4\}$。

（2）取所有列表 (b_1, b_2, b_3) 中权重的平均值，得到列表中每个元素的累积权重得分。对于这个例子，B 中每个元素的累积权重得分是 $\{api_1\text{: weight}=1.5, api_2\text{: weight}=1.5, api_3\text{: weight}=0.58, api_4\text{: weight}=1.25, api_5\text{: weight}=0.5, api_6\text{: weight}=0.33, api_7\text{: weight}=0.33, api_8\text{: weight}=0.25\}$。

（3）根据每个 API 的累积权重得分进行排序，创建一个有序的列表：$(api_1, api_2), api_4, api_3, api_5, (api_6, api_7), api_8$。

（4）对于等级并列情况，如 (api_1, api_2) 和 (api_6, api_7)，使用 API 的流行信息作为并列的破坏者。使用相同的等级选择投票程序，从列表中剔除得分最低的元素，并重新计算分数，直到有一个赢家为止。

第 5 章

服务智能交付交互

服务科学作为一门新兴的复合交叉型学科，已超出了传统服务的固有定义，对各行各业产生了深远的影响。服务交付交互是服务科学中的重要研究分支之一，其解决的是如何提供有价值的服务，满足用户的个性化需求的问题。

本章首先介绍服务交付交互方法的原理，给出服务交付与服务交互的概念及核心内容，其次分别从服务封装与交付、服务关联、服务发现/匹配及服务交互式推荐几个方面介绍服务交付交互中的核心技术。

5.1 服务交付交互方法的原理

服务交付是指按照预先的承诺提供服务，以满足客户的要求。从服务交付的核心概念角度出发，现有工作可以划分为以“资源”或“功能”为核心的服务交付工作（Banerjee et al. 2011，Chatterjee et al. 2016，Perera et al. 2014，Zeng et al. 2011）。在以“资源”为核心的服务交付工作中，所有的数据及其资源均被视为“服务”共享给外界。以“功能”为核心的服务交付工作致力于提供基于数据处理的服务模型，将（流）数据的处理功能封装为服务并提供给应用，使应用能够重用某些通用或复杂的（流）数据处理能力。服务交互聚焦于在服务交付的过程中，不断分析用户的个性化需求，智能选择和匹配服务，主动向用户进行推荐和交付。目前很多工作提出了适应性或探索式的服务交互方式，以减轻用户在使用服务时的负担，从而使用户更加主动地应对动态、复杂的数据处理需求。

服务交付交互方法的核心是将资源、数据或功能以服务的形式进行封装并对外提供，通过挖掘服务之间的关联关系向用户主动推荐其感兴趣的服务，并允许用户组合服务来主动应对复杂的、个性化的业务需求。据此，服务交付交互方法大致可以分为服务封装、服务关联、服务发现/匹配及服务交互式推荐等几个关键的环节。

（1）服务封装：服务封装将可以共享的资源、数据或功能以服务的形式加以封装，并共享出来。

（2）服务关联：来源不同的数据之间存在错综复杂的关联关系，服务是对数据（包括对资源、功能的描述）的服务化封装，能帮助用户访问并获取需要的数据。为此，我们首先需要厘清数据/服务之间的关联与链接关系。

（3）服务发现/匹配：服务发现/匹配是根据用户的需求描述，动态发现用户需要的服务的方法和技术。

（4）服务交互式推荐：服务交互式推荐是根据用户需求或情景的变化进行推荐的方法和技术。

5.2 服务封装与交付

为了更好地连接物理世界和信息世界，以服务化的方式提供反映物理世界的（实时）数据成为一种趋势，这种方式允许人们在任何时间、任何地点获取任何实时表述和监控物理设备或网络动作的数据。（流）数据服务化封装及交付的研究工作经历了不同的发展过程，可以划分为多个不同的服务化分支，如由“一切皆服务”（everything as a service，XaaS）发展而来的数据即服务，以及基于传感网络虚拟化的流数据服务中间件与服务架构等。

XaaS 是由云计算引入的一类服务交付模型，致力于将诸如硬件和软件之类的资源以高效的方式交付给全球的大量消费者。Botts 等人（OGC 2019）开发了基于 XML 的传感建模语言 SensorML，提供了描述如何将传感数据转换为通用格式的标准。SensorCloud 基于 SensorML 描述了来自传感器的元数据，将物理传感器绑定虚拟传感器，用户可以将虚拟传感器绑定在一起来得到更高级的结果。

SenaaS（sensor as a service）根据 SOA 将物理传感器和虚拟传感器封装到服务中，由真实世界访问层、语义覆盖层和服务虚拟化层组成。SenaaS 主要致力于提供传感器管理即服务，而不是提供传感流数据（收集和传播）即服务。张佳等人（2013）提供了传感数据即服务，允许用户发现可重用和互操作的传感数据，支持小型研究团体和个人贡献与共享其传感数据源。Perera 等人（2014）将 SenaaS 模型引入了基于智慧城市基础设施的解决方案，从技术、经济和社会三个角度探讨了 SenaaS 的概念及它如何与物联网相匹配，SenaaS 模型可以使用有限的资源来容纳大量的消费者。Chatterjee 等人（2014）为了保障传感数据传递的及时性，同时考虑不稳定的环境因素，在 SenaaS 中引入了自适应的数据缓存机制，在服务中模拟了外部缓存和内部缓存要遵循的数据缓存。Zainab 等人（2017）提出了一种基于 SenaaS 概念的框架，在框架中使用回溯搜索优化算法来增强时间敏感的服务性能，并确保所需的服务质量水平。

虚拟化是一个成熟的概念，它允许将物理资源抽象为逻辑服务，从而使多个独立用户能够有效地使用它们。基于虚拟化，多个应用程序可以在同一个虚拟传感网络上共存。Merentitis 等人（2013）认为传感网络虚拟化是物联网环境中信息共享的强大推动因素，可以与数据分析技术结合使用。Yuriyama 等人（2010）提出了一种可以将无线传感网（WSN）配置为虚拟传感器的基础设施。这允许最终用户在需要时配置传感器，并在需求结束后释放它们。该方法具有一定的限制性，因为它要求最终用户进行大部分的处理和配置。Ramdhany 等人（2013）在智能城市环境中使用了传感网络虚拟化，有效地利用了已部署的基础架构；为了实现不同应用对资源的最佳利用，他们采用了多种并发模型并根据上下文进行切换。Choi 等人（2014）提出了一种基于物联网的用户驱动的服务建模环境，该环境由用户、物联网服务市场、物联网服务平台和服务空间组成。Wang 等人在水下无线传感网络环境中采用虚拟化技术实现对事件的监测，基站的最终决策通过多个虚拟传感器的报告来实现。Billet 等人提出了一种轻量级的管理传感流数据的服务中间件（Dioptase），将传感器及其产生的数据流封装为 Web 服务。中间件提供了一种方法来描述复杂的、完全分布式的、基于流的组合服务，并允许在任何时候将其作为任务图动态地部署到网络中。Bose 等人提出了一种传感器-云环境，将物理传感抽象为具有增强功能的虚拟传感器，将远程定位的物理传感器与 CPU、内存等资源结合在一起，实现对虚拟传感器的无所不在、按需的访问。Hillol 等人介绍了一种分布式传感器虚拟化的中间件（Sentio），其能为移动应用程序提供与远程传感器的无缝连接。

总体而言，现有的数据服务化封装及交付研究工作能够有效地将数据、资源和功能在不同应用和用户之间共享与重用。现有工作还支持将流数据视为资源进行共享，通过轮询或主动推送（基于 WebHooks、SSE 等技术）方式保障应用对流数据的持续和实时获取。从提升传感流数据价值密度的角度来说，部分工作基于 Pub/Sub 机制实现流数据的按需分发，但仅支持比较简单的数据操作（如过滤操作），很少考虑流数据之间复杂多变的关联并提供复杂的处理能力。实际上，面临规模巨大的传感流数据，进行主动关联和有效融合以获取更加抽象的价值信息，对于应用来说意义更重大。

5.3 服务关联

5.3.1 数据关联

服务之间的关联最终映射为数据之间的关联。来源不同的数据之间存在错综复杂的关联关系，且某些关联关系会随时间发生变化，具有不可预测性。因此，本节调研了近年来（流）数据关联方面的相关工作，总结了现有工作中数据关联的概念和含义，为服务关联的定义奠定了基础。如表 5-1 所示为国内外部分流数据关联研究工作对比。

表 5-1 国内外部分流数据关联研究工作对比

关联类型	关联定义	数据类型	关联作用	方法
延时相关	两个流数据 $\tilde{x}$ 和 $\tilde{y}$ 的子序列关于延时 λ 的皮尔逊相关性	时间序列	时间序列分析	提出了以下两种基于滑动窗口计算延时相关的算法。第一种准确计算延时相关的算法利用“和矩阵”和“平方和矩阵”优化计算过程，降低计算密集程度；第二种近似计算延时相关的算法利用几何级数延时相关性估计最终结果，即只计算 $\lambda=0,2^0,\cdots,2^i,\cdots$ 而非 $\lambda=0,1,\cdots,n$，将计算复杂度从 $O(n)$ 降到 $O(\log n)$。λ 越大，在滑动窗口内参与计算的数据长度会越短，皮尔逊相关性差异性越大，因此为了降低误差，会计算 $\lambda=n$ 的结果，而不是利用几何级数估算（Wu et al. 2017）

续表

关联类型	关联定义	数据类型	关联作用	方法
延时相关	两个流数据 $\tilde{x}$ 和 $\tilde{y}$ 的子序列关于延时 λ 的皮尔逊相关性	一维数值型流数据	流数据模式相似性度量	基于离散傅里叶变换提出了一种检测流数据延时相关性的有效方法。此外，引入了基于形状的相似性度量，可以快速估计延时相关性，提高了检测效率（Xie et al. 2013）
		一维数值型流数据	流数据处理	提出了检测流数据延时相关性的 BRAID 方法。BRAID 方法可以增量式、快速地处理流数据，并且资源消耗很小。此外，还提出了比 BRAID 更快的 ThinBRAID 方法（Sakurai et al. 2010）
		时间序列	流数据处理	提出了 AutoLag 来近似计算流数据延时相关性（Sakurai et al. 2005）
	某流数据的最新模式，非常类似于另一个流数据的历史模式，编辑距离度量相似性	一维数值型流数据	流数据模式相似性度量	通过子序列匹配计算时序相关性对于大规模流数据来说代价非常昂贵。本书提出的技术能够通过不断地修剪和细化相关流数据，显著减少子序列匹配的次数（Chen et al. 2011）
统计相关性	互信息，卡方检验，费歇尔检验	高维数值型流数据	特征选择	利用特征之间的相关性在线进行流数据特征选择。利用抽样技术处理不平衡数据并提高准确性（Zheng et al. 2016）
	皮尔逊相关性	时间序列	时间序列分析	提出了 AEGIS 框架，从大规模时间序列数据中实时发现时间序列相关性（Guo et al. 2015）
	两组变量之间的线性相关性	高维数值型流数据	特征抽取	提出了一种针对不确定流数据的典型相关分析方法，用于不确定高维流数据的特征抽取（Li et al. 2015）
	两列传感数据之间的统计相关性	传感流数据	异常模式检测	提出了一种计算局部相关性的方法，以同时检测设备异常模式（Taylor et al. 2013）
	同领域内流数据的统计相关性，跨领域的多个流数据之间的统计相关性	数值型流数据	流数据查询优化	为优化流数据查询，提出了一种基于流内和流间关联的流数据查询优化器，能够产生有效的分区而不必产生重复的查询计划（Cao et al. 2013）
	两组变量之间的线性相关性	高维数值型流数据	流数据处理	提出了一种基于 CCA 的典型相关分析算法 ApproxCCA，用于在资源有限时计算两个高维流数据之间的相关性；通过引入不等概率采样和低秩近似技术来降低产品矩阵的维数；由样本协方差矩阵和样本方差矩阵组成，成功地提高了计算效率，同时确保了分析精度（Wang et al. 2011）

续表

关联类型	关联定义	数据类型	关联作用	方法
统计相关性	两个流数据在滑动窗口内的皮尔逊相关性	高维数值型流数据	事件检测与追踪	提出了一种有效方法，用于检测多个流数据中的现象及这些现象之间可能的相关性：使用离散傅里叶变换进行降维，将流数据表示为多维网格中的向量；使用基于网格的聚类技术来检测可能的聚类，检测聚类之间的相关性（Kamel et al. 2010）
	两个时间序列在滑动窗口内的皮尔逊相关性	时间序列	时间序列相似性度量	提出了一种大量时间序列相关分析的新技术。该技术可以在较小空间内减少复杂的计算，快速有效地获得时间序列相关对（Zhang et al. 2009）
	两个流数据在滑动窗口内的加权皮尔逊相关性	一维数值型流数据	流数据聚类	提出了一个对多个流数据进行聚类的框架COMET-CORE，根据流数据的相关性监视多个流数据的聚类分布。COMET-CORE 不是直接对多个流数据进行聚类的，而是仅在流数据的聚类发生演化时才触发聚类的（Yeh et al. 2007）
	统计相关性	一维数值型流数据	流数据隐私性保护	有效地利用多个流数据的相关性和自相关性增加噪声，最大限度地保留隐私（Li et al. 2007）
	两个时间序列在滑动窗口内的皮尔逊相关性	时间序列	流数据模式挖掘	提出了一种基于布尔表示的数据自适应方法，用于在大量时间序列流之间进行相关性分析；监测每个时间序列流的周期性趋势，以选择最合适的窗口大小，并将相关事件序列组合在一起（Zhang et al. 2007）
	两个流数据在滑动窗口内的统计相关性	时间序列	流数据模式挖掘	提出了一种基于预测的多个时间序列流的复合相关性评估方法（Wang et al. 2011）
时间关系	$A \rightarrow B$：B 一定要在时间上滞后于 A	事件流	模式挖掘	定义了跨多个异构数据流挖掘时间依赖关系的问题。设计和实现了一个可扩展的关联发现算法。通过卡方检验评估了有效性（Plantevit et al. 2016）
	当社交用户发布事件时，发布内容和发布位置的时空关系	社交流数据	用户地理位置推断	针对社交流数据，提出了一种利用时空相关性在用户发布事件时实时推断用户位置的方法，该方法可以保证以较低的计算和存储成本持续更新结果，同时比现有方法具有更高的推断精度（Yamaguchi et al. 2014）

续表

关联类型	关联定义	数据类型	关联作用	方法
时间关系	任务执行时间或通信时间之间的相关性，事件流 ES_i 内的任意事件在时间 t_i 发生，则在 $[t_i - x, t_i + y]$ 时间范围内，ES_j 的任意事件不会发生	事件流	多处理器和分布式系统的任务调度	提出了一种新的技术，利用多处理器和非预占计划资源的分布式系统之间的调度分析任务之间的时间相关性（Rox et al. 2010）
	deadline 约束：$t_1 + d \geqslant t_2$。delay 约束：$t_2 - d \geqslant t_1$。within 约束：$\lvert t_1 - t_2 \rvert \leqslant d$	一维数值型流数据	流数据处理	提出了检测时差关系的新算法，可用于提取时间上相关的传感流数据对（Lee et al. 2010）
空间关系	地理区域会影响关键词之间的关系	空间文本流数据	流数据查询	空间关键词查询问题是在空间文本对象中查找符合空间条件和关键词条件的对象。根据局部相关性，针对每个空间关键词查询，利用增强自适应空间划分树提出了一种局部贝叶斯网络的即时学习方法，估算了满足条件的对象数量（Wang et al. 2014）
	当社交用户发布事件时，发布内容和发布位置的时空关系	社交流数据	用户地理位置推断	针对社交流数据，提出了一种利用时空相关性在用户发布事件时实时推断用户位置的方法。该方法可以保证以较低的计算和存储成本持续更新结果，同时比现有方法具有更高的推断精度（Yamaguchi et al. 2014）
条件关系	一组大流量对象发生后，某个大流量对象发生的条件概率	项集型流数据	流量分析	通过改进已有方法，提出了一系列算法。每种算法根据有限空间下保留的不同信息来估算条件概率（Mirylenka et al. 2015）
	告警之间的因果关系：先决条件和后置条件	告警流数据	系统/网络安全	提出了一种新的告警聚类和关联技术，在不具备先验知识的情况下，从告警流中自动发现攻击顺序模式（Jie et al.2008）
社交网络的用户关系	无法直接从社交媒体上看到的隐含关系；直接从社交媒体中检测到的基于用户交互的显式关系	社交流数据	社交信息查询与共享	提出了一种启发式算法，构建了动态社交化用户网络模型，用于描述用户及用户之间的关系（Zhou et al. 2017）

续表

关联类型	关联定义	数据类型	关联作用	方法
相关聚类	将给定加权图的节点根据节点关系进行聚类，保障分歧最小化	加权图的节点和边流	聚类	提出了一种数据结构以衡量节点聚类的效果，利用了凸规划和采样技术组合这些数据结构来解决加权图的相关聚类问题（Ahn et al. 2015）
语义关系	消息通过语境关系形成有意义的对话。三种语境关系：相邻对、前序序列、优选结构	短文本消息流	文本分析	分析了短文本消息流中对话的语境相关性，提出了一种无监督的语境相关性计算方法（Huang et al. 2012）

本书探讨的（流）数据之间的关联是带有时间约束的关联。具体来说，本书研究的是在源自某组数据源的若干事件发生后，在多长时间内源自另一组数据源的若干事件会发生，这仍然是一种时间关系，但在度量时，既利用次数度量关联的可靠性，又借鉴使用的条件概率度量前一组事件发生时后一组事件会发生的可能性。

5.3.2 服务链接

物理世界不断产生反映其方方面面的数据/流数据。这些不同来源的数据/流数据是按照不同格式生成的，缺乏描述其含义的语义，从而对访问和使用这些数据/流数据造成了障碍。数据链接是一种发布结构化数据的方法，用户可以通过语义链接查询不同来源的数据/流数据，从而增加数据价值。数据链接建立在标准的 Web 技术（如 HTTP、RDF 和 URI）之上，但并非形成网页，而是扩展为以可由计算机自动读取的方式共享信息。链接数据（linked data）是以统一结构化格式（如资源描述框架）表示的分布式、相关联且语义上可互操作的数据集。在 Web 上发布后，可通过查询端点访问链接数据。数据链接为访问、使用不同来源、不同格式的数据提供了统一的数据模型。统一的数据模型可以支持不同来源数据的集成、聚合及转换，从而增加数据的价值。

本书主要关注基于数据关联/链接设计服务链接的方法。在跨领域应用中，应用需求越来越复杂，难以找到满足用户请求的单个服务。因此需要将一系列服务链接在一起以满足复杂的需求。服务链接是指运行时在一组服务集合中受数据的驱动来选择、链接服务，从而产生满足用户应用需求的处理结果。

从流程角度来看，服务链接基于数据流定义了如何利用一组操作在服务之间传递数据，将某服务的输出传输到另一个服务作为输入。无论是以图形方式将输出转换到输入（如 Yahoo! Pipes）还是通过文本表达将输出连接到输入（如 BPEL），大部分服务语言都支持数据流的规范。这类工作通常执行诸如映射、排序及合并之类的操作。

从逻辑制定方式角度来看，研究人员尝试如何在运行时自动地选择各个服务。有些方法是基于规则的半自动方法，其可指导用户选择服务。在这类方法中，用户可以预先定义流程和规则，以便在运行时指导选择服务。也有方法通过语义和用户的上下文在运行时协助选择服务。除了上下文，这类方法还考虑用户的偏好。这些偏好是从用户指定的规则中通过学习提取的。

从语言范式的角度来看，现有方法大致分为以下六类。

（1）基于脚本的方法。脚本语言通常是可解释的、明确定义的，且针对专门领域的。脚本语言通常具有较低的复杂性，因此也适用于临时用户。这种语言已经应用于不同领域的服务链接与组合，如组合服务领域。此外，在工作流程领域，也已经有利用脚本语言 Swift 实现科学工作流的规范。

（2）基于流程的方法。这类语言通常将进程网络连接成有向无环图。基于这类语言的常见方法通常是基于控制流的方法和基于数据流的方法。控制流的规范定义了原子服务的交互方式，指定了原子服务交互过程的执行顺序。交互原语通常定义过程和原子服务之间的交互。例如，BPEL 的交互原语是调用、接收、等待和回复。控制流的规范包括基本控制流模式和高级控制流模式。对于每种控制流模式属于哪个类别存在广泛共识：基本控制流模式包括序列、并行拆分、同步、排他选择、合并；高级控制流模式包括多选、循环等。基于数据流的方法是指利用操作在服务之间传递数据，将某服务的输出传输至另一个服务的输入。这类工作通常执行诸如映射、排序及合并之类的操作。Yahoo! Pipes 是基于数据流的组合方法的代表，其图形化建模语言可以定义数据在进程之间的传递方式。

（3）基于函数的方法。函数式语言是基于数学函数的语言。函数式语言将程序定义为函数，程序输出实质上是对函数进行计算。函数的结果完全取决于它的输入，因此函数无副作用且无状态。函数式语言是完全面向数据的。函数式语言广泛应用于科学工作流。科学工作流的并行化计算很重要，而利用函数式语言将服务建模为没有顺序约束的函数正好可以协助并行计算。函数表示适用于无状态、无副作用的服务。MashMaker 使用的就是函数式语言。然而，值得注意的是，因为函数式编程具有一些限制，如不支持 I/O 操作，所以服务链接与组合过程中的函数式编程通常不完全符合函数编程范例。

（4）基于规则的方法。基于规则的编程系统由事实、规则和控制策略组成。事实和规则是系统的知识。事实是信息（陈述和关系），规则是改变事实的条件–行为表达式。控制策略用于解决触发的冲突规则。基于规则的系统是高度模块化的，可以分解为若干部分各自运行，然后集成起来。例如，使用服务链接与组合生命周期特定阶段的业务规则驱动整个过程。

（5）基于事件驱动的方法。事件驱动系统广泛用于松耦合的动态应用的交互。事件-条件-动作规则可以根据运行时的事件而不是知识库中的事实来编码组合服务的逻辑。事件-条件-动作规则可以自由地添加、修改或删除以适应新需求，因此十分适合链接、组合服务。虽然基于事件驱动的方法与基于规则的方法十分类似，但由于缺乏必要的知识库，基于事件驱动的方法不适用于系统推理。

（6）基于查询的方法。查询语言可以用于处理数据，包括检索、插入、修改和删除。最典型的查询语言是 SQL（structured query language）。查询语言根据查询的对象进行分类。例如，SQL 和 OQL 是数据库查询语言；XSLT 和 XQuery 是 XML 查询语言；SPARQL 是图形查询语言。有很多适用于服务的查询语言，如可以在 AquaLogic 平台上集成数据服务；又如，XL 将 Web 服务集成到 XML 文档中；再如，ql.io 是一种基于 SQL 的语言，可以从服务中获取数据。

服务超链是表达服务之间链接关系的可重用的基本抽象，最早由本书作者所在团队于 2006 年提出（韩燕波等 2006，王洪翠 2006）。彼时，该研究团队根据实际项目需求，提出了“边执行边构造”的动态服务组合方法（称为探索式服务组合方法）。该方法支持执行时服务可编程和可配置，利用服务超链为用户提供执行时组合服务、构造应用的功能（Yan et al. 2007）。

以前调用服务、转换结果及处理操作主要依靠用户手动进行，服务之间的关联关系隐含在应用的构造逻辑中，不利于其他用户重用。为了方便用户建立并重用服务之间的关联关系，需要提供更加有效的手段辅助用户显式地描述和表达各种服务之间隐含的关联关系，并向用户动态地推荐，辅助用户从各种看似无关的数据中建立关系、发现线索，动态地组合服务。

受网页超链接启发，作者所在团队提出了服务超链，用于封装各种数据服务之间隐含的关联关系。目的是使最终用户在组合过程不确定的情况下，像网页超链接一样选择业务层面上用户可理解的服务，并通过服务超链即时向用户推荐服务，辅助用户快速完成编程和组合过程，实现“探索式”的即时服务组合和应用构造。当时的服务超链被定义为服务预置的后续链接关系，表示为五元组：

$$\text{link}=(\text{linkID},\text{name},\text{sourceID},\text{targetID},\text{dataLink})$$

其中，linkID 表示超链的唯一标识符；name 表示超链的名称；sourceID 表示超链所在服务的唯一标识符；targetID 表示目标服务的唯一标识符；dataLink

表示当前服务与目标服务之间的数据关联关系的集合，集合中的每个元素都是一个二元组，由当前服务的某个输出参数和目标服务的某个输入参数组成。

当时的服务超链所封装的关联是服务之间输出-输入参数的语义关系，可以通过基于本体的实体匹配自动建立当前服务的输出参数和目标服务的输入参数间的数据关联，并基于此向用户推荐相关联的服务。

当时的研究支持在服务构造时和执行时手动定义服务超链：在服务构造时，领域专家可以根据领域知识和经验预定义服务超链，供最终用户在执行时选择；在服务执行时，最终用户可以根据自身需求通过配置超链基本信息、目标服务、数据关联、链接类型和条件等自定义服务超链。

同样在 2006 年，本书作者所在团队实现了由服务超链辅助支撑的探索式服务组合平台的研发（见图 5-1），并在之后不断完善服务超链的模型和平台。

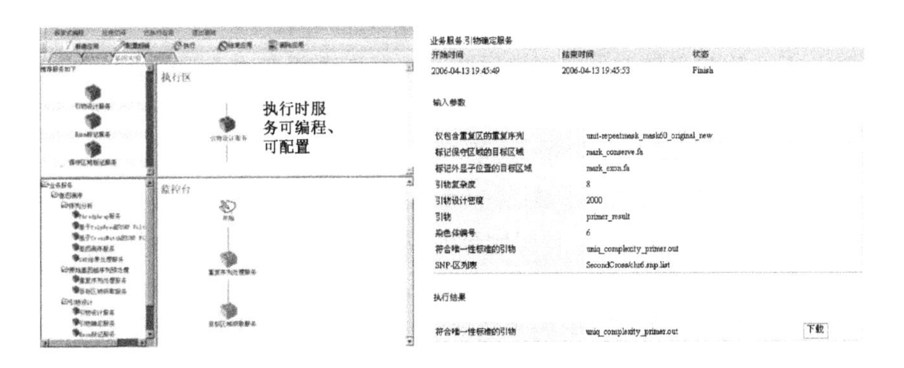

图 5-1 探索式服务组合平台主页面及结果查看页面

2008 年，来自韩国科学与技术信息研究所（Korea Institute of Science and Technology Information，KISTI）的 Jung Hanmin 教授探讨了链接到外部 Web 服务的超链生成与管理方法。Jung Hanmin 教授在超链接可以优化信息检索的启发下，在系统内部为每个实体建立链接外部服务的超链接，从而实现一站式服务。

2012 年开始，本书作者所在团队进一步推动服务超链的相关研究，尝试提出面向情景数据集成的服务组合方法。情景数据集成问题是指无法事先确定提取、集成和分析哪些数据源，而只能根据当前数据集成结果逐步明确下一步集成需求的数据集成问题。此时，服务超链的模型演化为七元组：

$$\text{link}=\left(\text{linkID},\text{desc},\text{targetID},\text{selector},\text{generate-uri},\text{protocol},\text{constraint}\right)$$

其中，linkID 表示超链的唯一标识符；desc 表示超链的具体描述；targetID 表示目标服务的唯一标识符；selector 用于从当前服务输出的资源表述中获取 targetID 服务的输入；generate-uri 用于生成服务超链的 uri，是对服务超链所封装的服务输出/输入关系的显式描述；protocol 是服务超链的访问协议，描述了基本的 HTTP 方法及返回数据的格式；constraint 是服务超链起作用的约束条件。

服务超链可以由用户手动建立，也可以由基于历史记录的信息抽取和自动匹配方法自动创建，只需要将相应的服务超链信息添加到服务描述文件中即可。

2013 年，华为公司也受超链接可以优化信息检索的启发，提出一种面向用户的轻量级服务组合方法(Li et al. 2013)。该项研究以 UNIX pipline 系统为基础，提出了 hyperlink pipeline 系统。UNIX pipeline 系统支持用户通过将原子程序链接到 pipeline 来创建复合程序。在 hyperlink pipeline 系统中，原子 Web 服务也被视为原子程序，因此用户可以通过链接原子 Web 服务来创建复合 Web 服务。由于 REST 服务由 Web 超链接标识和描述，因此用户可以利用原子 Web 服务的超链接连接成新的标识和描述复合服务的超链接。在基于 hyperlink pipeline 系统组合服务的过程中，可以递归地利用超链接创建新的复合服务。

2017 年，针对流数据不确定性问题，本书作者所在团队开始尝试研究基于服务超链的服务链接方法，旨在在运行时自主、灵活选择局部处理逻辑。此时的服务超链不再封装当前服务的输出参数与目标服务的输入参数之间的语义关系，而是封装当前服务与目标服务所封装的流数据关联；利用服务超链将当前服务产生的事件主动传播至相关服务；同时融合事件机制，借鉴物理感知世界的“激励/响应”模式，实现服务主动响应事件的能力（Zhu et al. 2018b，2017a）。

同样在 2017 年，浙江大学的张文宇教授以网页超链接的方式模拟服务之间的关系，对服务进行排序，从而在执行时确定下一步可选服务的被选择概率。该研究利用贝叶斯公式和已有服务体现的用户偏好，计算下一步选择的概率，基于此提出一种服务推荐方法。

综上所述，服务超链由本书作者所在团队于 2006 年提出，至今的发展历程如图 5-2 所示。

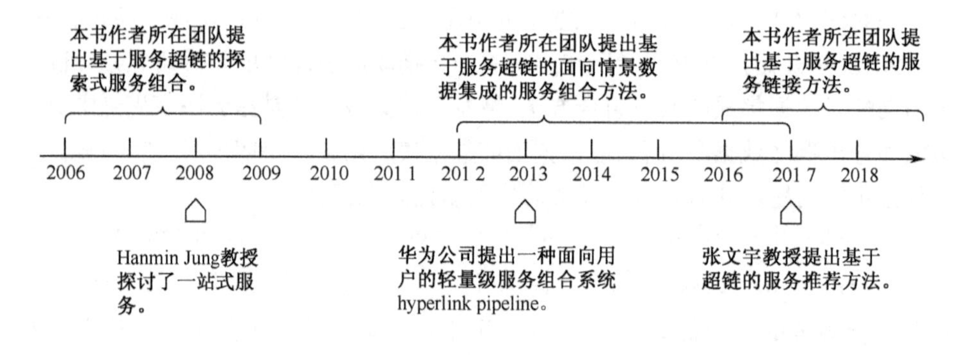

图 5-2　服务超链发展历程

5.3.3 服务超链模型

上面介绍了服务关联及服务链接的相关研究工作，下面提出一种能够刻画流数据服务之间关系的服务超链模型。

在提出服务超链模型之前，先给出若干相关的概念。数据服务可以持续接收流数据、提供处理流数据的能力，并向用户提供统一的数据表达格式和访问方式。流数据是随时间的推移产生的无限且有序的数据序列。

定义 5.1　流数据：流数据是由一列按时间排序的无限的数据组成的序列，可以表示为 $\widehat{\mathrm{DS}}=d_1,d_2,\cdots,d_i,\cdots$，其中，$d_k=(v_k,t_k)$ 是流数据 $\widehat{\mathrm{DS}}$ 的第 $k(k=1,2,\cdots,i,\cdots)$ 个数据，v_k 代表 d_k 的数值，t_k 代表 d_k 的产生时间。

传感流数据是一种十分常见的流数据。目前，生产、生活环境中广泛部署了大量传感器。传感器感知物理世界的环境变化而产生的数据称为传感数据。传感数据通常可以表示为三元组：$\mathrm{sd}=(\mathrm{timestamp},\mathrm{sensorid},\mathrm{value})$。其中，timestamp 是 sd 的产生时间；sensorid 代表产生 sd 的传感器唯一标识符；value 是传感器 sensorid 在 timestamp 时刻采集的数值。例如，sd =（2014-11-21 3:24:00, A6, 88.37）代表磨煤机 B 给煤量传感器（id：A6）在 2014-11-21 3:24:00 时刻采集了数据 88.37，即在 2014-11-21 3:24:00 时刻，磨煤机 B 给煤量是 88.37。单个传感器产生的按时间排序的有限个传感数据构成了传感数据序列。单个传感器产生的按时间排序的无限个传感数据称为传感流数据。

定义 5.2　传感流数据：传感流数据是由一列来源相同的按时间排序的无限的传感数据组成的序列，可以表示为 $\widehat{\mathrm{SDS}}=\mathrm{sd}_1,\mathrm{sd}_2,\cdots,\mathrm{sd}_j,\cdots$，其中，$\mathrm{sd}_m$ 是传感数据，且 $\mathrm{sd}_m.\mathrm{sensorid}=\mathrm{sd}_n.\mathrm{sensorid}$，$m,n=1,2,\cdots,j,\cdots$。

传感器持续地监控物理世界的环境，源源不断地产生传感流数据。但是，物理世界可能会受外界随机或恶意的刺激，或者因内部不可控因素而产生扰动，即激励。在数据层面，激励可以表现为行为模式不同于大部分数据的小部分传感数据。很多工作使用事件表示这小部分数据。为了区别于其他领域（如复杂事件处理、异常事件检测等）的事件，本书称数据服务产生的事件为服务事件。本书后续出现的事件，若无特别说明，均指服务事件。根据本书基础工作，数据服务产生的事件称为基本服务事件，其定义如下。

定义 5.3　基本服务事件：基本服务事件可以表示为四元组 $\varepsilon=(\mathrm{eventid},\mathrm{source},\mathrm{timestamp},\mathrm{type})$。其中，eventid 是 ε 的唯一标识符；source 是产生 ε 的主动式流数据服务，通常用服务的唯一标识符表示；timestamp 是 ε 的产生时间；

type 是事件类型，指包含 ε 在内的一组具有相似特征的事件集合的标签。

下面依托火电厂故障检测案例来说明基本服务事件的定义。将图 5-3 左上角所示的磨煤机 B 给煤量传感器（id：A6）映射为主动式流数据服务，称为磨煤机 B 给煤量服务（id：S6），将给煤量传感器产生的传感流数据接入服务 S6。为服务 S6 配置相应操作（如孤立点检测操作等），可以检测出图中所示的异常，并表示为基本服务事件 ε =（11686, S6, 2014-11-21 3:24:00, A6-type0），代表服务 S6 产生了的给煤量偏高基本服务事件（id：11686），其中 A6-type0 是事件类型，含义为给煤量偏高。

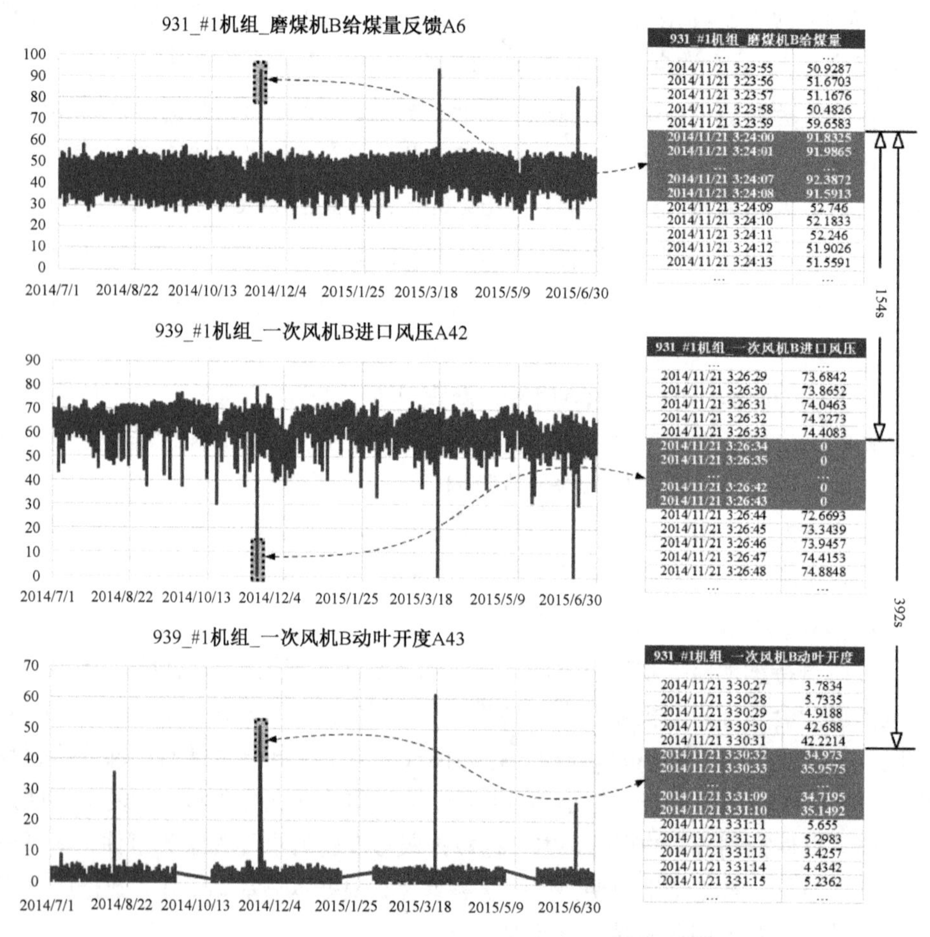

图 5-3　火电厂故障检测案例所示关联的细节示意

由同一个数据服务产生的按时间排序的有限个服务事件构成了基本服务事件序列（简称为服务事件序列或事件序列）。由同一个数据服务产生的按时间排序的无限个服务事件构成了基本服务事件流（简称为服务事件流或事件流）。若干基本服务事件和基本逻辑连接词［如与（∧）、或（∨）、非（¬）］可以构成复合服务事件。

下面详细分析案例中展现的流数据关联，归纳这类关联的特征，给出这种流数据关联的形式化定义。

火电厂故障检测案例中描述的流数据关联是传感或设备故障之间的关联。已有工作利用事件表示异常与故障。基于此，服务事件可以表示火电厂的传感或设备故障。因此，本书关注的流数据关联实际上是服务事件之间的关联。图 5-3 中展示了案例中流数据关联的具体细节。

一般地，磨煤机给煤量偏高和一次风机进口风压偏低共同引起一次风机动叶开度偏高。图 5-3 描述了上述关联的具体细节。观察图 5-3 发现，给煤量偏高和进口风压偏低并不是同时发生的。观察每次事件发生时的具体数据可以发现[1]，给煤量偏高和进口风压偏低发生的顺序并不会影响动叶开度偏高的发生。此外，给煤量偏高和进口风压偏低发生后，总是在一段时间之后才会引起动叶开度偏高的发生[2]。基于这些现象，可以认为协助选择局部逻辑的流数据关联是两组服务事件集合之间的关联：集合内的事件不考虑发生顺序，而集合间的事件具有先后顺序，即某集合内的所有事件总是先于另一集合内的全部事件发生。两组事件集合发生时间的延时也作为刻画事件关联的一个指标。

接下来考虑如何度量上述事件关联。如果两组事件出现的次数[3]很少，显然这两组事件之间的关联是偶发的，不具有指导意义。根据这种关联选择局部处理逻辑缺乏说服力和可信度。相反，如果两组事件先后出现的次数足够多，则代表它们之间的关联相对稳定。因此，事件发生的次数可以用于度量事件关联。具体来说，使用两组事件集合在短时间内按同样顺序先后发生的次数来度量事件关联。已有工作利用这种指标度量事件关联，称之为支持度。另外，事件关联具有不可预测性，即相同的事件集合可能导致截然不同的结果，如“一次风机冷一次风母管压力偏低”异常事件既可能导致一次风机风量偏低，又可能导致风机失速。有效区分这两组关联，可以在发生一次风母管压力偏低时，更有效地指导局部处理逻辑的选择。本书采用条件概率进一步度量事件关联，以区分上述事件关联，即利用两组事件集合在短时间内按同样顺序先后发生的次数与第一组事件集合发生总次数的比值度量事件关联。相关工作称这种度量指标为置信度。基于上述分

[1] 受篇幅所限，图 5-3 只展示了事件第一次发生时对应的具体数据。

[2] 火电厂故障检测案例中出现的其他关联也满足上述现象，受篇幅所限不一一展示。

[3] 本书中提到的某服务事件多次发生，是指该类型的服务事件存在多个实例。

析，给出如下事件关联的形式化定义。

定义 5.4 事件关联：E_i 和 E_j 是两组基本服务事件集合，设 E_i 发生后 E_j 在延时 Δt 内发生的支持度为 sup，置信度为 conf，则 E_i 和 E_j 之间的事件关联表示为 $\gamma(E_i,E_j)=(\Delta t,\mathrm{sup},\mathrm{conf})$。其中，$E_i$ 为源事件集；E_j 为目标事件集。

服务超链封装的是更有价值的事件关联，即具有足够高支持度和置信度的事件关联。服务超链的定义如下。

定义 5.5 服务超链：不妨设集合 E_i 内的服务事件由主动式流数据服务 ps_i 产生，集合 E_j 内的服务事件由主动式流数据服务 ps_j 产生，E_i 和 E_j 间的事件关联为 $\gamma(E_i,E_j)=(\Delta t,\mathrm{sup},\mathrm{conf})$，支持度阈值和置信度阈值分别为 $\mathrm{sup}_{\mathrm{min}}$ 和 $\mathrm{conf}_{\mathrm{min}}$，如果 $\mathrm{sup}\geqslant\mathrm{sup}_{\mathrm{min}}$ 且 $\mathrm{conf}\geqslant\mathrm{conf}_{\mathrm{min}}$，将 $\gamma(E_i,E_j)$ 封装为服务 ps_i 和 ps_j 之间的一条服务超链，记为

$$\ell(\mathrm{ps}_i,\mathrm{ps}_j)=(\mathrm{lid},\gamma(E_i,E_j))$$

式中，E_i 为源事件集；E_j 为目标事件集；ps_i 为源服务；ps_j 为目标服务；Δt 为服务超链 $\ell(\mathrm{ps}_i,\mathrm{ps}_j)$ 的延时。

服务超链本质上是主动式流数据服务之间的关系，根据定义 5.4 和定义 5.5，可以归纳服务超链的如下性质。

性质 5.1 非自反性：对于任意主动式流数据服务 ps_i，不能保证一定存在服务超链 $\ell(\mathrm{ps}_i,\mathrm{ps}_i)$。

性质 5.2 非对称性：对于任意主动式流数据服务 ps_i 和 ps_j，如果从 ps_i 到 ps_j 存在服务超链 $\ell(\mathrm{ps}_i,\mathrm{ps}_j)$，不能保证从 ps_j 到 ps_i 一定存在服务超链 $\ell(\mathrm{ps}_j,\mathrm{ps}_i)$。

性质 5.3 非传递性：对于任意主动式流数据服务 ps_i，ps_j 和 ps_k，如果从 ps_i 到 ps_j 存在服务超链 $\ell(\mathrm{ps}_i,\mathrm{ps}_j)$，从 ps_j 到 ps_k 存在服务超链 $\ell(\mathrm{ps}_j,\mathrm{ps}_k)$，不能保证从 ps_i 到 ps_k 一定存在服务超链 $\ell(\mathrm{ps}_i,\mathrm{ps}_k)$。

服务超链的非对称性又称为单向性，表明服务超链是从源服务到目标服务的单向链接关系。服务超链的非传递性又称为局部性。服务超链分布式地存储于各个主动式流数据服务之中，只封装了当前服务与其目标服务之间的关系，无法从全局角度推演服务之间的全局关系。生成服务超链的方法主要有两种：一种是基于业务知识产生服务超链；另一种是从历史数据中产生服务超链。

服务超链的作用是辅助数据服务在运行时链接其他服务，从而促进服务之间的协作，提升系统主动、快速的响应能力，更好地服务于应用。因此，在构造数据服务的同时需要构造服务超链，以便启动服务后协助服务进行交互与协作，更

好地为应用提供服务。

在构造主动式流数据服务时，需要对服务可以产生的事件和服务的操作进行预定义；根据定义的服务事件和操作定义产生服务事件的逻辑，构建服务的逻辑部分。由于服务超链是通过服务事件之间的关联描述服务关系的，因此通常在服务其他组件基本构建完毕后再构建服务超链。构建服务超链主要分以下五个步骤。

（1）根据业务知识在当前数据服务定义的服务事件集合中选择源事件集。

（2）根据业务知识在已经构造的数据服务集合中选择目标服务。

（3）根据业务知识在目标服务中选择目标事件集。

（4）根据业务知识配置服务超链的延时、支持度和置信度参数。

（5）为构造的服务超链生成唯一标识符。

5.3.4 基于历史数据的服务超链生成

5.3.4.1 服务超链生成算法

如果系统中保存了数据源产生的历史数据，可以在构造时从历史数据中挖掘事件关联，生成服务超链。

数据服务具有处理流数据的能力，可以视作实现业务需求的分布式计算单元。可以利用当前服务的计算能力在历史数据中生成服务超链。因此，服务超链生成算法分布式地在每个数据服务中执行。

根据定义 5.5，服务超链封装的是不同服务产生的事件集合之间的关联。因此，在生成服务超链之前，首先要从历史数据中获取服务事件。数据服务模型保留了传统服务的基本功能，更具有可编程、可配置能力，因此可以利用 operations 组件提供的操作集合在 logics 组件中为历史数据配置数据处理逻辑，从而产生服务事件序列。

根据事件关联的定义（定义 5.4），源事件集 E_i 和目标事件集 E_j 之间的关联由支持度、置信度和延时衡量。根据服务超链的定义（定义 5.5），超出支持度阈值和置信度阈值的事件关联才会被封装为服务超链。因此，服务超链生成过程主要由支持度计算、置信度计算和延时计算组成。

服务超链生成算法的输入是多个数据服务生成的服务事件序列组成的集合，输出是服务超链集合。根据前文分析可知，生成服务超链主要面临正确性和效率两大挑战。下面从有效生成服务超链的角度展开研究，提出一种服务超链生成算法——LinkGenerating 算法。

5.3.4.2 服务超链支持度计算

服务超链生成算法的首要任务是计算服务超链的支持度。本节提出的服务超链支持度计算算法称为 SupportComputing 算法。SupportComputing 算法首先计算事件关联的支持度，其次对支持度进行过滤，仅保留支持度超过阈值的事件关联，以便生成服务超链。

在研究如何计算支持度之前，先引入数据挖掘领域的一个经典概念——频繁共现模式。频繁共现模式是指频繁出现（出现次数超过阈值）的无序对象集合。这种模式只关注一组对象出现的次数，而不关心对象之间的顺序。出现一次的对象集合称为共现模式。

传统共现模式和频繁共现模式的定义如下：来自序列seq_i（一组有限的按时间排序的对象集合）的一组对象$O=\{o_1,o_2,\cdots,o_m\}$如果满足$\max\{T(O)\}-\min\{T(O)\}\leqslant\Delta\tau$，则称对象集合$O=\{o_1,o_2,\cdots,o_m\}$为共现模式。其中，$T(O)=\{t_{o_1},t_{o_2},\cdots,t_{o_m}\}$，$t_{o_j}$是对象$o_j$在序列$\mathrm{seq}_i$中出现的时间（$j=1,2,\cdots,m$）；$\Delta\tau$是预定义的时间阈值。如果共现模式$O=\{o_1,o_2,\cdots,o_m\}$至少出现在$k$个序列中，则称$O=\{o_1,o_2,\cdots,o_m\}$是频繁共现模式。

如前文所述，事件关联的支持度是两组事件集合出现的次数，其中每组集合内的事件是无序的，而组间事件是有时间顺序的。因此，当支持度超过阈值时，可以把源事件集和目标事件集看作一种特殊的频繁共现模式，这种特殊的频繁共现模式的对象并不是无序的，而是由两个子集构成，子集内无序而子集间有序。本书称之为受时间约束的频繁共现模式。

下面形式化定义受时间约束的频繁共现模式。根据传统的共现模式定义受时间约束的共现模式（time constrained co-occurrence pattern，TCP），如果对象集合O_{pre}和O_{post}满足如下条件，则二者构成受时间约束的共现模式，表示为$\mathrm{TCP}(O_{\mathrm{pre}},O_{\mathrm{post}})$：① 每个对象$o_i\in O_{\mathrm{pre}}\cup O_{\mathrm{post}}$来自不同序列；② O_{post}中的对象总是在O_{pre}之后出现；③$\max\{T(O_{\mathrm{post}})\}-\min\{T(O_{\mathrm{pre}})\}\leqslant\Delta t$，其中$\Delta t$是延时。$O_{\mathrm{pre}}$包含$m$个事件、$O_{\mathrm{post}}$包含$n$个事件（$|O_{\mathrm{pre}}|=m$，$|O_{\mathrm{post}}|=n$）的 TCP 又可以记为$\mathrm{TCP}_{m,n}(O_{\mathrm{pre}},O_{\mathrm{post}})$。借鉴传统的频繁共现模式的概念，称出现次数超过阈值的 TCP 为受时间约束的频繁共现模式，表示为$\mathrm{TFCP}(O_{\mathrm{pre}},O_{\mathrm{post}})$或

$\text{TFCP}_{m,n}\left(O_{\text{pre}},O_{\text{post}}\right)$，其中 O_{pre} 称为前件，O_{post} 称为后件，Δt 称为延时。每个 TFCP 由前件、后件、出现次数和延时唯一确定。为了便于理解，图 5-4 为 TCP 和 TFCP 示意。

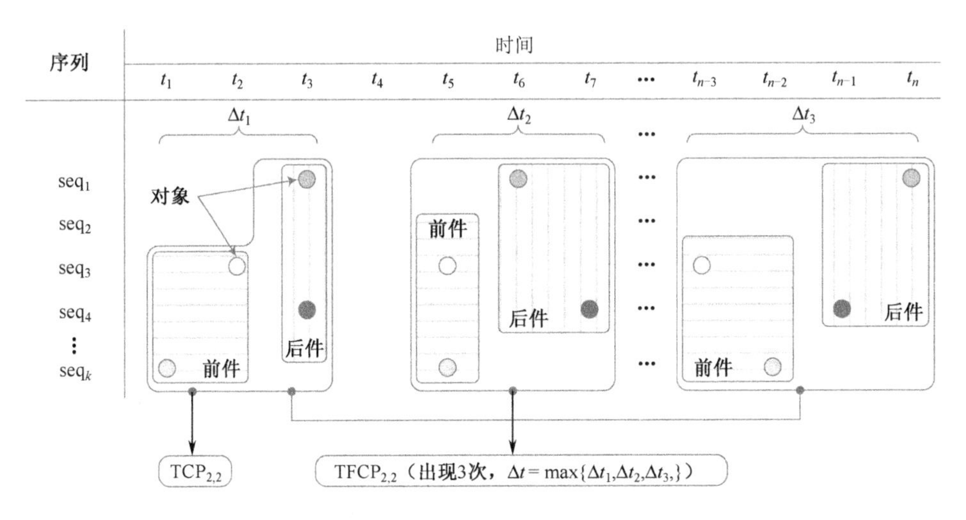

图 5-4　TCP 和 TFCP 示意（设次数阈值 $\text{freq}_{\min}=2$）

事件关联的支持度计算可以转换为挖掘 TFCP。对于在服务事件序列集合中挖掘到的每个 TFCP，其前件与后件之间事件关联的支持度就是该模式出现的次数。更进一步地，如果 TFCP 出现次数的阈值等同于事件关联支持度的阈值，那么挖掘 TFCP 即获取了关联支持度超过阈值的事件关联，事件关联的源事件集即 TFCP 的前件，事件关联的目标事件集即 TFCP 的后件。至此，服务超链支持度计算过程转换为 TFCP 挖掘过程。定理 5.1 支撑了这一结论。

定理 5.1　给定服务事件序列集合 D_{seq}。设出现次数阈值 $\text{freq}_{\min}=\text{sup}_{\min}$，$\text{sup}_{\min}$ 是支持度阈值，又设 D_{seq} 中的所有 TFCP 组成集合 P，D_{seq} 中的所有支持度超过阈值的事件关联组成集合 R，则存在 P 到 R 的一一映射：$\forall\gamma\left(E_i,E_j\right)\in R$，有且仅有一个 $\text{TFCP}\left(O_{\text{pre}},O_{\text{post}}\right)\in P$，满足 $\gamma\left(E_i,E_j\right)$ 是 O_{pre} 与 O_{post} 的事件关联；反之亦然。

证明：首先证明 $\forall\gamma\left(E_i,E_j\right)\in R$，满足 $\text{TFCP}\left(E_i,E_j\right)\in P$，即对于 D_{seq} 中任意一个支持度超过阈值的事件关联，其源事件集 E_i 和目标事件集 E_j 构成了 D_{seq} 中的 TFCP。由于 $\gamma\left(E_i,E_j\right)\in R$，所以 $\gamma\left(E_i,E_j\right).\text{sup}\geqslant\text{sup}_{\min}$。由此可得 E_i 出现后在 $\gamma\left(E_i,E_j\right).\Delta t$ 时间内 E_j 出现的次数超过 $\text{sup}_{\min}$，从而超过次数阈值 $\text{freq}_{\min}$。于是

E_i 和 E_j 构成了受时间约束的频繁共现模式 $\mathrm{TFCP}(E_i,E_j)$，即 $\mathrm{TFCP}(E_i,E_j)\in P$，命题得证。接下来证明，$\forall\gamma(E_i,E_j)\in R$，仅有一个 $\mathrm{TFCP}(O_{\mathrm{pre}},O_{\mathrm{post}})\in P$ 满足 $\gamma(E_i,E_j)$ 是 O_{pre} 与 O_{post} 的事件关联。每个 TFCP 由前件、后件、出现次数和延时唯一确定，且集合具有元素唯一性，因此如果存在 $\mathrm{TFCP}(O'_{\mathrm{pre}},O'_{\mathrm{post}})\neq\mathrm{TFCP}(O_{\mathrm{pre}},O_{\mathrm{post}})$ 且 $\mathrm{TFCP}(O'_{\mathrm{pre}},O'_{\mathrm{post}})\in P$，满足 $\gamma(E_i,E_j)$ 是 O'_{pre} 与 O'_{post} 的事件关联，根据前面的证明可得 $O'_{\mathrm{pre}}=E_i$，$O'_{\mathrm{post}}=E_j$，其出现次数 $\mathrm{TFCP}(O'_{\mathrm{pre}},O'_{\mathrm{post}}).\mathrm{freq}=\gamma(E_i,E_j).\mathrm{sup}$，其延时 $\mathrm{TFCP}(O'_{\mathrm{pre}},O'_{\mathrm{post}}).\Delta t=\gamma(E_i,E_j).\Delta t$。于是有 $\mathrm{TFCP}(O'_{\mathrm{pre}},O'_{\mathrm{post}})=\mathrm{TFCP}(O_{\mathrm{pre}},O_{\mathrm{post}})$，出现矛盾。命题得证。

继续证明 $\mathrm{TFCP}(E_i,E_j)\in P$，满足 $\forall\gamma(E_i,E_j)\in R$，即对于 D_{seq} 中任意一个 $\mathrm{TFCP}(E_i,E_j)$，其源事件集 E_i 和目标事件集 E_j 之间的事件关联 $\gamma(E_i,E_j)$ 满足 $\gamma(E_i,E_j).\mathrm{sup}\geqslant\mathrm{sup}_{\min}$。由于 $\mathrm{TFCP}(E_i,E_j)\in P$，可得 E_i 出现后在延时内 E_j 出现的次数超过次数阈值 $\mathrm{freq}_{\min}$，从而满足 $\gamma(E_i,E_j).\mathrm{sup}\geqslant\mathrm{sup}_{\min}$。于是，$\gamma(E_i,E_j)\in R$，命题得证。最后证明，不存在 $\gamma'(E_i,E_j)\neq\gamma(E_i,E_j)$ 满足 $\gamma'(E_i,E_j)\in R$。由于定义没有歧义，E_i 和 E_j 之间只能存在唯一的事件关联，因此命题显然成立。至此，定理 5.1 得证。

定理 5.1 证明了，如果能在服务事件序列集合 j 中挖掘全部的 TFCP，相当于完成了服务超链生成过程中的超链支持度计算。因此，本节扩展传统的频繁共现模式挖掘方法，提出基于 TFCP 的 SupportComputing 算法。

传统的频繁共现模式挖掘方法尝试产生所有共现模式，并对它们进行计数以发现频繁共现模式。但是，传统的频繁共现模式挖掘与 TFCP 挖掘存在明显区别，无法直接使用传统方法挖掘 TFCP。首先，TFCP 的每个对象都来自不同的序列，但在传统的频繁共现模式中，所有对象都源自同一个序列。对象来源不同极大地增加了挖掘的复杂度。当计算一组共现模式时，传统的模式只需要扫描其所在的那个序列即可得到结果，而 TFCP 则需要扫描多个序列。而且为避免遗漏结果，两个相邻的 TFCP 可能有大量的重复对象。重叠部分的出现次数可能被重复计算。这导致在挖掘 TFCP 时更应该注意保证结果的正确性。其次，TFCP 由前件和后件两组对象集合构成，其中组内对象无序而组间对象存在时间顺序。这种时间约束也增加了挖掘的复杂度。如果按照传统频繁共现模式挖掘方法，假设 O 是一组对象集合，则需要找到 O 的所有组合方式，即 $O=O_{\mathrm{pre}}\cup O_{\mathrm{post}}$，使得 O_{pre} 和 O_{post} 构成 $\mathrm{TCP}(O_{\mathrm{pre}},O_{\mathrm{post}})$。可能的有效组合方式最高可达 $2(\mathrm{C}_m^2+\cdots+\mathrm{C}_m^{m/2})$ 种。

因此，传统方法无法高效解决 TFCP 挖掘问题。最后，传统的频繁共现模式挖掘方法无法确定 TFCP 前件与后件的延时。基于以上原因，传统的频繁共现模式挖掘方法无法直接用于挖掘 TFCP。但是，传统方法对于挖掘 TFCP 具有启发作用。本节扩展传统的频繁共现模式挖掘方法，提出一种挖掘 TFCP 的 GFE 策略（“产生—过滤—扩展”策略）。

1. “产生”阶段

给定任意一个 $\mathrm{TCP}\left(O_{\mathrm{pre}}, O_{\mathrm{post}}\right)$，其出现次数记为 $\mathrm{TCP}\left(O_{\mathrm{pre}}, O_{\mathrm{post}}\right).\mathrm{freq}$。可知 $\mathrm{TCP}\left(O_{\mathrm{pre}}, O_{\mathrm{post}}\right).\mathrm{freq}=\gamma\left(O_{\mathrm{pre}}, O_{\mathrm{post}}\right).\mathrm{sup}$。根据定理 5.1，当 TFCP 的次数阈值等同于事件关联的支持度阈值时（$\mathrm{freq}_{\min}=\mathrm{sup}_{\min}$），对于任意一个支持度超过阈值的事件关联 $\gamma\left(E_i, E_j\right)$，一定满足 $\mathrm{TCP}\left(E_i, E_j\right).\mathrm{freq} \geqslant \mathrm{freq}_{\min}$，即 $\mathrm{TCP}\left(E_i, E_j\right)$ 是一个 TFCP。于是，对于任意 $\varepsilon \in E_i \cup E_j$，其在某序列中的出现次数也满足 $\varepsilon.\mathrm{freq} \geqslant \mathrm{freq}_{\min}$。因此 TFCP 挖掘策略的第一步是在每个服务事件序列中计算出现次数超过 $\mathrm{freq}_{\min}$ 的事件，记为 F^1。这一步与传统的频繁共现模式挖掘方法一致，是本节所提 GFE 策略中的“产生”阶段。

2. “过滤”阶段

根据以上分析，任意一个支持度超过阈值的事件关联，其源事件集和目标事件集都只能由 F^1 中的服务事件组成。因此，可以通过组合 F^1 中的服务事件得到源事件集和目标事件集，判断其是否符合 TFCP 的条件。如果符合，过滤出支持度超过阈值的事件关联。这一步正是本节所提 GFE 策略中的“过滤”阶段。

3. “扩展”阶段

显然，服务事件序列集合的规模越大，“过滤”阶段的代价越高。假设服务事件序列集合 D_{seq} 中存在 n_{seq} 个序列。每个服务事件序列 $\left(\in D_{\mathrm{seq}}\right)$ 包含 m_i 类服务事件，则 D_{seq} 中共包含 $\dot{m}=\sum_{i=1}^{i=n_{\mathrm{seq}}} m_i$ 类服务事件。这些事件构成的可能的 TFCP 集合记为 $\mathrm{canP}=\left\{\left(E_i, E_j\right)\right\}$，则 canP 的规模最多可达 $|\mathrm{canP}|=\mathrm{C}_{\dot{m}}^2 \mathrm{C}_2^1+\cdots+\mathrm{C}_{\dot{m}}^k\left(\mathrm{C}_k^1+\cdots+\mathrm{C}_k^{k-1}\right)+\cdots+\mathrm{C}_{\dot{m}}^{\dot{m}}\left(\mathrm{C}_{\dot{m}}^1+\cdots+\mathrm{C}_{\dot{m}}^{\dot{m}-1}\right)$。对任意 $\left(E_i, E_j\right) \in \mathrm{canP}$ 都需要验证是否存在 $\gamma\left(E_i, E_j\right).\mathrm{sup} \geqslant \mathrm{sup}_{\min}$。因此需要过滤的事件关联数量 $|\mathrm{canP}|$ 十分庞大。本节设计的 GFE 策略避免了这种爆炸式的过滤方法。本节推断任意一个支持度

超过阈值的事件关联 $\gamma(E_i,E_j)$，假设 $|E_i|>1$，$|E_j|>1$，则 $\gamma(E_i,E_j)$ 对应的 $\text{TFCP}(E_i,E_j)$ 可以通过扩展某个 $\text{TFCP}(\{\varepsilon_\alpha\},\{\varepsilon_\beta\})$ 得到，其中，$\varepsilon_\alpha \in E_i$ 且 $\varepsilon_\beta \in E_j$。定理 5.2 证明了这一论断。

定理 5.2 给定任意 $\text{TFCP}(E_i,E_j)$，$\gamma(E_i,E_j)$ 是 E_i,E_j 之间的事件关联。假设次数阈值等于支持度阈值（$\text{freq}_{\min}=\text{sup}_{\min}$），则任意子集 $E_i' \subseteq E_i$ 和 $E_j' \subseteq E_j$ 也构成 $\text{TFCP}(E_i',E_j')$，且满足当延时 $\gamma(E_i',E_j').\Delta t \geqslant \gamma(E_i,E_j).\Delta t$ 时，$\gamma(E_i',E_j').\text{sup} \geqslant \gamma(E_i,E_j).\text{sup}$。

证明：显然，E_i 出现后 $\gamma(E_i,E_j).\Delta t$ 时间内 E_j 跟随出现的次数为 $\gamma(E_i,E_j).\text{sup}$。由于 $E_i' \subseteq E_i$ 且 $E_j' \subseteq E_j$，E_i' 出现后 $\gamma(E_i,E_j).\Delta t$ 及更长时间内 E_j' 跟随出现的次数至少为 $\gamma(E_i,E_j).\text{sup}$。因此，定理 5.2 得证。

根据定理 5.2，可以通过组合 F^1 中的服务事件得到全部形如 $(\{\varepsilon_\alpha\},\{\varepsilon_\beta\})$ 的模式，而后判断是否满足 $\gamma(\{\varepsilon_\alpha\},\{\varepsilon_\beta\}).\text{sup} \geqslant \text{sup}_{\min}$，过滤并保留支持度超过阈值的关联。显然，过滤得到的事件关联对应的模式是 $\text{TFCP}(\{\varepsilon_\alpha\},\{\varepsilon_\beta\})$。此后，选择 F^1 中剩余的服务事件分别扩展 $\text{TFCP}(\{\varepsilon_\alpha\},\{\varepsilon_\beta\})$ 的前件和后件，并验证扩展后模式前件、后件的事件关联支持度是否超过阈值。这一环节是本节所提 GFE 策略中的“扩展”阶段。

4. 递归的 GFE 策略

本节提出的 GFE 策略是以上三个环节的递归过程。策略的整个过程如下。

（1）在服务事件序列集合 D_{seq} 中计算每个序列中出现次数超过 $\text{freq}_{\min}$ 的事件，组成集合 F^1（“产生”阶段）。

（2）组合 F^1 中的服务事件得到全部形如 $(\{\varepsilon_\alpha\},\{\varepsilon_\beta\})$ 的模式，过滤并保留 $\gamma(\{\varepsilon_\alpha\},\{\varepsilon_\beta\}).\text{sup} \geqslant \text{sup}_{\min}$ 的模式 $\text{TFCP}(\{\varepsilon_\alpha\},\{\varepsilon_\beta\})$（“过滤”阶段）。

（3）对每个过滤后得到的模式 $\text{TFCP}(\{\varepsilon_\alpha\},\{\varepsilon_\beta\})$，选择 F^1 中剩余的服务事件分别扩展保留模式的前件和后件（“扩展”阶段）。

（4）对扩展得到的模式，不断重复“过滤”与“扩展”阶段，直到过滤结果为空或 F^1 中所有事件都扩展完毕为止。

至此，通过 GFE 策略可以计算超过阈值的支持度，以便生成服务超链。

5.3.4.3　服务超链置信度计算

下面介绍如何计算服务超链的置信度。服务超链的置信度等同于所封装的事件关联的置信度，可以基于事件关联支持度$\gamma\left(\{E_i\},\{E_i\}\right)$.sup 和源事件集$E_i$的出现次数$E_i$.freq 来计算：

$$\gamma\left(E_i,E_j\right).\text{conf}=\frac{\gamma\left(E_i,E_j\right).\text{sup}}{E_i.\text{freq}} \tag{5-1}$$

本节基于此提出服务超链置信度计算算法，称为 ConfidenceComputing 算法。ConfidenceComputing 算法首先利用式（5-1）计算事件关联的置信度，其次对置信度进行过滤，仅保留置信度超过阈值的事件关联，以便生成服务超链。为了计算事件关联的置信度，需要计算源事件集的出现次数，然后根据 SupportComputing 算法计算的支持度，直接获得事件关联的置信度。因此，本节首先讨论如何计算源事件集的出现次数。

给定服务事件序列集合D_{seq}，针对其中任意一个支持度超过阈值的事件关联$\gamma\left(E_i,E_j\right)$，计算其源事件集在$D_{\text{seq}}$中出现的次数。这是与 TFCP 挖掘和传统频繁共现模式挖掘都不相同的挖掘问题。其与 TFCP 挖掘问题的相同之处在于，E_i内的每个对象都来自不同的序列；与 TFCP 挖掘问题的区别在于，E_i是一个无序的对象集合，而 TFCP 是由两组对象子集组成的，组内对象无序而组间对象有序。因此，源事件集计数的计算复杂度远低于事件关联支持度，没有必要使用 GFE 策略。

另外，源事件集计数与传统频繁共现模式挖掘的不同之处在于，E_i的每个对象都来自不同的序列，而传统频繁共现模式每次都出现在同一序列内；相同之处在于，E_i每次也在某时间范围内出现，即满足$\max\left\{T\left(E_i\right)\right\}-\min\left\{T\left(E_i\right)\right\}\leqslant\Delta t$。其中，$T\left(E_i\right)=\left\{t_{\varepsilon_1},t_{\varepsilon_2},\cdots,t_{\varepsilon_m}\right\}$，$\varepsilon_j\in E_i$，$t_{\varepsilon_j}$是$\varepsilon_j$在序列$\text{seq}_i$中出现的时间（$j=1,2,\cdots,m$）；$\Delta t$是延时。如图 5-5 所示为频繁出现的源事件集与 TFCP、传统频繁共现模式的对比示意。如图 5-5 所示，源事件集计数无法使用传统频繁共现模式挖掘方法，也没有必要使用 GFE 策略。

根据前述分析可知，源事件集计数是指在服务事件序列集合D_{seq}中计算支持度超过阈值的事件关联的源事件集的出现次数。根据 TFCP 和服务超链的定义可知，TFCP 中的每个事件来源都是固定的，即由配置了该事件的主动式流数据服务产生。因此，不必在服务事件序列集合D_{seq}中计算源事件集的出现次数，而以该源事件集所在的序列集合为输入进行计算即可。假设给定任意源事件集E_i，

E_i 所在的序列集合可以表示为 $D_{E_i}=\left\{\text{seq}_j \mid \exists\varepsilon_j\in E_i,\varepsilon_j\in\text{seq}_j,\text{seq}_j\in D_{\text{seq}}\right\}$。因此计算源事件集 E_i 的出现次数的输入是该源事件集 E_i 及其所在序列集合 D_{E_i}。

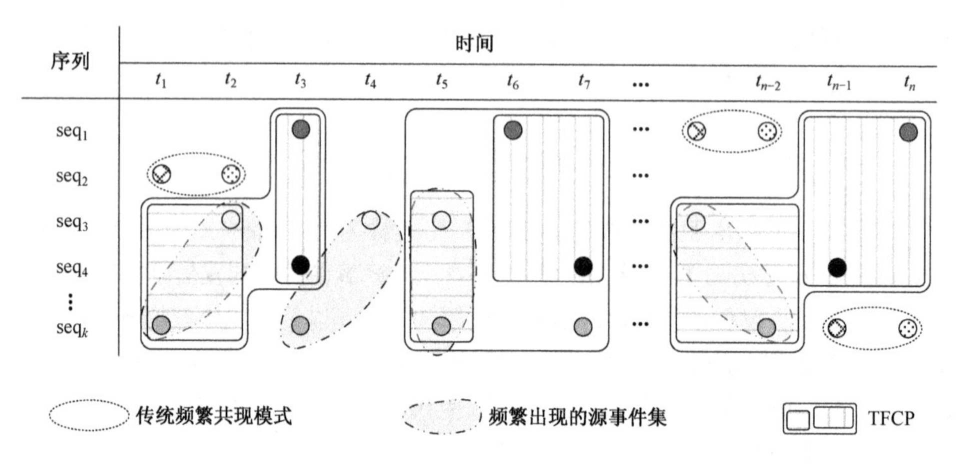

图 5-5　频繁出现的源事件集与 TFCP、传统频繁共现模式的对比示意

接下来介绍如何在 D_{E_i} 中对源事件集 E_i 进行计数。首先需要明确在多长时间内出现的事件能够构成源事件集。显然，源事件集的时间范围应该与其相应事件关联的延时（$\max\left\{T\left(E_i\right)\right\}-\min\left\{T(E_i)\right\}\leqslant\gamma\left(E_i,E_j\right).\Delta t$）保持一致。因此，可以采用长度为 $\gamma\left(E_i,E_j\right).\Delta t$ 的滑动窗口处理事件序列集合 D_{E_i}，所有满足时间范围 Δt 的源事件集必然会出现在某个窗口内。为了避免遗漏结果，窗口的滑动距离需要设置为最小的时间间隔或单位时间间隔。然而，当窗口的滑动距离小于窗口的长度距离时，前后相邻的两个窗口很可能存在重叠部分。重叠部分的事件会被重复计数，从而造成错误的计数结果。

为了避免重复计数，本节提出了 FCFD 策略（“先计数先删除”策略）。该策略是指，一旦进入滑动窗口的事件与窗口内已有的事件组成源事件集 E_i，立即增加源事件集的计数，并将组成源事件集的事件从当前窗口移除。采用 FCFD 策略，对于当前加入滑动窗口的事件，只需要考虑其是否与窗口内已存在的事件组成源事件集，而无须考虑其与后续到达事件的关系。

定理 5.3　给定源事件集 E_i 及相应的服务事件序列集合 D_{E_i}，记 E_i 在 D_{E_i} 中出现的次数为 $E_i.\text{freq}$。设按 FCFD 策略，当前窗口、当前时刻 E_i 在 D_{E_i} 中已经出现 k 次（$1\leqslant k<E_i.\text{freq}$）。记 D_{E_i} 未删除的事件组成序列集合 D_r，则满足 $E_i.\text{freq}=k+E_i.\text{freq}_r$，其中 $E_i.\text{freq}_r$ 是 E_i 在 D_r 中出现的次数。

证明：利用归纳法证明定理 5.3。$k=1$ 时显然命题成立，即 $E_i.\text{freq}=1+E_i.\text{freq}_1$。假设 $k=n$ 时命题也成立，下面证明 $k=n+1$ 时命题也成立。当 $k=n$ 时，记当前 D_{E_i} 未删除的事件组成序列集合 D_n。当 $k=n+1$ 时，E_i 在 D_{E_i} 中出现了 $n+1$ 次，但在 D_n 中只出现了 1 次。根据假设可得 $E_i.\text{freq}_n=1+E_i.\text{freq}_{n+1}$，于是得到 $E_i.\text{freq}=n+1+E_i.\text{freq}_{n+1}$。至此证明了当 $k=n+1$ 时命题成立。于是定理 5.3 得证。

定理 5.3 保证了 FCFD 策略可以在服务事件序列集合 D_{E_i} 中对源事件集 E_i 正确计数。基于源事件集的出现次数和通过 SupportComputing 算法得到的相应事件关联的支持度，ConfidenceComputing 算法可以直接算出该事件关联的置信度。如果该置信度超过阈值，相应的事件关联会被封装为服务超链。

5.3.4.4　服务超链延时计算

除了支持度和置信度，服务超链还有一个重要指标——延时 Δt。服务超链的延时即其所封装事件关联的延时，也就是指源事件集出现后多长时间内目标事件集会跟随出现。本节讨论如何确定服务超链的延时。

通常情况下，延时不应该无限长。过长的延时难以表达目标事件集是在源事件集的影响下出现的。因此在生成服务超链时，需要用户指定时间阈值 δ_t。服务超链生成算法会在时间阈值 δ_t 内计算源事件集和目标事件集之间的延时，即满足 $\Delta t \leqslant \delta_t$。

服务超链延时计算可以在采用 GTE 策略的服务超链支持度计算过程中完成，而不需要单独的算法，具体过程如下。

（1）在服务事件序列集合 D_{seq} 中计算在每个序列中出现次数超过 $\text{freq}_{\min}$ 的事件，组成集合 F^1（“产生”阶段）。

（2）组合 F^1 中的服务事件得到全部形如 $\left(\{\varepsilon_\alpha\},\{\varepsilon_\beta\}\right)$ 的模式，过滤并保留在 δ_t 内满足 $\gamma\left(\{\varepsilon_\alpha\},\{\varepsilon_\beta\}\right).\text{sup} \geqslant \text{sup}_{\min}$ 的模式 $\text{TFCP}\left(\{\varepsilon_\alpha\},\{\varepsilon_\beta\}\right)$（“过滤”阶段），记录最长延时作为 Δt，即在验证 $\left(\{\varepsilon_\alpha\},\{\varepsilon_\beta\}\right)$ 是否满足 TFCP 的条件时，在时间阈值 δ_t 下保留 $\left(\{\varepsilon_\alpha\},\{\varepsilon_\beta\}\right)$ 出现次数中最长的延时作为 Δt（$\Delta t \leqslant \delta_t$）。

（3）对每个过滤后得到的模式 $\text{TFCP}\left(\{\varepsilon_\alpha\},\{\varepsilon_\beta\}\right)$，选择 F^1 中剩余的服务事件分别扩展保留模式的前件和后件（“扩展”阶段）。

（4）对扩展得到的模式，不断重复“过滤”与“扩展”阶段，直到过滤结果为空或 F^1 中所有事件都扩展完毕为止。

5.3.4.5 服务超链生成算法优化

服务事件序列集合的规模和服务事件序列的长度影响服务超链生成算法的性能。为了保证用户方便快捷地构造服务及服务超链，需要保障服务超链生成算法的效率。因此，本节对制约服务超链生成算法效率的核心——基于 GFE 策略的服务超链支持度计算进行进一步优化，共提出以下三个优化策略。

第一个优化策略是尽量避免产生重复结果，主要从以下两方面改进 SupportComputing 算法。首先，证明任意一个 $\mathrm{TFCP}_{m,n}\left(E_i,E_j\right)$（$m>1$，$n>1$）都可以通过扩展某个 $\mathrm{TFCP}_{1,1}\left(\{\varepsilon_\alpha\},\{\varepsilon_\beta\}\right)$ 得到，其中 $\varepsilon_\alpha\in E_i$，$\varepsilon_\beta\in E_j$。易知，一共存在 $\mathrm{C}_m^1\mathrm{C}_n^1$ 组 $\mathrm{TFCP}_{1,1}$ 可以扩展为 $\mathrm{TFCP}_{m,n}\left(E_i,E_j\right)$。换句话说，$\mathrm{TFCP}_{m,n}\left(E_i,E_j\right)$ 可能由 $\mathrm{C}_m^1\mathrm{C}_n^1$ 个不同的 $\mathrm{TFCP}_{1,1}$ 模式扩展而成。因此，基于 GFE 策略的 SupportComputing 算法将产生大量重复的结果。重复结果不仅增加算法的复杂度，更需要额外开销来消除。为尽量避免这种情况产生的重复结果，对服务事件进行排序，如按字典序对服务事件进行排序。每次扩展 TFCP 时，都只从 F^1 中选择大于 TFCP 中已存在服务事件的事件。另外，针对任意 $\mathrm{TFCP}_{1,1}\left(\{\varepsilon_\alpha\},\{\varepsilon_\beta\}\right)$，不同的扩展顺序仍然可能产生重复的结果。因此，始终按照相同次序扩展前件、后件也是避免产生重复结果的有效手段。本书选择始终先扩展前件再扩展后件的固定顺序。

第二个优化策略是在对任意 TFCP 扩展后，在判断扩展后的模式是否仍然是 TFCP 时，尽量减少参与计算的服务事件的数量。每次对 TFCP 完成扩展后，只有扩展后模式对应的事件序列参与判断，且每个服务事件序列只保留模式所含服务事件即可，其他服务事件都不需要参与计算。

第三个优化策略是用并行的计算方式代替串行的计算方式。根据第一个优化策略可知，对任意 TFCP 进行前件、后件扩展时，总添加更大的服务事件。在产生 TFCP 的过程中，对于任意一组 TFCP，将前件、后件中的服务事件按字典序从小到大排列，并不会影响结果的正确性。记事件关联支持度计算过程产生的全部 TFCP 组成集合 P。可以根据前件、后件的首位事件进行分组，记为 $P=\bigcup_{\varepsilon_\alpha,\varepsilon_\beta\in F^1}P\left(\varepsilon_\alpha,\varepsilon_\beta\right)$，其中 $P\left(\varepsilon_\alpha,\varepsilon_\beta\right)=\left\{\mathrm{TFCP}\left(E_i,E_j\right)\mid E_i=\varepsilon_\alpha,\cdots;E_j=\varepsilon_\beta,\cdots\right\}$。即 $P\left(\varepsilon_\alpha,\varepsilon_\beta\right)$ 中每个 TFCP 的前件以 ε_α 为首位，后件以 ε_β 为首位。因此结果集 $P\left(\varepsilon_\alpha,\varepsilon_\beta\right)$ 内的 TFCP 由 $\mathrm{TFCP}_{1,1}\left(\{\varepsilon_\alpha\},\{\varepsilon_\beta\}\right)$ 扩展而得，不同结果集的产生过程互不影响，可同时进行。

在并行挖掘 TFCP 时，为了提高效率，每个计算节点（或者线程）的计算量需要尽可能保持一致，以保障负载均衡。根据上文分析，可以将若干 $\text{TFCP}_{1,1}$ 分配至 k 个不同的计算节点（或者线程），同时进行扩展，从而提高服务超链生成算法的效率。然而，单纯按照数量将若干 $\text{TFCP}_{1,1}$ 尽可能等分为 k 份并分配给各个节点（或者线程）并不能很好地保障负载均衡，原因在于 GFE 策略的复杂度很大程度上受 TFCP 的出现次数的影响。针对这一问题，本节提出了一种基于出现次数的分块策略。该策略尝试将全部需要扩展的 $\text{TFCP}_{1,1}$ 分为 k 组，并保障每组 $\text{TFCP}_{1,1}$ 的出现次数之和尽可能相等。定义 5.6 形式化地描述了这种基于出现次数的分块策略。

定义 5.6　基于出现次数的分块策略：已知服务事件序列集合 D_{seq}，设待扩展的 $\text{TFCP}_{1,1}$ 集合为 B_{ext}，基于出现次数的分块策略是对 B_{ext} 的分割函数 $\text{fp}\left(B_{\text{ext}}\right)=\left\{B_{\text{ext}}^1,B_{\text{ext}}^2,\cdots,B_{\text{ext}}^k\right\}$，$\text{fp}\left(B_{\text{ext}}\right)$ 满足以下条件。

（1）$B_{\text{ext}}=B_{\text{ext}}^1\cup B_{\text{ext}}^2\cup\cdots\cup B_{\text{ext}}^k$。

（2）$B_{\text{ext}}^i\cap B_{\text{ext}}^j=\phi$，$i,j=1,2,\cdots,k$，$i\neq j$。

（3）$\min\left(\sum_{i,j=1,2,\cdots,k}\sum_{\text{TFCP}_{1,1}\left(\left\{\varepsilon_{i,\alpha}\right\},\left\{\varepsilon_{i,\beta}\right\}\right)\in B_{\text{ext}}^i}\text{TFCP}_{1,1}\left(\left\{\varepsilon_{i,\alpha}\right\},\left\{\varepsilon_{i,\beta}\right\}\right).\text{freq}-\right.$

$\left.\sum_{\text{TFCP}_{1,1}\left(\left\{\varepsilon_{j,\alpha}\right\},\left\{\varepsilon_{j,\beta}\right\}\right)\in B_{\text{ext}}^j}\text{TFCP}_{1,1}\left(\left\{\varepsilon_{j,\alpha}\right\},\left\{\varepsilon_{j,\beta}\right\}\right).\text{freq}\right|\right)$，其中 $\sum_{x\in X}x.\text{freq}$ 是指子集 X 内每个元素 x 在 D_{seq} 中的出现次数之和。

基于出现次数的分块策略可以转换为经典的整数划分问题。整数划分问题是将整数数组 L 划分为 k 个子数组，并使每个子数组的整数之和尽可能相等。例如，可以将整数数组 $L=\{3,1,1,2,2,1\}$ 划分为 2 个子数组，即 $L_1=\{1,1,2,1\}$ 和 $L_2=\{3,2\}$，每个子数组内的整数和都是 5。整数划分问题是典型的 NP 难问题。基于动态规划的整数划分次优解法可以将时间复杂度降到 $O\left(kn^2\right)$。其中，k 是要划分成的子数组数量；n 是整数数组 L 包含的整数数量。本节借鉴该方法实现基于出现次数的分块策略，从而并行地挖掘 TFCP，提高服务超链生成算法的效率。

以上提出了服务超链支持度计算算法 SupportComputing 和服务超链置信度计算算法 ConfidenceComputing，还讨论了如何在计算支持度的过程中计算延时。计算延时的支持度计算算法命名为 SupportComputingWithDelay 算法（见算法 5-1）。下面基于 SupportComputingWithDelay 算法和 ConfidenceComputing 算法介绍如何实现服务超链生成算法 LinkGenerating。

算法 5-1 SupportComputingWithDelay 算法

输入:

D_{seq}：服务事件序列集合

δ_t：时间阈值

$\text{sup}_{\min}$：支持度阈值

输出:

R：支持度超过阈值的事件关联集合， $R=\{(E_i,E_j,\Delta t,\text{sup})\}$

1. //“产生”阶段
2. for each $\text{seq}_i \in D_{\text{seq}}$
3. 将出现次数大于等于于 $\text{sup}_{\min}$ 的事件添加到 F^1；
4. //“过滤”阶段、“扩展”阶段
5. for each $\varepsilon_\alpha,\varepsilon_\beta \in F^1$ //优化策略三，基于出现次数的分块策略
6. 初始化 $E_i=\{\varepsilon_\alpha\}$， $E_j=\{\varepsilon_\beta\}$，初始化 TFCP 集合 $P=\phi$；
7. if(isTFCP(E_i,E_j,δ_t)) //“过滤”阶段
8. $P \leftarrow \text{TFCP}(E_i,E_j)$；
9. for each $\varepsilon \in F^1$ 且 $\varepsilon > E_i$ // ε 大于 E_i 中的每个事件，优化策略一
10. $\text{extend}((E_i,E_j),E_i,\varepsilon,\delta_t)$；//“扩展”阶段；先扩展前件，优化策略一
11. for each $\text{TFCP}(E_p,E_q) \in P$
12. for each $\varepsilon'' \in F^1$ 且 $\varepsilon'' > F_q$
13. $\text{extend}((E_p,E_q),E_q,\varepsilon'',\delta_t)$；//“扩展”阶段；再扩展后件，优化策略一
14. for each $\text{TFCP}(E_u,E_v) \in P$
15. $R \leftarrow (E_u,E_v,\text{TFCP}(E_u,E_v).\Delta t,\text{TFCP}(E_u,E_v).\text{freq})$；//$P$ 中每个 TFCP 的前件、后件、延时及出现次数构成集合 R
16. return R；
17. //优化策略二
18. isTFCP(E_i,E_j,δ_t):
19. 判断 E_i 和 E_j 是否在 δ_t 下组成 $\text{TFCP}(E_i,E_j)$;// $\text{TFCP}(E_i,E_j).\Delta t = \max\{\text{TCP}(E_i,E_j).\Delta t\}$ 且 $\text{TFCP}(E_i,E_j).\Delta t \leqslant \delta_t$
20. return Boolean;
21. $\text{extend}((E_i,E_j),\text{target},\varepsilon,\delta_t)$:
22. if $\text{target} == E_i$

```
23.     E_i ← ε;
24. if  target == E_j
25.     E_j ← ε;
26. if(isTFCP(E_i, E_j, δ_t))
27.     P ← TFCP(E_i, E_j);
28.     for each  ε' ∈ F^1 且 ε' > E_i
29.         extend((E_i, E_j), target, ε', δ_t);
```

首先讨论 SupportComputingWithDelay 算法的具体实现。算法 5-1 给出了该算法的伪代码。在 SupportComputingWithDelay 算法中，首先在服务事件序列集合 D_{seq} 中产生每个序列中出现次数超过阈值 sup_{min} 的服务事件，存入集合 F^1（第 1～3 行）。然后将 F^1 的任意两个事件组成模式 $(\varepsilon_\alpha,\varepsilon_\beta)$，判断其在时间阈值 δ_t 下是否是 $\text{TFCP}_{1,1}$（第 5～7 行）。利用 extend()方法在时间阈值 δ_t 下递归式地扩展 TFCP 的前件（第 9～10 行）。扩展过程在扩展后的模式不是 TFCP 或 F^1 没有可以扩展的元素时终止（22～29 行）。针对前件的扩展结果，利用 extend()方法在时间阈值 δ_t 下递归式地扩展后件（第 11～13 行）。保存所有扩展所得的 TFCP 至集合 P（第 8、27 行）。返回 P 中模式对应的事件关联组成的集合 R（第 14～16 行）。整个算法的实现融合了前文提出的 GFE 策略及提出的三个优化策略。

接下来介绍 ConfidenceComputing 算法的具体实现。ConfidenceComputing 算法首先针对 SupportComputingWithDelay 算法输出的每个结果 $(E_i,E_j,\Delta t,\text{sup})$ 计算事件集 E_i 在服务事件序列集合 $D_{E_i}\subseteq D_{\text{seq}}$ 中的出现次数；然后利用 SupportComputingWithDelay 算法得到的支持度 sup 计算其置信度；最后过滤出置信度超过阈值的事件关联，即得到了服务超链的置信度。算法 5-2 给出了该算法的伪代码。

算法 5-2 ConfidenceComputing 算法

输入:

$(E_i,E_j,\Delta t,\text{sup})$: SupportComputingWithDelay 算法产生的每个结果，$(E_i,E_j,\Delta t,\text{sup})\in R$

D_{E_i}：E_i 出现的服务事件序列集合，$D_{E_i}\subseteq D_{\text{seq}}$

δ_t: 时间阈值（窗口长度）

conf_{min}：置信度阈值

输出:

conf： $\gamma(E_i,E_j)$ 的置信度

1. 初始化 $E_i.\text{freq}=0$；
2. 初始化滑动窗口 W //长度为 δ_t
3. if $W \supseteq E_i$
4. $E_i.\text{freq}=E_i.\text{freq}+1$；
5. $W=W-E_i$；//FCFD 策略
6. if W 是 D_{E_i} 的最后一个窗口
7. $\gamma(E_i,E_j).\text{conf}=\gamma(E_i,E_j).\text{sup}/E_i.\text{freq}$
8. if $\gamma(E_i,E_j).\text{conf} \geqslant \text{conf}_{\min}$ //过滤置信度
9. return $\gamma(E_i,E_j).\text{conf}$；
10. else
11. return −1.0;
12. else
13. 向前移动滑动窗口 W；
14. 转到第 3 行;

基于上述 SupportComputingWithDelay 算法和 ConfidenceComputing 算法，讨论 LinkGenerating 算法的实现。算法 5-3 给出了 LinkGenerating 算法的伪代码。

算法 5-3 LinkGenerating 算法

输入:

D_{seq}：服务事件序列集合

δ_t：时间阈值

$\text{sup}_{\min}$：支持度阈值

$\text{conf}_{\min}$：置信度阈值

输出:

$\mathcal{L}$：服务超链集合

1. 初始化 $\mathcal{L}=\phi$；
2. 计算事件关联集合 R=SupportComputingWithDelay$(D_{\text{seq}},\delta_t,\text{sup}_{\min})$；//服务超链支持度计算、服务超链延时计算
3. for each $(E_i,E_j,\Delta t,\text{sup}) \in R$
4. 获取 E_i 的事件序列集合 D_{E_i}；

5. $\text{conf} = \text{ConfidenceComputing}\left(\left(E_i, E_i, \Delta t, \text{sup}\right), D_{E_i}, \delta_t, \text{conf}_{\min}\right)$; //服务超链置信度计算
6. 　if $\text{conf} \neq -1.0$
7. 　　$\gamma\left(E_i, E_j\right) = \left(\Delta t, \text{sup}, \text{conf}\right)$;
8. 　　封装 $\gamma\left(E_i, E_j\right)$ 为服务超链 ℓ;
9. 　　$\mathcal{L} \leftarrow \ell$;
10. return $\mathcal{L}$;

5.4　服务发现/匹配

5.4.1　服务发现体系结构

传统的 SOA 以 UDDI、WSDL 及 SOAP 为基础，具有良好的松耦合性，能够在一定程度上解决信息集成问题。但是，它不能满足基于语义服务发现的要求。为了支持单本体甚至多本体环境下基于语义的服务发现，许多研究工作针对 SOA 进行了深入研究。

5.4.1.1　集中式结构

UDDI 是目前工业界关于服务注册与发现的标准。为了和现有的 SOA 兼容，集中式结构主要以现有的 UDDI 为基础，通过对其扩展来支持基于语义的服务发布与发现。LSDIS 实验室在对 WSDL 进行语义扩展的基础上也对 UDDI 进行了扩展，其扩展主要包括两个方面：第一，将基于 WSDL-S 描述的 Web 服务的语义标准存储在现有的 UDDI 结构中；第二，提供一个接口来构建使用这些语义标准的查询。UDDI 利用其内部的结构 tModel 和 categoryBag 来表示服务描述中所涉及的本体概念。为了存储服务描述的语义信息，UDDI 提供了四个 tModel——OPERATION_CONCEPTS、INPUT_CONCEPTS、OUTPUT_CONCEPTS 和 MAPPINGGROUP 来关联相应的服务描述中的语义模型。OPERATION_CONCEPTS 用来完成 WSDL 中从操作到语义概念的映射；INPUT_CONCEPTS 用来完成从输入消息到语义概念的映射；OUTPUT_CONCEPTS 用来完成从输出消息到语义概念的映射；MAPPINGGROUP 则用来执行整体的映射。UDDI 也可以进行语义扩展，

主要考虑将基于 DAML-S 描述的 Web 服务的语义描述信息发布存储在知识库中，并通过 DAML-S/UDDI 转换器来建立 DAML-S 服务和 UDDI 中存储服务的关系。为了执行基于语义的 Web 服务发现，在 UDDI 之上添加一个语义推理层 DAML-S 匹配引擎来完成基于语义的推理，将经过推理后的信息交给 UDDI，以便进行服务发现。

IBM 为了实现从 Web 服务到语义 Web 服务的平稳过渡，提出了一个本体兼容的服务注册方法。其以本体为基础，在 IBM 现有的 Web 服务体系结构下采用 DAMLS 作为服务描述语言，通过在 UDDI 上增加 DAML-S 匹配引擎来处理服务描述的语义信息。该结构主要面向多 agent 系统设计，因此在这个体系结构中，有一个特有的通信转换层，可以处理从 SOAP 消息到 agent 通信语言（KQML、ACL）的转换。

5.4.1.2 P2P 结构

P2P 作为一种完全分布的分布计算模型，由于具有良好的可扩展性和健壮性，已经被广泛应用于服务发现领域。结合 P2P 计算和基于语义的服务发现的优点，研究 P2P 结构下基于语义的服务发现技术是目前服务发现领域的一个研究热点。DEAL 系统结合本体和 P2P 技术实现了全分布式可扩展的语义服务匹配。在 DEAL 系统中，服务的输入、输出都用语义模型中的概念建模。为了实现服务描述与对应的定位服务之间的映射，DEAL 系统将服务描述进行编码，并将其对应于相应的定位服务的标识。由于定位服务标识包含了服务的语义描述，基于该方法的定位服务实际上就等同于基于语义的服务发现。P2P 结构可以基于其现有的 Overlay 来发现及匹配相应的服务。德国 Karlsruhe 大学提出了一种基于内容和服务功能描述对 Peer 进行建模的方法，以实现分布式的 Peer 发现与选择。为了建模 Peer 的服务功能，其对 OWL-S 的 Profile 进行了扩展，并依据共享本体对 Peer 的专门功能进行了明确建模。每个 Peer 都维护一个本地节点库（local node repository）。本地节点库将提供节点可以获取的知识、支持对知识的操作及 Peer 服务发布的本体注册。

5.4.1.3 混合式结构

集中式结构服务发现的性能较好，但系统的可扩展性差，并且不能在多本体环境下使用。P2P 结构虽然具有良好的可扩展性，但在服务发现时性能比较差，并且不适用于企业范围内的应用。为了综合这两种方法的优点，同时克服它们的不足，研究人员提出了混合式的服务发现体系结构（简称混合式结构）。混合式结构主要是为了解决多本体环境下的服务发现问题。

METEOR-S 提供了一种混合式的服务发现基础设施 MWSDI。其将服务根据业务领域划分成不同的服务注册中心，并且将这些服务中心组成一个联邦。在该系统中，领域知识的划分存储在扩展的注册本体（extended registries ontology，XTRO）中。每个注册服务器都支持相应的 UDDI 及多个 tModel。MWSDI 通过一个 tModel 目录来管理所有的注册服务器上的 tModel。

网格环境下也存在多注册中心的服务发现体系结构。该体系结构在注册中心上增加了基于场景的领域选择模块。在服务注册与发现时，服务发现机制首先根据场景确定使用哪个领域模型，并将服务注册到相应的服务注册器中。多领域本体环境下的服务发现体系结构更为复杂一些，所有的服务描述存储在服务库中，同时系统中存储了不同本体之间的映射。当服务请求方提出查询时，匹配引擎将基于知识库和映射库对查询进行转换，然后提交给服务注册与请求中心进行查询匹配。

5.4.2　服务匹配算法

基于语义的 Web 服务匹配可以通过两种方法实现：一种方法是通过本体概念之间的逻辑关系（包含、等价等）来实现；另一种方法是以本体概念之间的相似性为基础，通过计算服务描述之间的相似性来实现。前者主要应用于单本体环境下的服务匹配，而后者则多应用于多本体环境下的服务匹配。

5.4.2.1　通过逻辑关系实现服务匹配

LARKS 是最早的基于语义的服务匹配系统。它主要实现多 agent 系统中基于语义的 agent 能力的发现与匹配。LARKS 支持三个等级上的匹配：exact、plug-in 和 relaxed。为了支持这三种等级的匹配，LARKS 通过五种方式来计算两个 LARKS 规范之间的相似性：context matching、profile comparison、similarity matching、signature matching、constraint matching。这些计算方式分别以不同方式计算 LARKS 规范中不同部分的相似性。这些相似性的计算都是基于概念之间的逻辑关系来展开的。LARKS 利用关联网络（association network，AN）来计算概念之间的相关性。在 AN 中，概念之间的关系分为一般化、特殊化及正向关联等。不同匹配模型将分别计算不同的相似性或相似性的组合。

以 WSM0 框架为基础可以实现自动的服务发现方法，通常将服务匹配过程分为四个阶段：目标发现、目标求精、服务发现和服务收缩。目标发现根据用户请求转换查找相应的预定义目标；目标求精将预定目标根据用户的需求进行求精；服务发现根据服务的抽象能力匹配可能满足用户需求的服务；服务收缩将基于收缩的服务能力，检测服务的抽象能力是否满足用户的目标。

OWLS-MX 综合利用基于逻辑推理和基于内容的信息检索方法来计算基于 OWL-S 规范定义的服务之间的相似性。OWLS-MX 将服务发布和服务请求之间的匹配分为五个不同的层次：EXACT、PLUGIN、SUBSUMES、SUBSUMED 和 NEAREST-NEIGHBOR。其中，前四个是纯粹基于逻辑的计算结果，第五个利用附加的信息检索的相似性来确定服务发布和服务请求之间的匹配。它们实现了多个 OWLS-MX 的变体：OWLS-M0、OWLS-M1、OWLS-M2、OWLS-M3、OWLS-M4。OWLS-M0 只考虑前四个层次的基于逻辑的语义过滤；OWLS-M1～OWLS-M4 则分别使用不同的基于内容的信息检索来计算服务在语法层次上的相似性。

利用场景信息也可以实现服务匹配。首先，服务匹配引擎对用户请求进行标准化，得到标准化的关键字序列；其次，根据关键字序列确定请求所针对的应用领域；最后，匹配引擎利用领域的本体信息，通过分析概念之间的包含关系来实现基于语义的服务匹配。

5.4.2.2 通过计算相似性实现服务匹配

通过计算本体内或本体间的语义相似性来计算服务之间的语义相似性是基于语义的服务发现的有效手段之一，尤其是在匹配基于不同本体描述的服务时。通过计算两个 OWL 对象的相似度可得到两个服务描述之间的语义相似性。两个 OWL 对象之间的相似度可以定义为 $\mathrm{sim}(a,b)=\mathrm{f\_common}(a,b)/\mathrm{f\_desc}(a,b)$。其中，$a,b$ 为 OWL 对象；$\mathrm{f\_common}(a,b)$ 是度量 a、b 共享信息值的函数。该相似度通过定义服务描述的内容信息值来计算得到。内部信息值的定义是基于 OWL-Lite 的构造子的可推理性计算的。

基于 WSDL 同样可以实现基于语义的服务匹配算法。该算法可以利用 WSDL 描述中的标识符的语义及 WSDL 中的操作、消息、数据来计算两个 WSDL 文件的相似度。

此外，针对多本体环境下的服务发现问题，也可以采用基于语义的服务发现算法：将服务请求和服务描述以模板的形式描述，然后通过计算这两个模板之间的相似度来计算服务请求与候选服务之间的语义相似度，从而完成基于语义的服务匹配。

5.5 服务交互式推荐

自 20 世纪中期出现第一批关于协同过滤的文章以来，推荐系统已经成为一个独立且重要的研究领域。可将推荐系统所使用的方法分成三类：基于内容的推荐、协同过滤推荐、结合内容与协同过滤的推荐。

在通常情况下，推荐问题可以简化为用户对物品（item）未知评分的估计问题，评分估计通常基于这一用户对其他物品的评分，一旦估计出这个用户的所有还没有评分记录的物品的分值，便可以将评分最高的物品推荐给这个用户。推荐系统的通用形式化定义为：设 C 是所有用户的集合，S 是所有可以用来推荐的物品（如书、电影等）的集合，C 中用户的数量可以非常大——有些情况下可以是百万级的，S 中物品的数量也可以很大，从数百、数千、数万到百万；设 u 是效用函数，用来度量物品 s 对用户 c 的效用，即 $u:C\times S\rightarrow R$，其中 R 表示一定范围内的非负整数或实数的全序集合；那么，对于每个用户 $c\in C$，推荐系统的目标是选择效用最大的物品推荐给他。物品的效用通常用评分表示，评分的含义是某个用户在多大程度上喜欢某个物品，评分越高代表其越喜欢。一般地，效用不仅指评分，也可以指任意的函数，如利润函数。C 中每个用户的概貌都可以表示为一系列特征，如性别、年龄、婚姻状态、民族、收入等，在最简单的情况下可以表示为用户 ID。类似地，S 中的每个物品也可以表示为一系列特征，这取决于物品是什么东西。例如，如果物品是电影，那就可以表示成电影名称、电影类型、导演、发行年代、主要演员等特征。

5.5.1 基于内容的推荐

基于内容的推荐是将与用户喜欢过的物品在内容上相似的物品推荐给他。换言之，根据用户过去喜欢的物品可获得该用户的偏好，进而度量该用户偏好与其他物品的相似度，把相似度高的物品推荐给他。用户的偏好既可以显式地获得（比如通过调查问卷），也可以隐式地获得（比如分析用户的历史行为）。

基于内容的推荐来源于对信息检索和信息过滤的研究。许多基于内容的推荐系统关注的推荐对象是包含文本信息的物品，如新闻、网页等。通常我们从物品的内容中抽取一系列的特征用于推荐。基于内容的推荐系统通常推荐的是基于文本的物品，这些物品通常用一系列的关键词（keyword）来表示。关键词的重要性可以用它的权重表示，最为人熟知的一种度量关键词权重的方法是词频/逆文档频率（term frequent/inverse document frequent，TF-IDF）。假设一共有N个文档可用于用户推荐，其中n_i个文档包含关键词k_i；设f_{ij}为关键词k_i在文档d_j中出现的次数，那么关键词k_i在文档d_j的词频TF_{ij}被定义为

$$\mathrm{TF}_{ij}=\frac{f_{ij}}{\max_z f_{zj}} \tag{5-2}$$

式中，分母表示在文档d_j所包含的所有关键词中出现次数最多的关键词k_z的频度。一个关键词在多少个文档中出现过，对于区分这些文档是否相关有重大影响：在越多的文档出现过，则相关度越低；反之，则相关度越高。关键词k_i的逆文档频率定义为

$$\mathrm{IDF}_i=\log\frac{N}{n_i} \tag{5-3}$$

那么，关键词k_i在文档d_i中的权重w_{ij}定义为

$$w_{ij}=\mathrm{TF}_{ij}\times\mathrm{IDF}_i \tag{5-4}$$

进而，文档d_i可定义为

$$\mathrm{contentd}_i=\left(w_{1j},w_{2j},\cdots,w_{kj}\right) \tag{5-5}$$

用基于关键词的信息检索技术分析用户浏览过或评价过的物品，可以得到用户c的偏好：

$$\mathrm{contentc}=\left(w_{c1},w_{c2},\cdots,w_{ck}\right) \tag{5-6}$$

式中，权重w_{ci}表示关键词k_i对用户c的重要程度，可以用多种方法计算得到，如平均值法，即取每个物品内容向量的平均数。

在基于内容的推荐系统中，效用函数定义为

$$u(c,s)=\cos\left(\boldsymbol{w}_c,\boldsymbol{w}_s\right)=\frac{\sum_{i=1}^{K}w_{ic}w_{is}}{\sqrt{\sum_{i=1}^{K}w_{is}^2}\times\sqrt{\sum_{i=1}^{K}w_{ic}^2}} \tag{5-7}$$

式中，K是系统中所有关键词的总数。

举例来说，当用户c读了很多主题为计算机科学的文章时，那么基于内容的推荐技术将向用户c推荐其他计算机方面的文章。因为在他看过的这些文章里，出现了很多的计算机相关术语（例如，服务计算、云计算、机器学习、算法、时

间复杂度、网络等），那么在c的 TF-IDF 向量$\boldsymbol{w}_c$中，这些术语就具有较大权重值，所以，在基于内容的推荐系统中，当用夹角余弦或其他相似度计算方法来给效用函数$u(c,s)$赋值时，就可以对那些在对应向量$\boldsymbol{w}_s$中计算机术语具有较大权重值的文章s赋较大效用值，而对计算机术语具有较小权重值的文章赋较小效用值。效用值大的文章将被推荐给用户。

除了基于信息检索的启发式方法，基于内容的推荐还采用了许多机器学习技术，比如贝叶斯分类器、聚类、决策树、人工神经网络等。这些技术与基于信息检索的启发式方法的不同之处在于，它们对效用函数的预测不是基于启发式方法（比如夹角余弦相似度）的，而是基于从已有数据经过统计学习或机器学习所获得的模型的。例如，基于一个已标注的网页集合（集合中每个网页都被用户标注为相关或不相关），用朴素贝叶斯分类器对未曾标注过的网页进行分类（分成相关、不相关两类）。

5.5.2 协同过滤

协同过滤（CF）是向用户推荐偏好相似的其他用户所喜欢的物品。与基于内容的推荐不同，协同过滤不对物品的内容进行分析、不用提取内容特征，而只依靠用户对物品的评价信息来为当前的用户寻找偏好相似的用户，再把这些偏好相似用户所喜欢的物品推荐给当前用户。这里的偏好相似是指两个用户对一些物品有着相同或相近的评价。协同过滤的假设是：多个用户对一些物品给予相似的评价，那么他们对另一些物品也会给予相似评价。这和现实生活中人们请志趣相投的朋友推荐东西是一个道理，它暗含了志趣相投的人对其他东西也有相似兴趣的假设。

协同过滤是一种流行且有效的推荐方法，它的一个突出优点是能够处理非结构化的复杂对象。协同过滤算法被分成两类：基于内存的协同过滤（memory-based CF）、基于模型的协同过滤（model-based CF）。基于内存的协同过滤是最常用的预测算法，被广泛应用于电子商务推荐系统。基于内存的协同过滤可以分成基于用户的、基于物品的及两者混合的。基于用户的协同过滤根据相似用户的评分预测当前用户的评分，而基于物品的协同过滤根据相似物品的评分预测当前用户的评分。

基于内存的协同过滤预测一般分为两步：一是计算用户相似度（或物品相似度），找出最相似的若干用户（或物品）；二是聚合最相似若干用户（或物品）的评分值来进行评分预测。基于用户和基于物品的协同过滤通常都使用皮尔逊相关系数和向量夹角余弦作为相似度计算方法。使用皮尔逊相关系数的协同过滤在性能上通常比使用向量夹角余弦的协同过滤更好，因为皮尔逊相关系数考虑了评分风格的差异。所以，实际中使用皮尔逊相关系数作为相似度计算方法的推荐系统更多。

给定一个包含 M 个用户和 N 个物品的推荐系统，我们得到一个 $M\times N$ 的用户物品矩阵。用户物品矩阵中的项 $r_{m,n}$ 表示用户 m 对物品 n 的评分值。如果 $r_{m,n}$ 是空的，则表示用户 m 之前从未对物品 n 做过评价。

在基于用户的协同过滤中，在用户 u , v 共同评价过的物品的基础上，可以用皮尔逊相关系数（以下简称 PCC）来定义用户 u , v 之间的相似度：

$$\mathrm{sim}(u,v)=\frac{\sum_{i\in I_u\cap I_v}\left(r_{u,i}-\overline{r}_u\right)\cdot\left(r_{v,i}-\overline{r}_v\right)}{\sqrt{\sum_{i\in I_u\cap I_v}\left(r_{u,i}-\overline{r}_u\right)^2}\cdot\sqrt{\sum_{i\in I_u\cap I_v}\left(r_{v,i}-\overline{r}_v\right)^2}} \tag{5-8}$$

式中， $\mathrm{sim}(u,v)$ 表示用户 u , v 之间的相似度； I_u , I_v 分别表示 u , v 评价过的物品的集合； $r_{u,i}$, $r_{v,i}$ 分别表示用户 u , v 对物品 i 的评分值； $\overline{r}_u$, $\overline{r}_v$ 分别表示用户 u , v 对共同评价过的物品的集合 $I_u\cap l_v$ 中各物品评分的平均值。根据这个定义，用户相似度 $\mathrm{sim}(u,v)$ 的值位于闭区间 $[-1,1]$ ，并且值越大表示用户 u 和用户 v 越相似。

基于物品的协同过滤与基于用户的协同过滤类似，但基于物品的协同过滤不衡量用户相似度，而是衡量物品相似度。在共同评价过物品 i 和物品 j 的用户集合的基础上，可以用 PCC 来定义物品 i 和物品 j 之间的相似度：

$$\mathrm{sim}(i,j)=\frac{\sum_{u\in U_i\cap U_j}\left(r_{u,i}-\overline{r}_i\right)\cdot\left(r_{u,j}-\overline{r}_j\right)}{\sqrt{\sum_{u\in U_i\cap U_j}\left(r_{u,i}-\overline{r}_i\right)^2}\cdot\sqrt{\sum_{u\in U_i\cap U_j}\left(r_{u,j}-\overline{r}_j\right)^2}} \tag{5-9}$$

式中， $\mathrm{sim}(i,j)$ 表示物品 i ,物品 j 之间的相似度； U_i , U_j 分别表示评价过物品 i ,物品 j 的用户所构成的集合； $r_{u,i}$, $r_{u,j}$ 分别表示用户 u 对物品 i ,物品 j 的评分值； $\overline{r}_i$, $\overline{r}_j$ 分别表示集合 $U_i\cap U_j$ 中各用户对物品 i ,物品 j 评分的平均值。根据这个定义，物品相似度 $\mathrm{sim}(i,j)$ 的值位于闭区间 $[-1,1]$ ，并且值越大表明物品 i 和物品 j 越相似。

在基于用户的协同过滤中，设用户 u 和 v 共同评价过 a 个物品，那么用户 u 、 v 可以被看作 a 维向量空间里的两个向量 $\boldsymbol{u}$, $\boldsymbol{v}$ ，其相似度也可以用向量夹角余弦来定义：

$$\mathrm{sim}(u,v)=\cos(\boldsymbol{u},\boldsymbol{v})=\frac{\boldsymbol{u}\cdot\boldsymbol{v}}{\|\boldsymbol{u}\|_2\times\|\boldsymbol{v}\|_2}=\frac{\sum_{i\in I_u\cap I_v}r_{u,i}\cdot r_{v,i}}{\sqrt{\sum_{i\in L_u\cap l_v}r_{u,i}^2}\cdot\sqrt{\sum_{i\in I_u\cap l_v}r_{v,i}^2}} \tag{5-10}$$

式中，$\mathrm{sim}(u,v)$表示用户u,v之间的相似度；I_u,I_v分别表示u,v评价过的物品的集合；$r_{u,i}$,$r_{v,i}$分别表示用户u,v对物品i的评分值。根据这个定义，用户相似度$\cos(u,v)$的值位于闭区间$[0,1]$，并且值越大表示用户u和用户v越相似。

类似地，在基于物品的协同过滤中，设b个用户共同评价过物品i,物品j，那么物品i,物品j可以被看作b维向量空间里的两个向量$\boldsymbol{i},\boldsymbol{j}$，其相似度也可以用向量夹角余弦来定义：

$$\mathrm{sim}(i,j)=\cos(\boldsymbol{i},\boldsymbol{j})=\frac{\boldsymbol{i}\cdot\boldsymbol{j}}{\|\boldsymbol{i}\|_2\times\|\boldsymbol{j}\|_2}=\frac{\sum_{u\in U_i\cap U_j}r_{u,i}\cdot r_{u,j}}{\sqrt{\sum_{u\in U_i\cap U_j}r_{u,i}^2}\cdot\sqrt{\sum_{u\in U_i\cap U_j}r_{u,j}^2}} \tag{5-11}$$

式中，$\mathrm{sim}(i,j)$表示物品i,物品j之间的相似度；U_i,U_j分别表示评价过物品i,物品j的用户所构成的集合；$r_{u,i}$,$r_{u,j}$分别表示用户u对物品i,物品j的评分值；$\overline{r}_i$,$\overline{r}_j$分别表示集合$U_i\cap U_j$中各用户对物品i,物品j评分的平均值。根据这个定义，物品相似度$\mathrm{sim}(i,j)$的值位于闭区间$[0,1]$，并且值越大表明物品i和物品j越相似。得到相似度之后，就可以通过对若干邻居的聚合来预测未知评分值。通过聚合用户c的k个最相似用户对物品s的评分，很容易预测用户c对物品s的评分值$\hat{r}_{c,s}$：

$$\hat{r}_{c,s}=\underset{c'\in U}{\mathrm{aggr}}\,r_{c',s} \tag{5-12}$$

式中，U表示都对物品s有过评分且与用户c最相似的k个用户所组成的集合；$r_{c',s}$表示用户c'对物品s的评分值。基于用户的协同过滤聚合函数的一些例子如下。

$$\hat{r}_{c,s}=\underset{c'\in U}{\mathrm{aggr}}\,r_{c',s} \tag{5-13}$$

$$\hat{r}_{c,s}=\frac{1}{\sum_{c'\in U}\left|\mathrm{sim}(c,c')\right|}\cdot\sum_{c'\in U}\mathrm{sim}(c,c')\times r_{c',s} \tag{5-14}$$

$$\hat{r}_{c,s}=\overline{r}_c+\frac{1}{\sum_{c'\in U}\left|\mathrm{sim}(c,c')\right|}\cdot\sum_{c'\notin U}\mathrm{sim}(c,c')\times\left(r_{c',s}-\overline{r}_{c'}\right) \tag{5-15}$$

式中，$\overline{r}_c$,$\overline{r}_{c'}$分别指用户c,c'评分的平均值。式（5-13）简单地使用平均数作为聚合函数，式（5-14）和式（5-15）都使用加权平均数作为聚合函数。式（5-14）的一个缺点是它没有考虑不同用户在评分风格上的差异，比如有些挑剔的用户普遍倾向于给较低分，而另一些易于满足的用户则经常给较高分。式（5-15）很好地克服了这个缺点，在这个式子中，计算加权和时不采用评分值的绝对值，而采用评分值与相应用户平均分值的偏差值。

类似地，通过聚合与物品 s 的 k 个最相似物品的评分，可得用户 c 对物品 s 的预测评分值 $\hat{r}_{c,s}$：

$$\hat{r}_{c,s} = \underset{s' \in l}{\text{aggr}}\, r_{c,s'} \tag{5-16}$$

式中，l 表示都被用户 c 评价过且与物品 s 最相似的 k 个物品所构成的集合；$r_{c,s'}$ 表示用户 c 对物品 s' 的评分值。基于物品的协同过滤聚合函数的一些例子如下。

$$\hat{r}_{c,s} = \frac{1}{k}\sum_{j \in l} r_{c,s'} \tag{5-17}$$

$$\hat{r}_{c,s} = \frac{1}{\sum_{s \in l}\left|\text{sim}(s,s')\right|} \cdot \sum_{s \in l}\text{sim}(s,s') \times r_{c,s'} \tag{5-18}$$

这两个式子分别对应于基于用户的协同过滤聚合函数式(5-13)、式(5-14)。这里并没有给出对应于式（5-15）的基于物品的协同过滤聚合函数，因为某个物品所受评分没有风格可言，可能有些用户给了高分，有些用户给了低分，事先不能确定物品整体的评分值服从某一风格。这点完全不同于用户对多个物品的评价，如前所述，用户的评分风格存在差异（比如挑别的用户常给较低分，易满足的用户常给较高分）。

与基于内存的协同过滤采用启发式方法不同，基于模型的协同过滤从已有的评分数据中学习出一个模型，再利用这个模型进行评分值预测。模型的习得通常借助统计方法和机器学习方法，这些方法包括聚类模型、贝叶斯模型、关系模型、线性回归模型、最大熵模型、矩阵分解模型、马尔可夫模型、概率潜在语义模型等。例如，基于概率的方法可以用期望值来表示预测值；可以将推荐过程看作一个顺序决策过程，并利用马尔可夫决策过程来产生推荐序列；可以采用潜在语义分析提出一种模型，这种模型利用两个隐变量的集合来显式地建模用户类和物品类。

5.5.3 服务交互推荐

Web 服务作为面向服务架构的主流实施方案，已经被越来越多的企业采用。近年来，伴随互联网技术的飞速发展、云端服务的日渐增多，推荐算法的研究从“服务推荐改变用户需求”向“用户需求引导服务推荐”的方向不断迈进，在大量满足用户功能性需求的 Web 服务中，如何向用户推荐满足其非功能性需求的 Web 服务是服务计算领域研究的热点。

2020 年世界推荐系统大会（RecSys2020）指出，不同区域及场景下的用户存在不同的个性化偏好等问题，如何找出不同区域用户行为的差异性是精确推荐的前提，通过对用户请求地理位置进行聚类，能够有效地解决区域的划分问题，不同区域内的用户具有相似兴趣，基于此能够使推荐更加准确。例如，通过用户与服务之间的位置信息挖掘其间的潜在影响力，从而找到目标用户的最近邻居集；利用用户与服务交互时的位置信息，建立位置消费图，通过计算位置的远近对目标用户的影响，找到最近邻居集。

此外，协同过滤推荐算法在应用过程中普遍存在用户数据之间的稀疏性，共项的服务评分数量少，导致相似度计算不准确，以及评分差异性过大却相似度拟合的问题。为此，现有的研究工作考虑不同服务间公共数据的长度，提出了对皮尔逊相关系数加入数据长度的约束，通过加入流行项目惩罚系数、共同评分项目惩罚系数和评分差异惩罚系数来改进。然而，以上方法不能准确评估用户之间的差异性，以及精确地计算相似度值，不能正确地衡量是否能够入选候选用户集，这些是未来研究和改进的重点问题。

第6章

服务方案运行时演化

由于实际应用中环境和用户需求的不确定性及多变性，许多业务逻辑难以预先定义完备，需要在运行时进行动态演化调整。探索式服务方案运行时演化方法针对服务组合逻辑的不确定性，通过用户自主编程和系统智能辅助相结合的方式来组合服务，在不断探索中采用逐渐逼近最终解的方式来求解问题。

本章介绍了探索式服务方案运行时演化方法的基本原理，给出了该方法涉及的相关定义，介绍了用户编程操作和系统支撑操作。

在探索过程中，由于用户编排的服务方案的不完备性，服务方案往往呈现“最终一致性”，即虽然在中间过程中呈现不一致状态，但在应用运行结束时可以最终达到一致状态。为了检测服务方案运行时演化的一致性，本章探讨了一致性验证结果的多值性特点，介绍了基于 LTL 和自动机的一致性验证的方法，以对不一致的状态进行细粒度区分，为用户提供精确的反馈指导。

当服务方案运行时演化存在不一致时，应保证临机逻辑向预置逻辑的收敛性。本章介绍了基于约束模型的收敛路径生成算法，以及基于收敛路径集的收敛预测算法，从而可动态调整控制策略，根据一致性验证结果产生待推荐的服务集合，并可简化用户定义服务组合的复杂度，促进服务组合临机逻辑向预置逻辑的收敛。

6.1 探索式服务方案运行时演化方法

6.1.1 需求分析

服务方案运行时演化的主要需求来源是服务组合逻辑的不确定性，按照其粒度的不同，主要体现在以下三个方面。

（1）参数的不确定性。用户无法事先确定参数的取值，需要对参数进行多次调试才能得到期望的结果。

（2）活动的不确定性。一是活动语义存在不确定性，在业务流程中无法给出活动的完整定义，只能在流程实例的运行中根据运行时的信息逐步完善。例如，只知道活动需要实现的大致功能，而无法事先定义活动具体的输入和输出参数，或者内部具体的实现。二是活动选取存在不确定性，无法事先决定服务组合过程中所包含的全部活动节点。

（3）活动间逻辑关系的不确定性。在业务流程中无法给出活动之间的逻辑关系，只能在流程运行过程中根据运行时的信息逐步完善。同时，服务组合过程中常需要对已经执行的流程片段进行修改和调整，直至达到预期的实验效果。

导致服务组合逻辑不确定性的原因主要有以下两个。一是用户知识的不完备性及需求的多样性，导致出现服务组合逻辑的不确定性。二是面向服务的分布式计算环境具有动态性，开放网络环境中的服务资源分属于不同的服务提供者，服务的升级、加入、退出及共享策略的变更可能造成原有资源不可用。而且服务具有自治性，其执行结果对于服务使用者来说具有不可预知性，从而导致出现服务组合逻辑的不确定性。

服务组合逻辑的不确定性给服务组合带来了新的挑战。结合上述应用实例，可以发现主要存在以下两类典型的需求。

（1）需要支持对流程的灵活探索。服务组合的完整定义及活动之间的逻辑关系常需要根据运行时信息逐步完善。同时，在流程实例的执行过程中，常需要修改实验参数以观察不同的结果或对已经执行的流程片段进行修改。

为了提高不确定性情况下服务组合的灵活性，需要增强用户的参与度，主要体现在：设计时允许用户表达其不确定的、个性化的需求和约束信息；运行时允许用户在线编排或调整服务组合逻辑，以更好地发挥用户的积极性和主动性，并允许用户利用自己的知识和经验进行决策，提高动态环境下应用构造的灵活性。

（2）需要对灵活探索过程提供可控保障。将人的临机决策引入服务组合中会产生以下问题。一是用户的业务认知域和软件解空间之间存在的差异给用户构建正确的服务组合带来难题（Yu et al. 2008）。用户经常需要手动选取和组装服务，可能出现语义错误，语义错误主要是指违反业务约束或规则。因此，为了避免出现语义错误，需要对业务约束进行建模，作为一致性验证的基础。二是由于用户的思维具有发散性的特点，用户探索可能偏离预期的目标。为了衡量服务组合流程和用户目标之间的收敛程度，还需要对约束的强度进行度量，而且由于约束具有模糊性的特点，还需要对不确定约束信息进行建模以近似模拟确定的信息，从而为收敛预测提供基础支撑。

为了加强对用户灵活探索过程中的可控保障，需要提供一致性验证和收敛保障，主要体现在：有序化表示业务约束关系并提供有效的建模手段，为一致性验证和收敛保障提供基础支撑；利用计算机来辅助减少用户参与可能带来的错误影响，检验用户构建的服务组合流程和系统中已有的约束是否无矛盾、可相容，以保证用户编程的质量；利用计算机辅助，使用户的探索过程不断朝目标逼近，从而加速探索的进程。

综合以上分析，研究问题可归结为：对于存在服务组合逻辑不确定性的情况，如何在不损失系统可控性的前提下，提高服务组合的灵活性？

6.1.2 相关工作

6.1.2.1 灵活的流程建模方法

为了处理流程中的不确定因素，需要提供对动态、灵活的工作流的支持。Heinl 等人（1999）对灵活流程建模的策略和方法进行了总结。Schonenberg 等人（2008a，2008b）结合现阶段工作流系统的新发展，对 Heinl 的工作进行了修改和扩展，总结出以下 4 种类型的灵活性。

（1）通过提前设计提供的灵活性（flexibility by design）。在流程模型中尽可能地预见各种不确定性需求，指定可选的执行路径，为具体执行提供可选情况。其等同于 Heinl 工作中的提前建模（advance modeling）。有文献（WFMC 1995）通过引入 Choice-Merge 和 XOR-Split 等结构，给出流程中所有可能的分支路径，但采用这种方法建立的流程结构比较复杂、庞大，而且很难事先列举出所有可能的情况。

（2）通过推后建模提供的灵活性（flexibility by underspecification）。通过在流程模型中引入新的元素来表达不确定因素，引入元素在执行之前是一个“黑盒”，运行时通过延迟绑定或延迟建模等手段确定“黑盒”内部的流程逻辑。其等同于 Heinl 工作中的推后建模（late modeling），如 pocket of flexibility （PoF）（Sadiq et al. 2001）、Staffware（Staffware 2002）、YAWL（Russell et al. 2007，Aalst et al. 2005）和 worklets（Adams 2006）等。

（3）通过流程变更提供的灵活性（flexibility by change）。对于那些在创建时不能完全预见的情况，需要在运行时及时地调整原有流程定义或运行实例。其等同于 Heinl 工作中的调整提供的柔性（flexibility by adaptation）。例如，ADEPT（Dadam et al. 2009）支持通过增加和删除活动等操作对流程进行 ad-hoc 方式的修改。

（4）通过流程偏离提供的灵活性（flexibility by derivation）。在运行时允许偏离流程模型中预先指定的可选路径，但并不改变流程模型本身。这种灵活性是由一些新的方法引出的，如 FLOWer（Aalst et al. 2005）和 DECLARE（Pesic et al. 2007）。

结合上述分类，Schonenberg 等人对四个典型系统在灵活性方面的表达能力进行分析。这四个系统包括两个商业系统，即 Staffware 和 FLOWer，以及两个学术系统，即 YAWL 和 ADEPT。通过分析发现，Staffware 提供了四种子流程选择方式（包括静态流程选择、动态流程选择、多流程选择及目标驱动的流程选择），但不支持以 ad-hoc 方式描述的流程的动态变更，仅支持通过推后建模提供的灵活性和有限的通过流程变更提供的灵活性；FLOWer 提供 Open Activity、Skip Activity 和 Redo Activity 操作，支持通过流程偏离提供的灵活性；YAWL 提供 Worklet Services 和 YAWL Exception Service 模块，支持通过推后建模提供的灵活性和异常处理；ADEPT 允许用户进行变更操作，如添加、删除、修改和替换等操作，支持通过流程变更提供的灵活性。研究结果表明，目前尚缺乏一个工作流系统或方法能够支持上述四类灵活性。

6.1.2.2　即时的流程构建和动态调试

现有的即时流程构建主要采用构造和执行交替的方式，通过动态插入、删除、修改等操作实现（Dadam et al. 2009）。例如，ADEPT 支持用户根据需求对流程进行动态变更，如动态插入和删除任务、动态循环操作等（Dadam et al. 2009）。

在对流程的动态调试方面，许多工作流系统采用基于断点的方式进行调试，如 Kepler、BPEL、BizTalk 等（Ludäscher et al. 2006，Alves et al. 2007）。还可以通过增加特殊元素的方式进行调试，如 BioSTEER 中提供了三个服务，即 Modify Instance、Copy Instance、Save Instance，用于流程的调试（Lee et al. 2007）。然而，当用户对已执行的结果不满意的时候，上述工作都需要从头开始执行，即便只是修改参数值。

上述相关工作并不支持在已执行完的流程片段后面继续添加新的节点，也不支持对已执行的部分流程以增量的方式进行参数调整或流程结构调整。

6.1.3 基本原理

探索式服务方案运行时演化方法的基本原理如图 6-1 所示。该方法支持在服务组合逻辑不确定情况下用户服务组合需求的表达，可以使用户灵活便捷地以增量的方式构造应用，同时以约束模型为基础，为用户提供一致性验证、收敛保障支持（闫淑英 2009）。图 6-1 主要包含用户探索层和系统支撑层两层，图中各类箭头对应探索式服务方案演化需要的主要操作，其中，用户探索层的空心箭头表示用户的“编程”操作；系统支撑层的实心箭头表示编程环境的支撑操作。

1. 用户探索层

用户探索层支持最终用户参与灵活的服务组合，以应对探索式服务组合过程中的参数、活动及活动间逻辑关系的不确定性问题。用户探索层主要包括以下两方面。

（1）通过抽象服务编排模板支持用户事先定义骨架流程及个性化的约束信息，表达确定的服务组合需求；通过使用目标活动节点来表达不确定的需求。最终用户可以使用领域专家预先定义好的服务编排模板，也可以自己定义新的模板。

（2）通过对目标活动节点的扩展和重编排来支持即时的流程构建和动态调试。在节点扩展方面，提供对目标活动节点的变更、控制操作，支持用户在目标活动节点内以“边构造边执行”的方式进行流程的构建。在节点重编排方面，通过引入“调试点”及其添加和删除操作，支持用户对目标活动节点内已执行的部分流程以增量的方式进行参数调整和流程结构调整，从而减少数据冗余，提高流程构建效率。

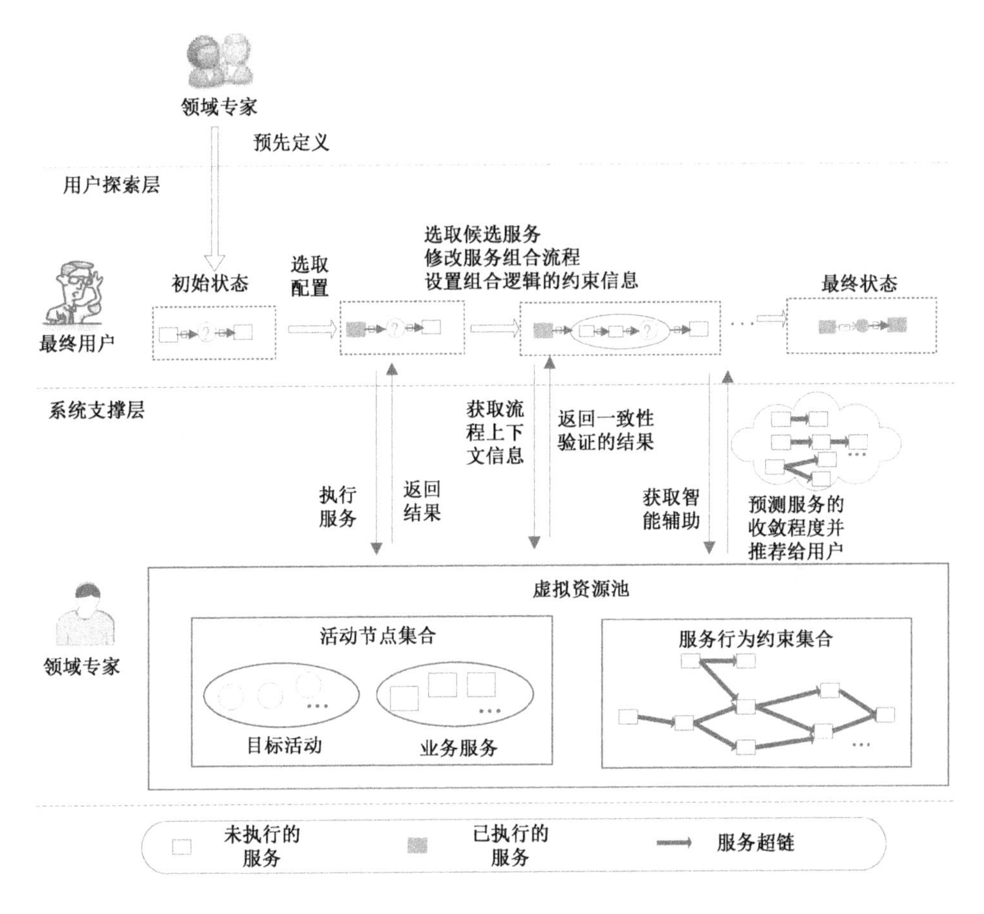

图 6-1 探索式服务方案运行时演化方法的基本原理

2. 系统支撑层

系统支撑层提供对用户的灵活探索过程的可控保障，包括以下三方面。

（1）对服务行为约束关系进行分析建模，有序化表示服务间的约束关系，并将其作为一种领域知识，为系统可控保障提供基础支撑。通过基于线性时态逻辑的形式化约束描述方法，为流程的一致性验证提供理论基础。使用服务超链显式建模服务间的二元行为约束关系，支持对服务间的不确定约束关系进行建模，为衡量探索式服务组合流程与目标的逼近程度提供基础支撑。

（2）实时检测用户构建的不完备流程和已有约束间的一致性，发现存在潜在语义冲突的约束集合，为用户提供编程指导，保证用户编程的正确性。

（3）动态预测单步候选服务的收敛程度，对其进行排序并推荐给用户，以帮助其快速逼近目标，进行问题求解。

6.1.4 相关定义

6.1.4.1 抽象服务编排模板

传统的流程驱动的范型是，首先由领域专家设计完备的流程模板，其次让设计人员继续配置，最后提交给流程引擎去执行（胡海涛 2006, Casati et al. 2000）。然而，上述工作并没有考虑如何应对服务组合逻辑不确定性的问题。人工智能领域目标驱动的范型：只需要用户指定一个目标，而不需要定义一个完整的流程，可以根据资源和处理的知识将目标分解成子任务，执行协调和调度必要的功能以实现指定的目标。

在探索式服务组合环境下，用户可能知道业务逻辑的大致步骤，但又存在某些不确定的因素。因此，我们将传统的流程驱动的范型和人工智能领域目标驱动的范型结合起来，提出抽象服务编排模板。其定义如下。

定义 6.1 抽象服务编排模板：可以表示为一个四元组，即 *T*=<basicInfo, funcDesc, Activity, Transition>，其中各元素含义如下。

basicInfo 记录服务编排模板的基本信息，具体可表示为 basicInfo=<id, name, domain, creator, createTime, version>。其中，id 表示服务编排模板的唯一标识；name 表示模板名称；domain 表示所属业务领域；creator 表示创建者；createTime 表示创建时间；version 表示版本信息。

funcDesc 是组合模板的功能描述，具体包括组合模板能够解决的问题的描述信息，以及问题的关键字信息。这些信息由领域专家在创建模板时提供，用户可以根据这些信息检索满足需求的模板。

Activity 是节点的集合，节点分为活动节点和控制节点（ControlActivity）两种类型。其中，活动节点包括服务节点（ServiceActivity）和目标活动节点（GoalActivity）。控制节点包括 AND-Split、AND-Join、XOR-Split、XOR-Join、OR-Split、OR-Join 六种。

Transition 表示节点之间的变迁关系。

定义 6.2 目标活动节点：用来标识一个语义不确定的节点，可以表示为 ga=<id, basicInfo, Input, Output, Constraints, User>，其中各元素含义如下。

id 表示目标活动节点的唯一标识符。

basicInfo 表示节点的基本信息，包括节点名称、文本性描述信息等。

Input=$\{i_1, i_2, \cdots, i_m\}$，表示目标活动节点的一组输入参数，其中 i_k 为变量，

$k=1,2,\cdots,m$。对于每个 i_k，可以通过两种方式获得：①用户输入；②其他活动节点的输入或输出，此时需要指出相关活动节点的标识符和输出参数名。目标活动节点的初始输入参数 Input 可以为空。

Output=$\{o_1,o_2,\cdots,o_n\}$，表示目标活动节点的一组输出参数，其中 o_k 为变量，$k=1,2,\cdots,n$。目标活动节点的初始输出参数 Output 可以为空。

Constraints 是节点中用户对服务组合逻辑的约束信息。

User=<creator, constructor>，其中，creator 用于标识目标活动节点的创建者；constructor 用于标识目标活动节点中流程的构建者。creator 和 constructor 可以是领域专家或最终用户。

定义 6.3　目标活动节点实例：可以表示为 gaInst=<gaInstID, basicInfo, Input, Output, state, Implementation, Constraints, User>，其中各元素含义如下。

gaInstID 表示目标活动节点实例的唯一标识符。

basicInfo 表示目标活动节点实例的基本信息，包括节点实例的唯一标识符、名称、文本描述信息等。

Input=$\{i_1,i_2,\cdots,i_m\}$，表示目标活动节点的一组输入参数，其中 $i_k(k=1,2,\cdots,m)$ 为变量，i_k 可以通过两种方式获得：①用户输入；②其他活动节点的输入或输出，此时需要指出相关活动节点的标识符和输出参数名。目标活动节点的初始输入参数 Input 可以为空。

Output= $\{o_1,o_2,\cdots,o_n\}$，表示目标活动节点的一组输出参数，其中 $o_k(k=1,2,\cdots,n)$ 为变量，目标活动节点的初始输出参数 Output 可以为空。

state 表示目标活动节点的状态，state ∈ {initial, ready.running, suspended, executed, terminated, failed}，分别表示节点处于准备/就绪/执行/挂起/执行成功/结束执行/执行失败等状态,初始化状态为 initial。

Implementation=<ProcessTrackSet, ProbePointSet>，表示节点的落实，可以落实为一个有组织的流程轨迹集合，流程轨迹间通过调试点集合进行组织。

Constraints 表示节点中用户对服务组合逻辑的约束信息。

User=<creator, constructor>，其中，creator 用于标识节点的创建者；constructor 用于标识节点中流程的构建者。creator 和 constructor 可以是领域专家或最终用户。

从上述定义中可以看出，目标活动节点不同于服务节点之处主要在以下方面。

（1）目标活动节点的初始输入参数 Input 和输出参数 Output 可以为空。

（2）目标活动节点可落实为一个流程轨迹集合。每个流程轨迹可以是一个部分流程，且仍可以包含目标活动节点。而且可以在运行时动态添加流程轨迹中的节点。

（3）目标活动节点中允许用户表达对流程轨迹的约束信息。

（4）目标活动节点区分节点创建者和节点中流程的构建者两类角色。

6.1.4.2 流程轨迹

定义 6.4 流程轨迹：表示在目标活动节点内部对流程进行参数和流程结构探索时，所产生的不同版本的流程实例片段。一个流程轨迹可以表示为：processTrack=<trackID, createTime, startTime, endTime, tState, Activity, Transition, DataPocket, DataBridge>。其中，trackID 表示流程轨迹的唯一标识符；createTime、startTime、endTime 分别表示流程轨迹的创建时间、开始执行时间及结束时间；tState 表示流程轨迹的状态；Activity 表示流程中的节点集合；Transition 表示节点之间的变迁关系；DataPocket 存储流程轨迹的配置和执行结果的数据信息；DataBridge 表示流程轨迹和目标活动节点之间的输入/输出参数的配置信息。

定义 6.5 流程轨迹集合：一个目标活动节点内部产生的流程轨迹形成了一个流程轨迹集合 ProcessTrackSet。

如图 6-2 所示为目标活动节点、流程轨迹及流程轨迹集合之间的关系。从图中可以看出，每个目标活动节点都对应一个流程轨迹集合，该集合包含一个或多个流程轨迹，目标活动节点有且只有一个当前的流程轨迹 currentProcessTrack，以及零个或多个以前的流程轨迹 previousProcessTrack。

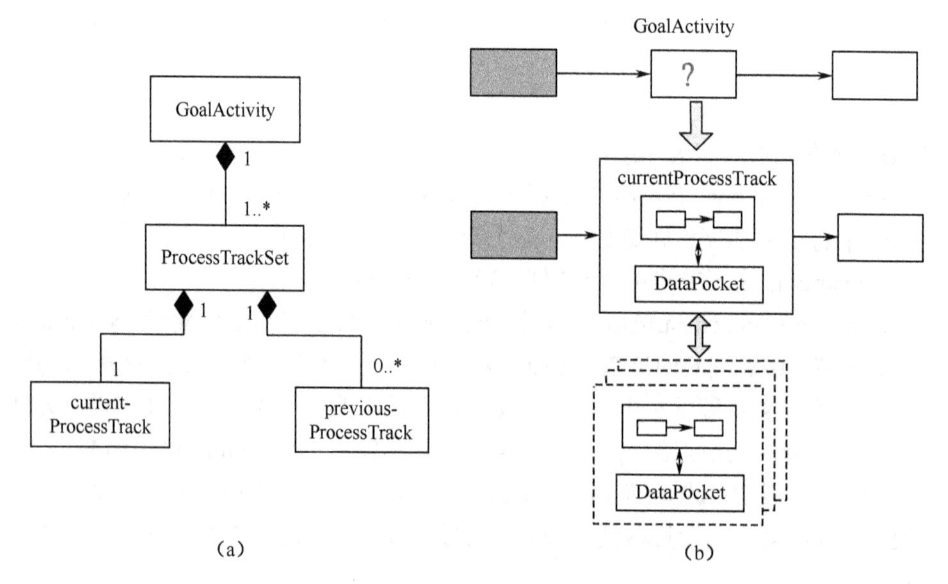

图 6-2 目标活动节点、流程轨迹及流程轨迹集合之间的关系

6.1.4.3　调试点

重新执行那些已执行且未发生改变的流程片段将导致大量的时间和资源浪费。为了减少数据冗余，提高流程构建效率，用户可以通过“调试点”及其添加和删除操作来对已执行的流程片段进行增量调试。

为了便于理解调试点的概念，下面先给出流程轨迹之间直接派生关系的相关定义和性质。

定义 6.6　活动节点 a 的可达流程片段：在流程轨迹 pt 中，若 PF 是由从节点 a 可达的服务实例（包括节点 a）及实例之间的变迁关系组成的流程片段，则称 PF 是活动节点 a 的一个可达流程片段。

定义 6.7　相同的可达流程片段：假设存在两个流程片段 $\mathrm{PF_1}$ 和 $\mathrm{PF_2}$，分别表示流程轨迹 $\mathrm{pt_1}$ 和 $\mathrm{pt_2}$ 中开始节点 a 的可达流程片段，若满足下列两个条件，则称 $\mathrm{PF_1}$ 和 $\mathrm{PF_2}$ 是相同的，记为 $\mathrm{PF_1 \equiv PF_2}$。

（1）对 $\forall a_2 \in \mathrm{PF_2}$.Activity，$\exists a_1 \in \mathrm{PF_1}$.Activity，且 a_1 和 a_2 相同，包括基本信息、输入/输出参数及参数值、实现等信息完全相同，且状态都是 executed。

（2）对 $\forall t_2 \in \mathrm{PF_2}$.Transition，$\exists t_1 \in \mathrm{PF_1}$.Transition，且 t_1 和 t_2 相同，包括源节点、目标节点及节点之间的数据映射关系等完全相同。

定义 6.8　最大相同的可达流程片段：假设存在流程片段 $\mathrm{PF_1}$ 和 $\mathrm{PF_2}$，分别表示流程轨迹 $\mathrm{pt_1}$ 和 $\mathrm{pt_2}$ 中开始节点 a 的可达流程片段，且 $\mathrm{PF_1 \equiv PF_2}$，若不存在 $\mathrm{PF_3}$ 和 $\mathrm{PF_1'}$ 分别表示流程轨迹 $\mathrm{pt_3}$ 和 $\mathrm{pt_1}$ 中开始节点 a 的可达流程片段，且 $\mathrm{pt_3 \neq pt_2}$，$\mathrm{PF_1' \neq PF_1}$，$\mathrm{PF_3 \equiv PF_1'}$，$\mathrm{PF_1'}$.Activity 中活动节点的个数 $|\mathrm{PF_1'.Activity}|$ 多于 $\mathrm{PF_1}$.Activity 中活动节点的个数 $|\mathrm{PF_1.Activity}|$，则称 $\mathrm{pt_1}$ 和 $\mathrm{pt_2}$ 有最大相同的可达流程片段 $\mathrm{PF_1}$ 或 $\mathrm{PF_2}$。

定义 6.9　流程轨迹之间的直接派生关系：对于两个流程轨迹 $\mathrm{pt_1}$ 和 $\mathrm{pt_2}$，如果 $\mathrm{pt_1}$ 和 $\mathrm{pt_2}$ 之间满足下列规则，则称 $\mathrm{pt_1}$ 和 $\mathrm{pt_2}$ 之间满足直接派生关系 dr，且 $\mathrm{pt_1}$ 为父流程轨迹，$\mathrm{pt_2}$ 为子流程轨迹，记为 $(\mathrm{pt_1}, \mathrm{pt_2}) \in \mathrm{dr}$。

（1）$\mathrm{pt_1}$ 和 $\mathrm{pt_2}$ 都属于同一个目标活动节点 ga 的流程轨迹集合 ProcessTrackSet。

（2）假设存在两个流程片段 $\mathrm{PF_1}$ 和 $\mathrm{PF_2}$，分别表示 $\mathrm{pt_1}$ 和 $\mathrm{pt_2}$ 中开始节点的可达流程片段，$\mathrm{PF_1 \equiv PF_2}$，且 $\mathrm{pt_1}$ 和 $\mathrm{pt_2}$ 有最大相同的可达流程片段 $\mathrm{PF_1}$（或 $\mathrm{PF_2}$）。

定义 6.10　调试点：调试点 ProbePoint 是对已执行的流程轨迹进行调试时，新、旧流程轨迹之间联系的纽带。它可以表示为<probePointID, currentTrackID, parentTrackID, nodeInstID, PreList, PostList>，其中，probePointID 表示调试点的唯一标识符；currentTrackID 表示新产生的流程轨迹的唯一标识符；parentTrackID

表示旧的流程轨迹的唯一标识符，且(parentTrackID, currentTrackID)∈dr，即新、旧流程轨迹之间满足直接派生关系；nodeInstID 表示在旧的流程轨迹上添加调试点的节点位置；PreList 表示添加调试点后，需要在原来的流程轨迹中删除的活动节点集合；PostList 表示添加调试点后，需要在新生成的流程轨迹中建立的新的活动节点集合。

6.1.5 编程操作

6.1.5.1 操作的分类

根据操作的主体不同，编程操作分为用户编程操作和系统支撑操作两类。其中，用户编程操作包括动态变更类操作、动态控制类操作两类。动态变更类操作按照操作的对象不同可以分为对服务编排模板、服务编排流程实例、节点、边、流程轨迹及流程轨迹集合的操作；动态变更类操作按照操作的动作类型可以分为创建型操作、删除型操作、修改型操作，具体如表 6-1 所示。系统支撑操作包括获取流程上下文信息的操作、一致性验证操作及收敛保障操作三类，具体如表 6-2 所示。

表 6-1 用户编程操作集合

动态变更类操作				
操作对象		操作	操作符号	操作描述
服务编排模板		创建	newTemplate	新建服务编排模板
		删除	deleteTemplate	删除服务编排模板
		修改	configTemplate	配置服务编排模板的属性信息
服务编排流程实例		创建	newProcess	新建服务编排流程实例
			instantiateTemplate	实例化服务编排模板
		删除	deleteProcess	删除服务编排流程实例
		修改	configProcess	配置服务编排流程实例的属性信息
节点	活动节点	创建	addActivity	新建活动节点，若新建的是目标活动节点，会引发 newProcessTrack 及 setCurrentProcessTrack 操作
		删除	deleteActivity	删除活动节点，若删除的是目标活动节点，会引发 deleteProcessTrack 操作
		修改	configActivity	配置活动节点的属性信息
			assignUser	设置目标活动节点的创建者或构建者信息

续表

动态变更类操作				
操作对象		操作	操作符号	操作描述
节点	活动节点	修改	selectAs(V,p)具体包括： selectAs(OutputVariables,Inputs) selectAs(InputVariables,Outputs)	根据 DataField 中的变量集合建立目标活动节点的输入参数和输出参数，再建立目标活动节点和其他活动节点之间的数据映射关系
节点	活动节点	修改	map(v,u)具体包括： map(Inputs,InputParas) map(Outputs,OutputParas)	建立目标活动节点的输入、输出和流程轨迹的 DataPocket 之间的数据关联
节点	活动节点	修改	setConstraints (ga, type, expression)	设置目标活动节点中的约束，包括关键节点和关键边的约束信息
节点	控制节点	创建	addControlActivity	新建控制节点
节点	控制节点	删除	deleteControlActivity	删除控制节点
节点	控制节点	修改	configControlActivity	配置控制节点
边		创建	addTarnsition	新建节点之间的变迁关系
边		删除	deleteTransition	删除节点之间的变迁关系
边		修改	configTransition	配置节点之间的变迁关系
流程轨迹		创建	newProcessTrack	在目标活动节点内新建流程轨迹
流程轨迹		删除	deleteProcessTrack	在目标活动节点内删除流程轨迹
流程轨迹		修改	configProcessTrack	配置目标活动节点内流程轨迹的基本属性
流程轨迹集合		创建	addProbePoint	在已执行的流程轨迹上添加调试点，会引发 newProcessTrack 操作
流程轨迹集合		删除	deleteProbePoint	删除调试点，会引发 deleteProcessTrack 操作
流程轨迹集合		修改	setCurrentProcessTrack	将流程轨迹设置为目标活动节点当前呈现的流程轨迹

动态控制类操作		
操作对象	操作符号	操作描述
流程实例	Execute	执行流程实例
流程实例	endProcess	终止流程实例
流程实例	Pause	暂停流程实例的执行
流程轨迹	endProcessTrack	结束执行流程轨迹

表 6-2　系统支撑操作集合

获取流程上下文信息的操作		
操作对象	操作符号	操作描述
流程实例	getState(pi)	获得流程实例的状态
活动节点	getState(a)	获得活动节点的状态

续表

获取流程上下文信息的操作		
操作对象	操作符号	操作描述
活动节点	getResult(*a*)	获得活动节点的执行结果
	isGoalActivity(*a*)	判断活动节点是否是目标活动节点
流程轨迹	getGoalActivity(pt)	获得流程轨迹所在的目标活动节点
	getParentProcessTrack(pt)	获得流程轨迹的父流程轨迹
	getChildProcessTracks(pt)	获得流程轨迹的所有子流程轨迹
	getProbePoint(pt)	获得流程轨迹对应的调试点
一致性验证操作		
操作对象	操作符号	操作描述
流程实例	ConsistencyVerification	检测当前流程实例和约束模型之间的一致性
	returnConflicts	根据冲突的类型从验证结果中得到导致此类型冲突的约束集合
收敛保障操作		
操作对象	操作符号	操作描述
流程实例	predictConvergenceDegree	预测当前流程实例和用户目标之间的收敛程度
	getCacheRecommendationList	根据流程的创建者、源服务、目标服务、推荐方向，以及服务间的行为约束类型是直接的还是间接的，从推荐缓冲池中选取服务，并根据收敛程度对候选服务进行排序
	getRecommendedBSList	如果推荐缓冲池中不存在服务，则需要重新计算推荐列表

6.1.5.2 操作的语法和语义

由于篇幅所限，不能对操作逐个进行介绍，下面主要给出与目标活动节点相关的操作（表 6-1 中灰色区域标记的操作）的语法和语义。

1. newProcessTrack 操作

newProcessTrack 操作用于在目标活动节点上新建一个流程轨迹。

操作 6.1 newProcessTrack:新建流程轨迹操作记为 newProcessTrack(ga,pt)，其中，ga 为目标活动节点实例；pt 为流程轨迹。根据流程轨迹的定义，不妨设 pt =< trackID, createTime, startTime, endTime, tState, Activity, Transition, DataPocket, DataBridge >，其中：

（1）tState=ready，表示当前流程轨迹处于就绪状态。

（2）Activity、Transition 及 DataBridge 在初始时都为空。

新建流程轨迹操作的结果是，在 ga 的 Implementation 对应的流程轨迹集合 ptSet 中增加新的流程轨迹 pt，变为 ptSet∪{pt}，ga 的状态也置为 ready。

2. deleteProcessTrack 操作

deleteProcessTrack 操作用于在目标活动节点实例的流程轨迹上删除一个已有的流程轨迹。

操作 6.2　deleteProcessTrack：删除流程轨迹操作记为 deleteProcessTrack(ga, pt)。删除流程轨迹操作的结果是，在 ga 的 Implementation 对应的流程轨迹集合 ptSet 中删除流程轨迹 pt，变为 ptSet−{pt}。在删除过程中，需要删除该流程轨迹中的活动节点、变迁关系和数据映射关系等信息。

3. configProcessTrack 操作

configProcessTrack 操作用于配置流程轨迹的信息，包括在流程轨迹上添加、删除及配置活动节点和边，以及配置流程轨迹和目标活动节点间的数据映射关系。

操作 6.3　configProcessTrack：配置流程轨迹操作记为 configProcessTrack(ga,pt)。pt 在配置操作后变为 pt′，可以表示为 $pt'=f(pt)$，其中 f 是一系列操作的集合，$f \subseteq$ {addActivity, deleteActivity, configActivity, addTransition, deleteTransition, configTransition,map}，通过添加、删除及修改活动节点和边对流程轨迹进行配置，map 表示建立流程轨迹和目标活动节点间的数据映射关系。

假设 Start(pt)表示 pt 中的开始节点集合，End(pt)表示 pt 中的结束节点集合，$|\text{Start(pt)}|$ 和 $|\text{End}(\text{pt})|$ 分别表示开始节点和结束节点的数量；Before(ga) $=\{a_1,a_1,\cdots,a_m\}$ 表示 ga 的前驱节点集合，其中 a_m 为 ga 的直接前驱节点；After(ga) $=\{b_1,b_1,\cdots,b_n\}$ 表示 ga 的后继节点集合，其中 b_1 为节点 ga 的直接后继节点，则对 pt 进行配置时需要满足下列规则。

（1）若 $|\text{Start}(\text{pt})|=1$，则 a_m 和 ga 中的开始节点之间为顺序执行关系。

（2）若 $|\text{Start}(\text{pt})|>1$，则 a_m 和 ga 中的开始节点之间只能为 AND-Split 分支关系。

（3）若 $|\text{End}(\text{pt})|=1$，则 b_1 和 ga 中的结束节点之间为顺序执行关系。

（4）若 $|\text{End}(\text{pt})|>1$，则 b_1 和 ga 中的结束节点之间只能为 AND-Join 分支关系。

通过上述规则的限定，可以防止流程轨迹配置时不合法情况（见图 6-3）的出现。

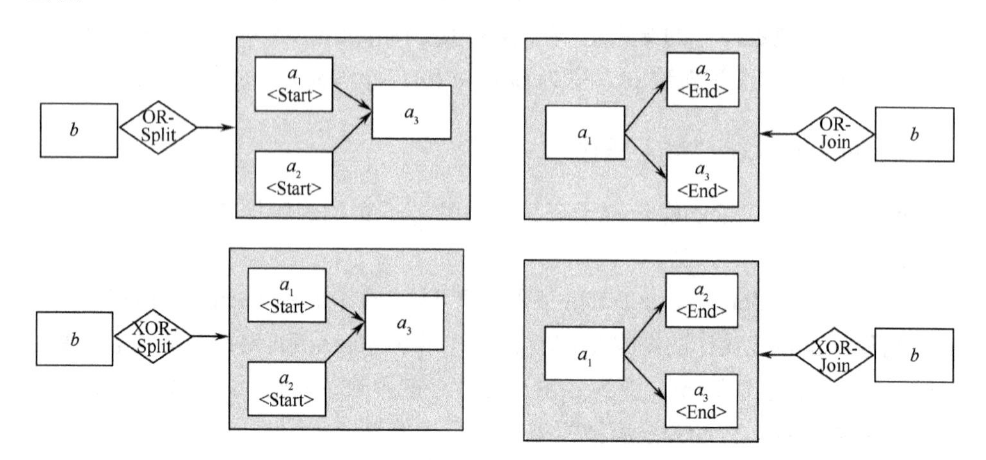

图 6-3 目标活动节点内不合法的流程结构

4. endProcessTrack 操作

endProcessTrack 操作用于终止一个流程轨迹的构建。

操作 6.4 endProcessTrack：终止流程轨迹操作记为 endProcessTrack(ga,pt)，设 pt=<trackID,createTime,startTime,endTime,tState,Activity,Transition,DataPocket,DataBridge>。终止流程轨迹操作必须满足 tState=executed 且流程轨迹和目标间的距离为 0。该操作的结果是 tState 由 executed 变为 terminated。

5. setCurrentProcessTrack 操作

setCurrentProcessTrack 操作用于将一个流程轨迹设置为目标活动节点实例当前呈现的流程轨迹。

操作 6.5 setCurrentProcessTrack：设置当前流程轨迹操作记为 setCurrentProcessTrack(ga,pt)。不妨设目标活动节点实例 ga=<id,basicInfo,Input,Output,state>。该操作会导致出现下列结果。

（1）Implementation 的流程轨迹集合中的 currentProcessTrack 为 pt，目标活动节点当前呈现的流程轨迹将置为 pt。

（2）state = getState(pt)，更新目标活动节点的状态为流程轨迹 pt 的状态，pt 的状态通过操作 getState(pt) 得到。

6. addActivity 操作

addActivity 操作用于在服务编排模板或流程轨迹上添加活动节点。

操作 6.6　addActivity：添加活动节点操作记为 $\text{addActivity}(c,a)$。其中，c 为服务编排模板实例或流程轨迹；a 为业务服务节点、控制节点或目标活动节点。若满足下列条件之一，则可以添加活动节点。

（1）c 是服务编排模板实例，且其状态为 ready。

（2）c 是流程轨迹，且其状态不是 executed 和 terminated。

该操作会导致出现下列结果。

（1）初始化活动节点 a。

（2）若 a 是目标活动节点，则该操作会导致出现下列结果。

① newProcessTrack(a,pt)，在目标活动节点 a 中新建流程轨迹 pt。

② setCurrentProcessTrack(a,pt)，将 pt 设为 a 当前呈现的流程轨迹。

③ 若 a 中已存在流程轨迹集合 ptSet，则在 ptSet 中增加了新的流程轨迹 pt；否则，新建一个流程轨迹集合 ptSet，且 ptSet={pt}。

7. deleteActivity 操作

deleteActivity 操作用于在服务编排模板或流程轨迹上删除活动节点。

操作 6.7 deleteActivity：删除活动节点操作记为 $\text{deleteActivity}(c,a)$。其中，$c$ 为服务编排模板实例或流程轨迹；a 为业务服务节点、控制节点或目标活动节点。若满足下列条件之一，则可以删除活动节点。

（1）c 是服务编排模板实例且其状态为 ready，并且 a 的状态为 ready。

（2）c 是流程轨迹且其状态不是 terminated，并且 a 的状态为 ready。

该操作会导致出现下列结果。

（1）若 a 是目标活动节点，则对于 a 的流程轨迹集合 ptSet 中的任意一个流程轨迹 pt，通过 deleteProcessTrack(a,pt)进行删除。

（2）删除活动节点 a。

（3）若 c 是流程轨迹，则需要更新 c 的状态。

8. assignUser 操作

assignUser 操作用于设置目标活动节点的创建者或目标活动中流程轨迹的构建者的信息。

操作 6.8　assignUser：设置目标活动节点的用户信息操作记为 assignUser

(ga,type,name)，其中各元素含义如下。

（1）ga 为目标活动节点。

（2）type 为用户的类型，type $\in$ {creator,constructor}。其中，creator 用于标识目标活动节点的创建者；constructor 用于标识目标活动节点中流程的构建者。

（3）name 为具体用户的名字。

9. selectAs 操作

selectAs 操作用于根据服务编排模板实例的数据缓冲池 DataField 或流程轨迹的 DataBridge 中的变量集合来定义目标活动节点的输入参数和输出参数。

操作 6.9 selectAs：设置目标活动节点的输入参数和输出参数操作记为 selectAs(V,p)。假设 Before(ga)表示 ga 在顶层服务编排模板实例 wt 中或在流程轨迹 pt 中的前驱节点集合；After(ga)表示 ga 的后继节点集合，则有如下结果。

（1）若 p 为 ga 的输入参数，则 V 可取值为 Before(ga)中活动节点的输入参数集合或输出参数集合，且可以通过在 V 中进行选取来设定 p 的值。

（2）若 p 为 ga 的输出参数，则 V 可取值为 After(ga)中活动节点的输入参数集合，且可以通过在 V 中进行选取来设定 p 的值。

10. map 操作

map 操作用于建立目标活动节点和其他活动节点之间，以及目标活动节点和当前流程轨迹的输入/输出参数之间的数据映射关系。

操作 6.10 map：设置映射关系操作记为 map(u,v)。假设 ga 为目标活动节点，pt 为 ga 中的当前流程轨迹，则设置映射关系操作包括以下两种情况。

（1）建立 ga 和其他已有活动节点的输入/输出参数间的数据映射关系，映射结果存于 ga 所在的流程实例的 DataField 中，或者 ga 所在的流程轨迹的 DataBridge 中。

（2）建立 ga 的输入/输出参数和 pt 在 DataPocket 中存储的输入/输出参数之间的数据映射关系，映射结果存于 pt 的 DataBridge 中。

11. setConstraints 操作

setConstraints 操作用于设置目标活动节点实例中对服务组合逻辑的约束信息。

操作 6.11 setConstraints：设置约束信息操作记为 setConstraints (ga,type,expression)。其中各元素含义如下。

（1）ga 为目标活动节点。

（2）type 为约束的类型，可以是一元约束关系、二元约束关系或复合约束关系；$\text{type} \in \{\text{UnaryConstraint}, \text{BinaryConstraint}, \text{CompositeConstraint}\}$。

（3）expression 为约束表达式，可以进行如下递归定义。

① 可以是原子约束表达式。

② 若 X 和 Y 是约束表达式，则 $X\theta Y$ 也是约束表达式，θ 可以是 $\neg$、$\wedge$、$\vee$、$\Rightarrow$。

12. configActivity 操作

configActivity 操作用于在服务编排模板实例或流程轨迹上替换或修改活动节点的语义。

操作 6.12 configActivity：配置活动节点操作记为 $\text{configActivity}(c,a)$。其中，$c$ 为服务编排模板实例或流程轨迹；a 为业务服务节点或目标活动节点。若满足下列条件之一，则可以对活动节点进行配置。

（1）c 是服务编排模板实例，且其状态不是 executed；a 是业务服务节点，且其状态不是 running 或 executed。

（2）c 是流程轨迹，且其状态不是 terminated；a 是业务服务节点，且其状态不是 running 或 executed。

该操作会导致出现下列结果。

（1）修改活动节点的基本属性信息，包括活动名称、类型、参数值、实现方式等。

（2）若 a 是业务服务节点，则有如下结果。

① 若 a 的状态 $\text{state} = \text{suspended\_0}$，且配置之后 a 的输入参数有值，则 state=ready。

② 若 a 的状态 $\text{state} = \text{suspended\_1}$，且配置之后 a 有具体绑定的 Web 服务，则 state=ready。

（3）若 a 是目标活动节点，则其配置操作可能包含以下方面的信息。

① selectAs(V, p)，设置目标活动节点的输入参数和输出参数。

② $\text{map}(u,v)$，建立目标活动节点和其他活动节点之间，以及目标活动节点和当前流程轨迹的输入/输出参数之间的数据映射关系。

③ setConstraints(ga,type,expression)，设置目标活动节点中对服务组合逻辑的约束信息。

④ $\text{configProcessTrack}(\text{ga}, \text{pt})$，配置目标活动节点中流程轨迹的信息。

13. addProbePoint 操作

addProbePoint 操作用于在流程轨迹的活动节点上添加调试点。

操作 6.13 addProbePoint：添加调试点操作记为 $\text{addProbePoint}(\text{pt}, a, \text{pp})$。其中，pt 为流程轨迹；$a$ 为活动节点；pp 为调试点。设 ga 为 pt 所在的目标活动节点。只有满足条件：pt 的状态不是 terminated，并且 a 的状态为 executed，才允许添加调试点。

该操作会导致出现下列结果。

（1）$\text{newProcessTrack}(\text{ga}, \text{pt}')$，在 ga 中生成新的流程轨迹 pt′。

（2）$\text{setCurrentProcessTrack}(\text{ga}, \text{pt}')$，将 pt′ 设置为 ga 当前呈现的流程轨迹。根据流程轨迹的定义，不妨设 $\text{pt} = \langle \text{trackID}, \text{createTime}, \text{startTime}, \text{endTime}, \text{tState}, \text{Activity}, \text{Transition}, \text{DataPocket}, \text{DataBridge} \rangle$，则有如下结果。

① $\text{tState} = \text{ready}$ 表示当前流程轨迹处于就绪状态。

② 假设 PF 表示 pt 中节点 a 可达的流程片段，则 $\forall b \in \text{PF.Activity}$，$\exists b_i \in \text{pt}'$，使得 $b_i = \text{clone}(b)$；$\forall t \in \text{PF.Transition}$，$\exists t_i \in \text{pt}'$，使得 $t_i = \text{clone}(t)$。通过克隆操作（clone）由节点 b 生成 b_i，b_i 和 b 的不同之处主要在于以下方面。

- 活动节点实例 id 是新生成的。
- 若节点状态为 executed，则由 executed 变为 ready。
- 输入和输出参数的值被清空。

通过克隆操作生成的变迁关系 t_i 和 pt 中的变迁关系 t 完全相同，即活动的参数之间的数据映射关系保持不变。

（3）$\text{newProbePoint}(\text{pp})$，生成一个调试点，根据调试点的定义，设 pp=<probePointID,currentTrackID,parentTrackID,nodeInstID,PreList,PostList>，其中，currentTrackID= pt′.trackID；parentTrackID=pt.trackID；nodeInstID=a.id。

① PreList 中记录流程轨迹 pt 中删除的活动节点的 id 列表。

② PostList 中记录流程轨迹 pt′ 中新生成的活动节点的 id 列表。

14. deleteProbePoint 操作

deleteProbePoint 操作用于删除流程轨迹间的调试点。

操作 6.14 deleteProbePoint：删除调试点操作记为 deleteProbePoint(pp)。其中，pp 为目标活动节点 ga 中的流程轨迹 pt 和 pt′ 之间的调试点，它是在 pt 的节点 a 上添加的，添加后产生了新的流程轨迹 pt′，即 getParentProcessTrack(pt′)=pt。只有满足条件：pt′ 的状态不是 terminated 或 running，才允许删除调试点。

该操作会导致出现下列结果。

（1）setCurrentProcessTrack(ga,pt)，更改 ga 当前呈现的流程轨迹为 pt。

如果 pt′ 存在子流程轨迹，则对于任意一个子流程轨迹 pt′，更新与其之间的调试点 pp′ 的相关信息。具体包括以下方面。

① 更新调试点 pp′ 的 parentTrackID 为 pt。

② 将 PreList 修改为 pp 的 PreList。

③ 对于 $\forall x \in \text{pp.PostList}$，若 $\exists x' = \text{clone}(x)$ 且 $x' \in \text{pp}'.\text{PostList}$，则将 $(\text{pp.PostList} - \{x\}) \cup \{x'\}$ 的结果赋值给 $\text{pp}'.\text{PostList}$。

（2）删除调试点 pp。

（3）删除流程轨迹 pt′。

6.1.5.3　操作的性质

在进行添加和删除调试点操作后，同一目标活动节点实例中的流程轨迹仍能满足 6.1.4.3 节中的直接派生关系。

性质 6.1　在目标活动节点实例 ga 的某个流程轨迹 pt 的一个已执行活动节点 b 上进行添加调试点的操作后，ga 中的流程轨迹仍满足定义 6.9 中的直接派生关系。

证明：由上述添加调试点的操作过程可以看出，新生成的流程轨迹 pt′ 和 pt 都属于 ga 的流程轨迹集合，pt′ 和 pt 间存在一个从开始节点到 b 已执行的相同流程片段 PF，而且其他流程轨迹和 pt′ 之间没有相同的、开始节点可达的流程片段 PF′，同时 PF′ 包含的活动节点实例数比 PF 更多，由定义 6.9 可知满足直接派生关系，得证。

性质 6.2　假设 pp 是目标活动节点实例 ga 中的流程轨迹 pt 和 pt′ 之间的调试点，并且 pt 是 pt′ 的父流程轨迹，则施加删除调试点 pp 的操作后，ga 中的流程轨迹仍满足定义 6.9 中的直接派生关系。

证明：由上述删除调试点的操作过程可以看出，删除调试点 pp 的同时也删除了流程轨迹 pt′。对于 pt′ 的任意一个子流程轨迹 pt″，重新建立和 pt 之间的关联关系。由于 pt″ 和 pt 都属于 ga 的流程轨迹集合，pt″ 和 pt 之间存在一个从开始节点到 b 的已执行的相同流程片段，即 PreList 中的节点对应的流程片段。而且 pt″ 只有一个父节点 pt，即其他流程轨迹和 pt″ 之间没有相同的、开始节点可达的流程片段，同时该流程片段包含的节点实例数比 PreList 更多，由定义 6.9 可知满足直接派生关系，得证。

6.2 服务方案运行时演化的性质验证

在探索式服务方案运行时演化过程中，由于存在服务组合逻辑的不确定性，最终用户经常需要对流程实例进行修改，如增加、删除或更新活动节点等。用户的变更操作可能导致出现语义冲突。随着流程规模及服务行为约束数量的增加，语义冲突问题会更加严重。为了避免在构造或运行时出现语义冲突，需要给出一种探索式服务编排流程的一致性验证机制，以检测用户构建的临机逻辑和系统中的预置逻辑是否无矛盾、可相容。在一致性验证过程中，除了要保证与领域业务约束的一致性，还需要保证与用户定义的目标的一致性。然而，由于用户的思维具有发散性，用户探索可能偏离预期的目标。因此，需要一种收敛保障机制，以保障用户探索过程朝用户目标收敛。

因此，本节重点关注下述问题：如何实时检测用户构建的不完备流程与约束间的一致性，以保证用户编程质量？

在探索过程中，由于用户编排的服务组合流程的不完备性，服务组合往往呈现“最终一致性”，即虽然在中间过程中呈现不一致状态，但在应用运行结束时可以最终达到一致状态。这对临机逻辑和预置逻辑的一致性验证提出了更高要求：不仅需要验证两者之间是否一致，还需要对不一致的状态进行细粒度区分，为用户提供精确的反馈指导。具体问题包括：如何定义和度量不完备流程与服务行为约束间的一致性？如何保证变更后的流程满足一致性？如何对验证结果中的不一致情况进行分析并给出处理策略？

为了检测临机逻辑和预置逻辑的一致性，本节给出了一致性的定义，探讨了一致性验证结果的多值性特点，并提出了基于LTL和自动机的一致性验证方法，用于求解不完备的服务组合流程的一致性问题，还对验证结果中的不一致情况进行了分析、给出了处理策略，以便指导用户进行修正。

6.2.1 临机逻辑和预置逻辑一致性的定义

定义 6.11 临机逻辑：临机逻辑是指运行阶段某一时刻的服务方案实例，包括节点和变迁关系等信息，记为π。

定义 6.12　预置逻辑：预置逻辑包括用户目标约束（包括领域专家制定的抽象服务编排模板和最终用户在目标活动节点内定义的关键点及关键边约束）及领域业务约束两部分，可以看作服务行为约束模型的一个子集。

定义 6.13　临机逻辑和用户目标约束的一致性：如果临机逻辑π和用户需求目标的强制性约束C_{Mg}是无冲突的，则称π是满足用户目标约束一致性的，记为$f\left(\pi, C_{\mathrm{g}}\right)=\text{true}$。假设$C_{\mathrm{Mg}}=C_{\mathrm{P}} \cup C_{\prec}$，其中，$C_{\mathrm{P}}$表示关键点的约束，$C_{\prec}$表示关键边的约束，$S$表示$\pi$中节点的集合，$T$表示$\pi$中边的集合，则临机逻辑$\pi$同时满足以下条件时，称$\pi$是用户目标约束一致的。

（1）$\forall p_i \in C_{\mathrm{P}}$，$p_i=\text{Always}-\text{Exist}-\text{Globally}\left(a_m\right)$，$\exists b_j \in S$，使得$b_j=a_m$。

（2）$\forall x_i \in C_{\prec}$，$\exists t_j \in T$，使得$t_j=x_i$。

定义 6.14　临机逻辑和领域业务约束的一致性：如果临机逻辑π和服务超链集合中强制性的约束C_{Mb}是无冲突的，则称π是满足领域业务约束一致性的，记为$f\left(\pi, C_{\mathrm{b}}\right)=\text{true}$。若$S$表示$\pi$中节点的集合，$T$表示$\pi$中边的集合，$\forall s_i \in S$，以$s_i$为源节点或目标节点的强制性约束集合记为$C_{\mathrm{Mb}}$，则临机逻辑$\pi$满足以下条件时，称$\pi$是领域业务约束一致的。

（1）对于$\forall a, b \in S$，需要满足下列原子约束。

① 若在C_{Mb}中$(a, b) \in R_{21}$，则$(a, b) \in T$，且从a到b的边的长度为 1，记为$|(a, b)|=1$。

② 若在C_{Mb}中$(a, b) \in R_{22}$，则$(b, a) \in T$，且从b到a的边的长度为 1，记为$|(b, a)|=1$。

③ 若在C_{Mb}中$(a, b) \in R_{23}$，则$(a, b) \in T$，且从a到b的边的长度大于 1，记为$|(a, b)|>1$。

④ 若在C_{Mb}中$(a, b) \in R_{24}$，则$(b, a) \in T$，且从b到a的边的长度大于 1，记为$|(b, a)|>1$。

⑤ 若在C_{Mb}中$(a, b) \in R_{29}$，且$S' \subseteq S$，S'为b节点的前驱节点集合，则$a \notin S'$。

⑥ 若在C_{Mb}中$(a, b) \in R_{20}$，且$S' \subseteq S$，S'为b节点的后继节点集合，则$a \notin S'$。

（2）需要满足复合约束：对服务超链集合中的行为约束关系进行推理后无矛盾。

定义 6.15　临机逻辑和预置逻辑的一致性：当临机逻辑π同时满足以下条件时，称π满足预置逻辑，记为$f\left(\pi, C_{\mathrm{g}} \cup C_{\mathrm{b}}\right)=\text{true}$。

（1） $f(\pi, C_g) = \text{true}$。

（2） $f(\pi, C_b) = \text{true}$。

很多情况下，验证的结果不是二值的（一致与否），而是具有多值性的。如果能对验证的结果有一个更细粒度的划分，甚至对其进行量化，将有助于用户针对不同程度的一致或不一致情况采用相应的处理策略。

按照临机逻辑和预置逻辑一致性的不同程度，可将其分为以下三类。

（1）一致性：若临机逻辑满足服务行为约束模型中的所有强制性约束，则称二者满足一致性。

（2）弱不一致性：若临机逻辑不满足服务行为约束模型中所有强制性的约束，但可以通过继续添加节点使其变成一致的，则称二者满足弱不一致性。

（3）强不一致性：若临机逻辑不满足服务行为约束模型中所有强制性的约束，且必须通过删除流程中的现有节点才能保持其一致性，则称二者满足强不一致性。

通过上述对不一致性情况的分析，我们借鉴曲线拟合及流程相似性度量方面的思想，给出临机逻辑和预置逻辑一致性验证结果的量化定义。

定义 6.16 用户目标约束的拟合度：表示临机逻辑 π 和强制性用户目标约束 C_g 的吻合情况，可表示为 $f(\pi, C_g) = t_{11} \times \frac{X_M}{|P_M|} + t_{12} \times \frac{Y_M}{|\prec_M|}$。其中，$P_M$ 表示必须满足的关键点的数量；X_M 表示当前流程轨迹中从开始节点可达的路径中包含的关键点的数量；$|\prec_M|$ 表示必须满足的关键边的数量；Y_M 表示当前流程轨迹中从开始节点可达的路径中包含的关键边的数量；t_{11} 和 t_{12} 表示权值，满足约束：$t_{11} > 0$，$t_{12} > 0$，$t_{11} + t_{12} = 1$。如果 $f(\pi, C_g) = 1$，则临机逻辑 π 和用户目标约束 C_g 是一致的。

定义 6.17 领域业务约束的拟合度：表示临机逻辑 π 和强制性领域业务约束 C_b 的吻合情况，可以表示为 $f(\pi, C_b) = t_{21} \times \frac{M_1}{|N_1|} + t_{22} \times \frac{M_2}{|N_2|} + t_{23} \times \frac{M_3}{|N_3|}$。其中，$|N_1|$ 表示 C_b 中 R_{22} 和 R_{24} 类型的服务行为约束的数量；M_1 表示临机逻辑中满足 N_1 约束的数量；$|N_2|$ 表示 C_b 中 R_{21} 和 R_{23} 类型的服务行为约束的数量；M_2 表示临机逻辑中满足 N_2 约束的数量；$|N_3|$ 表示 C_b 中 R_{29} 和 R_{20} 类型的服务行为约束的数量；M_3 表示临机逻辑中满足 N_3 约束的数量；t_{21}，t_{22} 和 t_{23} 是权值，满足约束：$t_{23} > t_{22} > t_{21} > 0$，$t_{21} + t_{22} + t_{23} = 1$。

定义 6.18 临机逻辑和预置逻辑一致性验证的结果：对于任意一个 $\pi \in \varepsilon^*$，有如下定义。

（1）若 $d\left(\pi, C_{\mathrm{g}} \cup C_{\mathrm{b}}\right)=0$，则临机逻辑和预置逻辑完全一致。

（2）若 $d\left(\pi, C_{\mathrm{g}} \cup C_{\mathrm{b}}\right) \neq 0$ 且 $f\left(\pi, C_{\mathrm{g}}\right)=1$，则临机逻辑和预置逻辑满足用户目标约束的一致性。

（3）若 $d\left(\pi, C_{\mathrm{g}} \cup C_{\mathrm{b}}\right) \neq 0$ 且 $f\left(\pi, C_{\mathrm{g}}\right)<1$，则临机逻辑和预置逻辑不满足用户目标约束的一致性。

（4）若 $d\left(\pi, C_{\mathrm{g}} \cup C_{\mathrm{b}}\right) \neq 0$ 且 $f\left(\pi, C_{\mathrm{b}}\right)=1$，则临机逻辑和预置逻辑满足领域业务约束的一致性。

（5）若 $d\left(\pi, C_{\mathrm{g}} \cup C_{\mathrm{b}}\right) \neq 0$ 且 $f\left(\pi, C_{\mathrm{b}}\right)<1$，则临机逻辑和预置逻辑不满足领域业务约束的一致性，且可以细分为以下情况。

① 若 $\frac{M_3}{\left|N_3\right|} \neq 1$，则临机逻辑和预置逻辑为强不一致（strong inconsistency）。

② 若 $\frac{M_3}{\left|N_3\right|}=1$ 且 $\frac{M_2}{\left|N_2\right|} \neq 1$，则临机逻辑和预置逻辑为反向弱不一致（backward weak inconsistency）。

③ 若 $\frac{M_3}{\left|N_3\right|}=1$，$\frac{M_2}{\left|N_2\right|}=1$ 且 $\frac{M_1}{\left|N_1\right|} \neq 1$，则临机逻辑和预置逻辑为正向弱不一致（forward weak inconsistency）。

一致性验证的结果是由强制性约束的状态来决定的，与可选性约束的状态无关。

随着流程的构建和执行，每个约束的状态也在不断变化。下面给出约束状态的定义。

定义 6.19　预置逻辑满足一个服务行为约束：如果预置逻辑 π 和服务行为约束 c 之间的关系可以通过一个函数 $h: \varepsilon^* \rightarrow \{\text{true}, \text{false}\}$ 来定义，对于 $\pi \in \varepsilon^*$，有如下结论。

(1) 若 $h(\pi)=\text{true}$，则称预置逻辑 π 满足约束 c，表示为 $\pi \models c$。

(2) 若 $h(\pi)=\text{false}$，则称预置逻辑 π 不满足约束 c，表示为 $\pi \not\models c$。

定义 6.20　约束的状态：若函数 $g: \varepsilon^* \times C \rightarrow$ {consistency, forward weak inconsistency, backward weak inconsistency, strong inconsistency}，则对于任意一个 $\pi \in \varepsilon^*$，$c \in C$，有如下定义。

$$g(\pi,c)=\begin{cases}\text{consistency}, & \text{若}\pi \models c \\ \text{forward weak inconsistency}, & \text{若}(\pi \neq c)\wedge(\exists\gamma\in\varepsilon^{\wedge}*\text{，使得} \\ & (\pi+\gamma)\models c\text{且suffix}(\gamma,\pi)) \\ \text{backward weak inconsistency}, & \text{若}(\pi \not\models c)\wedge(\exists\gamma\in\varepsilon^{\wedge}*\text{，使得} \\ & (\pi+\gamma)\models c\text{且prefix}(\gamma,\pi)) \\ \text{strong inconsistency}, & \text{其他}\end{cases}$$

其中，$\text{suffix}(\gamma,\pi)$ 表示在当前的部分流程中向前（forward）添加节点和边，或者执行节点；$\text{prefix}(\gamma,\pi)$ 表示在当前的部分流程中向后（backward）添加节点和边。

定义 6.21 目标距离：用于评估临机逻辑和预置逻辑之间的距离，可以表示为

$$d(\pi,C_g\cup C_b)=\begin{cases}1,\ \text{若}\ \exists c\in C_g\cup C_b,\ g(\pi,c)=\text{strong inconsistency} \\ \qquad\vee\, g(\pi,c)=\text{backward weak inconsistency} \\ 1-(\omega_1\times f(\pi,C_g)+\omega_2\times f(\pi,C_b)),\ \text{其他}\end{cases}$$

其中，ω_1 和 ω_2 是权值，满足约束：$\omega_1>0$，$\omega_2>0$，$\omega_1+\omega_2=1$。

由以上目标距离的计算方法可以看出，若存在强不一致或反向弱不一致，则目标距离置为 1；临机逻辑和预置逻辑拟合的程度越高，则其目标距离越小，反之则越大。

6.2.2 临机逻辑和预置逻辑的一致性检测

服务组合临机逻辑和预置逻辑的一致性检测算法（基本原理见图 6-4）具有如下特点：①支持对一致性检测结果进行量化，能通过计算目标距离来衡量临机逻辑和预置逻辑之间的拟合程度；②当实施变更操作时，能够判断是否存在冲突及存在哪种类型的冲突，并识别导致强不一致和潜在冲突的约束；③能过滤待验证领域业务约束，且以增量的方式进行验证，从而提高一致性检测算法的性能。算法主要包含以下几个阶段。

1. 领域业务约束的过滤阶段

在检测一致性时，涉及很多领域业务约束。每次在用户实施变更操作后，都需要进行一致性检测。因此，需要验证的领域业务约束的数量对整个一致性检测

算法的性能有很大影响。为了提高检测的性能，首先过滤领域业务约束，根据用户操作、操作的方向和操作的位置等信息，从约束集合中得到相关约束的子集，以减少待验证的领域业务约束的数量。

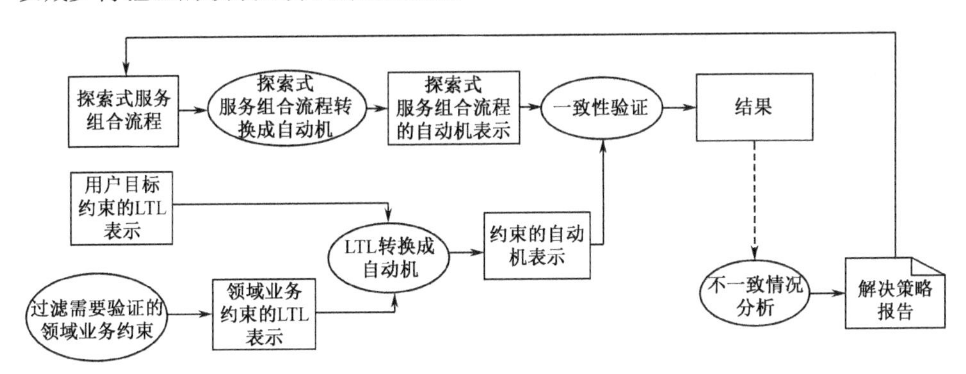

图 6-4　一致性检测算法的基本原理

2. 一致性验证阶段

为了能实时检测用户构建的不完备流程和已有约束间的一致性，发现存在潜在语义冲突的约束集合，本书提出了基于线性时序逻辑和自动机的一致性检测算法（见算法 6-1）。主要思想为：将不完备的探索式服务组合流程转换成自动机，通过两个自动机的等价来判断当前不完备流程和约束间的一致性。假设 Ap 和 Ac 分别表示探索式服务组合流程 p 转换成的自动机及约束 c 转换成的自动机，L(Ap) 和 L(Ac)分别表示 Ap 和 Ac 所接受的语言，则流程和约束间的一致性验证问题可归结为检查 L(Ap)和 L(Ac)，即判断 $L(Ap)\cap L(Ac)=\varnothing$ 是否成立。对于不一致情况，该算法可识别导致强不一致和潜在冲突的约束，对不一致程度进行量化，通过计算目标距离来衡量临机逻辑和预置逻辑之间的拟合程度。

算法 6-1 一致性检测

输入:

C_M：强制性约束

L_R'：不一致的约束集合

π：当前流程

op: 用户操作

x: 活动节点

d: 操作方向

y: 活动节点

输出:

一致或不一致的标识，不一致的约束集合，目标距离

1. if $L_R'!=\varnothing$ then $C_{V1} = \text{getVerifiedConstraints}\left(L_R', \pi, \text{op}, x, d, y\right)$;
2. $C_{V2} = \text{getVerifiedConstraints}(C_M, \pi, \text{op}, x, d, y)$;
3. $C_V = C_{V1} \cup C_{V2}$;
4. if $\text{op} \in \{\text{addActivity}, \text{deleteActivity}\}$ then
5.   for each $c \in C_P$ do
6. $s_c = g(\pi, c)$;
7.   if $s_c != \text{consistency}$ then $L_{C_P} = L_{C_P} \cup (\text{id}_c, s_c)$;
8.   end for
9.   compute $f(\pi, C_P)$ according to L_{C_P};
10.   if $L_{C_P}!=\varnothing$ then $L_R = L_R \cup L_{C_P}$;
11. endif
12. for each $c \in C_{\prec}$ do
13. $s_c = g(\pi, c)$;
14.   if $s_c != \text{consistency}$ then $L_{C_{\prec}} = L_{C_{\prec}} \cup (\text{id}_c, s_c)$;
15. end for
16. compute $f(\pi, C_{\prec})$ according to $L_{C_{\prec}}$;
17. if $L_{C_{\prec}}!=\varnothing$ then $L_R = L_R \cup L_{C_{\prec}}$;
18. $f(\pi, C_g) = t_{11} \times f(\pi, C_P) + t_{12} \times f(\pi, C_{\prec})$;
19. for each C_r in C_V do
20.   for each $c \in C_r$ do
21. $s_c = g(\pi, c)$;
22.   if $s_c != \text{consistency}$ then $L_r = L_r \cup (\text{id}_c, s_c)$;
23.   end for
24.   compute $f(\pi, C_{b1}), f(\pi, C_{b2}), f(\pi, C_{b3})$
25. $f(\pi, C_b) = t_{21} \times f(\pi, C_{b1}) + t_{22} \times f(\pi, C_{b2}) + t_{23} \times f(\pi, C_{b3})$
26.   if $L_r!=\varnothing$ then $L_R = L_R \cup L_r$;
27. end for
28. $d(\pi, C_g \cup C_b) = 1 - \left(\omega_1 \times f(\pi, C_g) + \omega_2 \times f(\pi, C_b)\right)$
29.   if $L_R!=\varnothing$ then

```
30.        if L_{R_21}!=∅ ∨ L_{R_23}!=∅  then  d(π,C_g∪C_b)=1;
31.        return inconsistency, L_R  and  d(π,C_g∪C_b);
32. else
33.    return consistency, ∅  and 0;
```

上述算法包含的主要步骤描述如下。

（1）过滤需要验证的领域业务约束。

$\text{getVerifiedConstraints}\left(L_{\text{R}}', \pi, \text{op}, x, d, y\right)$ 函数是根据用户操作、操作方向、操作位置等信息，从前一阶段的不一致约束集合中得到一个需要验证的约束子集 C_{V1}，L_{R}' 的初始值为空。$\text{getVerifiedConstraints}\left(C_{\text{M}}, \pi, \text{op}, x, d, y\right)$ 函数是基于 6.2.1 节的分析，根据用户操作、操作方向、操作位置等信息，从约束集合中得到一个需要验证的约束子集 C_{V2}。

（2）验证临机逻辑和用户目标约束的一致性。

如算法 2～16 行所示，当操作是添加或删除活动时，则需要检测是否满足关键点约束 C_{P}。根据定义 6.10，利用自动机来判定 C_{P} 中每个约束的状态。如果不一致，则在类型为 r 的约束状态列表 L_{r} 中增加一项信息 $\left(\text{id}_c, s_c\right)$。与 C_{P} 不一致的约束集合为 $L_{C_{\text{P}}}$，并计算 $f\left(\pi, C_{\text{P}}\right)$；否则，需要检测是否满足关键边约束 $C_{\prec}$，与 $C_{\prec}$ 不一致的约束集合为 $L_{C_{\prec}}$，并计算 $f\left(\pi, C_{\prec}\right)$。在此基础上，根据定义 6.16 计算用户目标约束的拟合度 $f\left(\pi, C_{\text{g}}\right)$。

（3）验证临机逻辑和领域业务约束的一致性。

如算法 17～25 行所示，对于 C_{V} 中每种需要验证的约束集合 C_{r}，判定每个约束的状态。如果不一致，则在类型为 r 的约束状态列表 L_{r} 中增加一项信息 $\left(\text{id}_c, s_c\right)$。根据定义 6.17 计算领域业务约束的拟合度 $f\left(\pi, C_{\text{b}}\right)$。最终得到一个不一致约束集合 L_{R}。

（4）计算临机逻辑和预置逻辑间的目标距离并判定一致性。

根据定义 6.21 评估临机逻辑和预置逻辑间的目标距离。如果不一致约束集合 L_{R} 不为空，则说明存在冲突，返回冲突列表和目标距离。如果不一致约束集合 L_{R} 为空，则返回一致的结果、空的冲突列表及目标距离 0。

6.3 服务方案运行时演化的动态推荐

6.3.1 基本原理

服务方案运行时演化的动态推荐对最终用户编程来说具有下述重要作用：首先，最终用户可以立即获得下一步可能动作的提示，方便了最终用户的编程工作；其次，最终用户构造的服务组合如果有错误，可以立即得到如何改正错误的指导推荐，而不用等到编程完成时再进行验证和重新修改程序，从而提高了用户编程的效率。因此，通过根据一致性验证结果产生待推荐的服务集合并动态排序，可以简化用户定义服务组合的复杂度，提高用户建模的效率，促进服务组合临机逻辑向预置逻辑的收敛。

针对用户构建的不完备的服务组合流程与已有领域业务约束间的不一致情况，处理策略分析如下：当出现强不一致或反向弱不一致时，可以采用如表 6-3 所示的处理策略；当出现正向弱不一致时，可以采用基于服务行为约束模型的收敛保障机制进行处理。

表 6-3　基于原子行为约束的不一致情况分析及处理策略

冲突的类型	不一致的原因	不一致的处理策略
$R_{13}(\neg\Box a)$冲突	a 出现	删除 a
$R_{21}(\Box a\leftarrow\circ b)$冲突	b 出现，但 a 没有作为其直接前驱出现	删除 b；或者在 b 前插入 a，作为 b 的直接前驱
$R_{23}(\Box a\leftarrow b)$冲突	b 出现，但 a 没有作为其前驱出现	删除 b；或者在 b 前插入 a，作为 b 的前驱
$R_{29}(\Box\neg a\leftarrow b)$冲突	b 出现，且 a 出现在 b 的前面	删除 a 或 b；或者将 a 移到 b 的后面
$R_{20}(b\rightarrow\Box\neg a)$冲突	b 出现，且 a 出现在 b 的后面	删除 a 或 b；或者将 a 移到 b 的前面

收敛保障机制重点需要保障目标活动节点内部进行变更操作时的一致性，以及实现服务组合临机逻辑向预置逻辑的收敛。如图 6-5 所示，收敛保障机制主要包含以下两个阶段。

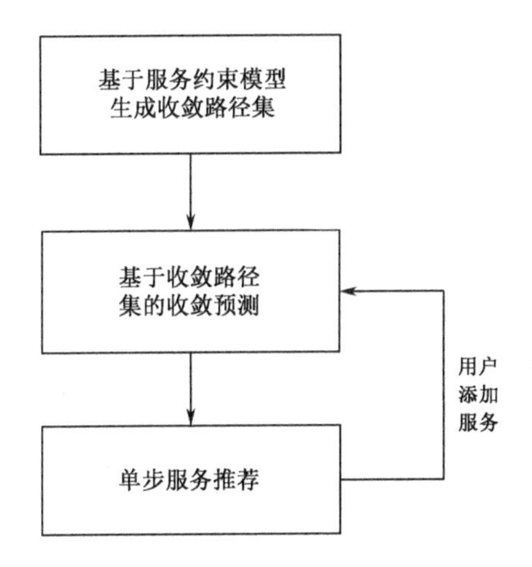

图 6-5　收敛保障机制的基本原理

首先，基于服务行为约束模型生成收敛路径集，作为服务推荐和收敛判定的参考。收敛路径集生成算法采用基于 D^* 和模拟退火算法的思想生成收敛路径。在选取候选服务时，一方面利用启发性知识及奖惩机制生成候选路径，提高搜索效率；另一方面通过引入模拟退火算法的思想，避免陷入局部收敛，保证全局收敛。

其次，基于收敛路径集的收敛预测和推荐。基于收敛路径集可动态预测单步候选服务的收敛程度，然后对其进行排序并推荐给用户。首先，对于某个给定的服务节点，先定位收敛路径中距离其较近且能使其快速收敛到目标的前驱节点和后继节点，分别称之为前驱收敛节点和后继收敛节点；其次，基于前驱收敛节点和后继收敛节点预测用户单步探索过程中的候选服务的收敛程度；最后，对结果进行排序，并推荐给用户。

6.3.2　收敛及相关定义

为了衡量临机逻辑向预置逻辑的逼近程度，下面借鉴数学中收敛判定的思想，在目标距离定义的基础上，给出收敛及收敛路径等相关定义。

定义 6.22　收敛：如果对于任意的 $\varepsilon>0$，都存在一个正整数 N，使得当 $n>N$ 时，都有 $d\left(\pi_n, C_{\mathrm{g}} \cup C_{\mathrm{b}}\right)<\varepsilon$，则称临机逻辑 π_n 可以收敛到预置逻辑。

从上述定义可以看出，随着应用的构建，只有当临机逻辑和预置逻辑之间的目标距离接近 0 时，才能称临机逻辑收敛到预置逻辑。

定义 6.23 收敛路径：对于临机逻辑中的任意一个目标活动节点 g，假设 g 的直接前驱节点为 a， g 的直接后继节点为 b，则若能找到一条从 a 到 b，且满足 g 上用户目标约束及临机逻辑中的领域业务约束的路径，就称之为 g 的收敛路径。

定义 6.24 收敛路径集：同一个目标活动节点的多个收敛路径的集合。

6.3.3 基于服务行为约束模型的收敛路径集生成

基于服务行为约束模型的收敛路径集生成算法基于 D*和模拟退火算法的思想，用于生成收敛路径，作为服务推荐和收敛判定的参考。它在服务超链集合的基础上，搜索满足用户目标约束且满足临机逻辑中的领域业务约束的较优路径集合。收敛路径集生成算法以目标活动节点的直接前驱节点、查找的方向、服务超链集合、用户目标约束集合及目标活动节点的直接后继节点作为输入，以一个收敛路径集作为输出。

在收敛路径集生成过程中，一个很重要的问题就是，当给定当前节点 x 时，如何选取其后继服务 x_{i+1}。为此基于不一致的验证结果、服务行为约束关系的类型、目标距离函数、语义匹配度及重用度四类启发性知识，给出如下服务选取策略。

策略 6.1：基于不一致的验证结果和服务行为约束关系的类型选取的策略。

如果正向弱不一致的约束集合不为空，则优先选取该集合中的所有元素，该集合中服务行为约束关系都为 Always-Exist，而且 Directly 的优先级要比 Indirectly 的优先级更高。其次，选取服务行为约束关系为 Sometimes-Exist 的约束，可以采用基于目标距离函数增量选取的策略进行选取。

策略 6.2：基于目标距离函数增量选取的策略。

对于服务行为约束关系为 Sometimes-Exist 的后继服务 x_{i+1}，不妨假设增加节点 x_{i+1} 后临机逻辑由 π_i 变为 π_{i+1}，则可以先计算目标距离函数 $d\left(\pi_{i+1},C_{\mathrm{g}}\cup C_{\mathrm{b}}\right)$，然后计算增量 $\Delta d_{i+1}=d\left(\pi_{i+1},C_{\mathrm{g}}\cup C_{\mathrm{b}}\right)-d\left(\pi_i,C_{\mathrm{g}}\cup C_{\mathrm{b}}\right)$，再根据 Δd_{i+1} 进行判断：

（1）若 $\Delta d_{i+1}<0$，则选取服务 x_{i+1}；

（2）若 $\Delta d_{i+1}>0$，则不选取服务 x_{i+1}；

（3）若 $\Delta d_{i+1}=0$，则可以采用基于效用函数选取的策略进行选取。

策略 6.3：基于效用函数选取的策略。

为了对那些可能出现，但对当前目标距离值没有影响的后继服务集合进行筛选，我们基于 D*算法的思想，提出当前节点 x_i 到达其后继服务节点 x_{i+1} 的效用函数的概念。其定义为 $f(x_{i+1})=g(x_{i+1})+h(x_{i+1})$，其中：

（1）$g(x_{i+1})=\alpha^{\text{STEPS}}$，$\alpha\in(0,1)$；

（2）$h(x_{i+1})=h(x_i)+c(x_i,x_{i+1})$，若 $x_i=\text{NULL}$，则 $h(x_i)=0$；

（3）$c(x_i,x_{i+1})=\mu\times\omega_1+\lambda\times\omega_2$，其中，$\mu$ 和 λ 分别表示 x_i 与 x_{i+1} 之间的语义匹配度和重用度；ω_1 和 ω_2 表示权值，满足条件：$\omega_1\geqslant 0$，$\omega_2\geqslant 0$，且 $\omega_1+\omega_2=1$。如果服务依赖关系是“Sometimes-Exist”，则 $\omega_1=0$。

上述式子中，$g(x_{i+1})$ 表示从开始节点到达当前节点 x_i 的代价，通过 α^{STEPS} 来计算，其中 α 是一个用户可指定的调整值；STEPS 表示开始节点到达当前节点所探索过的操作的数量；$h(x_{i+1})$ 表示启发值，用于评估从当前节点到达目标节点的可能性。

基于上述定义，可以基于效用函数值的大小进行服务选取。然而，当可能的后继服务数量很多时，为了提高搜索效率，需要限定服务选取的范围。为此采用模拟退火算法的思想来确定服务选取的范围。

策略 6.4：基于模拟退火算法确定服务选取的范围。

模拟退火算法具有较强的局部搜索能力，并能避免陷入局部最优解。模拟退火算法已经被证明是一种以概率 1 收敛于全局最优解的优化方法。我们利用模拟退火算法中的 Metropolis 准则来判断新后继服务是否被接受：计算概率 $P(\Delta f)=\mathrm{e}^{(-\Delta f/T)}$，同时产生[0,1]区间上均匀分布的伪随机数 r，$r\in[0,1]$，如果 $P(\Delta f)\geqslant r$，则选取当前的服务，否则舍弃。其中，$\Delta f=f(x_{i+1})-f(x_i)$，$T_{n+1}=k\times T_n$，$T_0=1$，$k\in(0,1)$，用于决定降低的温度，或者说每步选取次优服务数量的减少程度。在模拟退火的过程中，以概率 $\mathrm{e}^{(-\Delta f/T)}$ 来接受劣质解，因此算法可以跳过局部极值点。

奖惩机制如下。

（1）若服务 x 和用户目标约束有矛盾，或者 x 和路径中已有节点的领域业务约束有矛盾，则予以惩罚。具体实现方法是将 x 的目标距离值增大，设为 1。

（2）若服务 x 在搜索过程中被选取，则予以奖励。具体实现方法是将 x 的目标距离函数减去 Δd，$\Delta d\in(0,1)$。

基于上述原理，收敛路径集生成算法包括七个主要步骤（见图 6-6）。

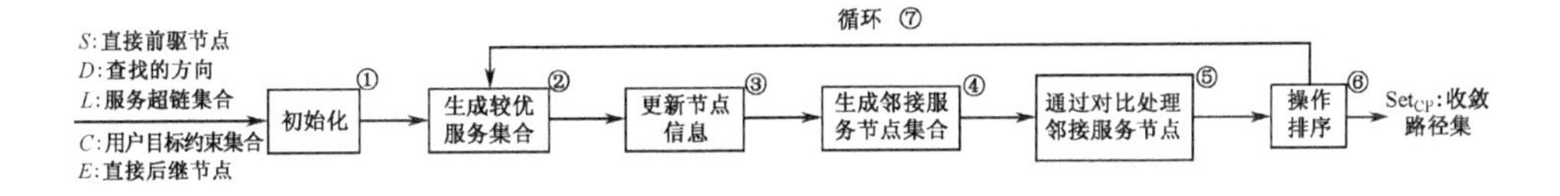

图 6-6　收敛路径集生成算法示意

1. 初始化

该步骤负责算法执行前的准备工作。初始化一些全局数据结构来保存算法在执行时产生的中间结果及最优解。

2. 生成较优服务集合

该步骤基于服务选取策略从 OPEN 列表（已经搜索到的较优路径解的节点集合）的候选服务集合中寻找较优服务节点。

3. 更新节点信息

如果较优服务集合 C_1 不为空，将 C_1 中任意一个节点 x 标记为当前节点，并修改元素的目标距离函数值。如果 x 是目标操作节点，则结束查找，返回路径；否则，把节点 x 从 OPEN 列表移到 CLOSED 列表（保存已经选取的节点集合）中。

4. 生成邻接服务节点集合

该步骤通过分析与节点 x 相关的服务超链获取 x 的邻接节点集合，发现有用的服务操作，包括以下两个步骤。

（1）过滤：根据当前的服务操作、查找的方向过滤得到一个与当前操作相关的服务超链集合。如果查找的方向是“Forward”，那么系统会过滤出当前操作的超链的源操作；如果查找的方向是“Backward”，那么系统会过滤出当前操作的超链的目标操作。对于过滤出来的服务超链集合，可以通过服务操作之间的依赖关系裁剪掉不相关的服务。裁剪掉的服务操作可以被保存在当前操作的 Pruned 列表中，记为 S.D.Pruned。系统可以获得相关的服务，并将其分为两个集合：“Always-Exist”的服务超链集合（S_1）及“Sometimes-Exist”的服务超链集合（S_2）。

（2）重过滤：对于候选集合 $S_1 \cup S_2$，检查每个操作是否和现有流程中已经存在的操作冲突，如果冲突，则裁剪掉，并记入 S.D.Pruned 中。

5. 通过对比新、旧效用函数值来处理邻接服务节点

当前操作 x 的邻接操作 y 可以被添加到 OPEN 列表中，当且仅当 y 满足下列条件。

（1）如果存在一个 y' 在 OPEN 列表中，并且 $f(y) < f(y')$，则不做任何操作；

否则，用 y 来代替 y'，并且将 y 的父节点设为 x。

（2）如果存在一个 y' 在 CLOSED 列表中，并且 $f(y)<f(y')$，则不做任何操作；否则，用 y 来代替 y'，并且将 y 的父节点设为 x，同时把 y 从 CLOSED 列表中移到 OPEN 列表中。

（3）如果 y 既不存在于 OPEN 列表中也不存在于 CLOSED 列表中，则将 y 放到 OPEN 列表中，并将 y 的父节点设为 x。

6. 对 OPEN 列表中的操作进行排序

对于 Always-Absent 列表中的候选操作，通过操作依赖关系的优先级由高到低排序；对于 Sometimes-Exist 列表中的候选操作，按 h 值由高到低排序。

7. 循环

判断 OPEN 列表中是否还有节点未被访问。如果还有待访问节点，那么回到步骤 2 进行一次循环。若连续若干个新解都没有被接受，则终止算法。

收敛路径集生成算法具有如下特点。

（1）收敛速度快。如上所述，收敛路径集生成算法所耗费的时间主要取决于算法的执行深度及节点的分支数这两个因素，其中：①算法的执行深度 level 表示搜索的路径深度，算法执行的深度越深，算法执行所耗费的时间也就越长；②节点的分支数 b 表示每个节点最多允许产生的子节点个数，产生的子节点个数越多，算法执行所耗费的时间也就越长。

当 level 和 b 值确定后，算法的时间复杂度可以记为 $O\left(b^{\text{level}}\right)$。对于收敛路径集生成算法而言，首先，在采用策略 6.1 之前，已经裁剪掉约束关系为 Always-Absent 及 Always-Exist-Before 的分支，这样可以减少节点的分支数；其次，对存在可能约束关系的服务超链采用策略 6.3 和策略 6.4 来确定服务选取的范围，并且根据策略 6.4，每层选取的存在可能约束关系的服务超链数量也在不断减少，最终都将导致节点的分支数不断减少。最后，通过奖惩机制，对违反约束的点进行惩罚，使其不会被选取。

（2）避免局部优化，保持全局最优。首先，通过奖惩机制，对满足约束的关键点进行奖励，并通过策略 6.2 保证其被选取；其次，通过使用策略 6.4，对那些可能出现且对目标距离值没有影响的后继服务集合进行筛选，并以概率 $e^{(-\Delta f/T)}$ 来接受劣质解，从而使算法可以跳过局部极值点。通过上述两点，保证结果集合中肯定包含最优解，且最优解能较早被选取。

6.3.4 基于收敛路径集的收敛预测

基于收敛路径集可动态预测单步候选服务的收敛程度，然后对其进行排序并推荐给用户，从而帮助用户快速逼近目标，进行问题求解。其主要包括以下三个阶段。

（1）根据收敛路径各节点的效用函数值，重新计算各节点的目标距离值。

收敛路径中节点的目标距离主要是基于强制性的服务行为约束来衡量的，这样会造成收敛路径中连续多个节点的目标距离相同。为了更精确衡量不同的候选节点对收敛程度的影响，可以利用各节点的效用函数值来重新计算各节点的目标距离值。

不妨假设已经对服务收敛路径集中的路径进行排序，先选取最优的收敛路径来定位给定节点在收敛路径中的前驱收敛节点和后继收敛节点，如果已经找到就结束，否则再选取下一个收敛路径进行判断。选取的收敛路径中存在一个节点序列$\left\{s_i,s_{i+1},\cdots,s_j,s_{j+1}\right\}$，从临机逻辑的开始节点$s_0$到$s_i$的流程实例为$\pi_i$，其中$d\left(\pi_i,C_{\mathrm{g}}\cup C_{\mathrm{b}}\right)=d\left(\pi_{i+1},C_{\mathrm{g}}\cup C_{\mathrm{b}}\right)=\cdots=d\left(\pi_j,C_{\mathrm{g}}\cup C_{\mathrm{b}}\right)>d\left(\pi_{j+1},C_{\mathrm{g}}\cup C_{\mathrm{b}}\right)$，则可利用以下式子重新计算节点$s_k\left(s_i\leqslant s_k\leqslant s_j\right)$的目标距离值：

$$
\begin{aligned}
&d\left(\pi_k,C_{\mathrm{g}}\cup C_{\mathrm{b}}\right)\\
&=d\left(\pi_i,C_{\mathrm{g}}\cup C_{\mathrm{b}}\right)+\left(d\left(\pi_k,C_{\mathrm{g}}\cup C_{\mathrm{b}}\right)-d\left(\pi_{j+1},C_{\mathrm{g}}\cup C_{\mathrm{b}}\right)\right)\times\frac{\sum_{m=i}^{k}f\left(x_{m+1}\right)}{\sum_{n=i}^{j+1}f\left(x_{n+1}\right)}
\end{aligned}
$$

（2）对于某个给定的服务节点，先定位收敛路径中距离其较近且能使其快速收敛到目标的前驱节点和后继节点，称之为前驱收敛节点和后继收敛节点。

收敛路径是一个子图，可以表示为$\mathrm{cp}=<S,T>$。其中，$S=\left\{s_i\mid i=0,\cdots,n\right\}$，$s_0$表示收敛路径的开始节点，$s_n$表示收敛路径的结束节点；$T$表示节点之间的边。问题可以归约为：在服务超链集合中，找到某个给定节点（如x_0）在收敛路径上对应的前驱收敛节点和后继收敛节点，即求从x_0到cp中各顶点距离较近且目标距离值较小的两个节点，这两个节点分别属于x_0的前驱收敛节点和后继收敛节点。

为了快速定位前驱收敛节点和后继收敛节点，对Dijkstra算法进行修改。根据上面的分析，算法以当前给定的节点、服务超链集合、收敛路径为输入，以找到的当前节点在收敛路径上的前驱收敛节点和后继收敛节点、收敛节点到当前节点路径的权值作为输出。

（3）基于前驱收敛节点和后继收敛节点预测用户单步探索过程中的候选服务

的收敛程度，并据此对结果进行排序，推荐给用户。

假设当前节点 x_0 的前驱收敛节点为 S_{pre}，后继收敛节点为 S_{post}。从当前收敛路径的开始节点 s_0 到 S_{pre} 的部分流程表示为 pt_{pre}，从 s_0 到 S_{post} 的部分流程表示为 pt_{post}，则得到目标距离值 $d(pt_{pre},g)$ 和 $d(pt_{post},g)$。假设 S_{pre} 到 x_0 的路径权值为 x，x_0 到 S_{post} 的路径权值为 y， x_0 所在的当前流程轨迹的开始节点到 x_0 的路径权值为 z， S_{pre} 到收敛路径的结束节点的路径权值为 w。候选服务的收敛程度预测包括以下四种情况。

（1）若 S_{pre} 和 S_{post} 都存在，则可根据如下计算得到 x_0 处的目标函数值：
$d(pt_{post},g)+\left(d\left(pt_{pre},g\right)-d\left(pt_{post},g\right)\right)\times\dfrac{y}{x+y}$。

（2）若 S_{pre} 不存在， S_{post} 存在，则可根据如下计算得到 x_0 处的目标函数值：
$d(pt_{post},g)+\left(1-d\left(pt_{post},g\right)\right)\times\dfrac{y}{z}$。

（3）若 S_{post} 不存在， S_{pre} 存在，则可根据如下计算得到 x_0 处的目标函数值：
$d(pt_{pre},g)-d\left(pt_{pre},g\right)\times\dfrac{x}{w}$。

（4）若 S_{pre} 和 S_{post} 都不存在，则将 x_0 处的目标函数值置为 1。

收敛节点选取算法具体实现如图 6-7 所示，包括五个主要步骤。

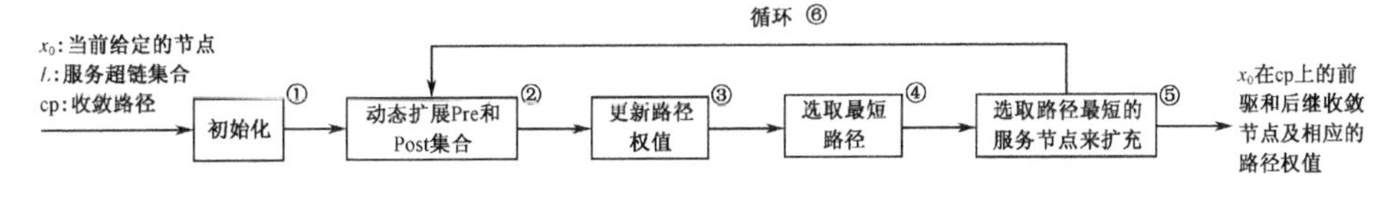

图 6-7　收敛节点选取算法具体实现

1. 初始化

该步骤负责算法执行前的准备工作，初始化的主要数据结构包括如下方面。

集合 S：用于存储收敛路径中的节点。

集合 C：用于存储从当前节点沿路径长度递增顺序产生的顶点集合中不包括 S 中节点的节点集合，包含两个部分，即 Pre 和 Post，它们分别用于存储当前节点的前驱收敛节点和后继收敛节点，其初始状态是空集。

集合 Select：包含 $Select_{pre}$ 和 $Select_{post}$ 两个部分，分别用于存储从 Pre 和 Post 中选取的节点集合，其初始状态是空集。

集合 Path：包含 Pathpre 和 Pathpost 两个部分，分别用于存储当前节点到其在收敛路径上的前驱收敛节点和后继收敛节点的最短路径，其初始状态是空集。

路径集合 P：用于存储从当前节点到 $S \cup C$ 中节点的最短路径。

权值集合 D：路径的带权路径长度，对于 $\forall v_i \in S \cup C$，$D(v_i)$ 表示节点 v_i 到当前节点 x_0 的最小路径权值。

2. 动态扩展 Pre 和 Post 集合

该步骤主要是按路径长度递增顺序动态扩展 Pre 和 Post 集合。

3. 更新路径权值

该步骤用于修改当前节点 x_0 到 $S \cup C$ 中节点的路径权值。初始情况下，对于 $\forall v_i \in S \cup C$，若从 x_0 到 v_i 的路径不存在，则 $D(v_i)=\infty$；否则，$D(v_i)=d(v_i,x_0)$。

计算从 x_0 出发经过当前选择的节点 $v_j \in \text{Select}_{\text{pre}}$ 到集合 $S \cup (\text{Pre}-\text{Select}_{\text{pre}})$ 上任意一个顶点 v_k 可达的最短路径长度，如果 $D[j]+d(v_k,v_j)<D[k]$，则修改 $D[k]$ 为 $D[k]=D[j]+d(v_k,v_j)$。同理，可以计算从 x_0 出发经过当前选择的节点 $v_j \in \text{Select}_{\text{post}}$ 到集合 $S \cup (\text{Post}-\text{Select}_{\text{post}})$ 上任意一个顶点 v_k 可达的最短路径长度，如果 $D[j]+d(v_j,v_k)<D[k]$，则修改 $D[k]$ 为 $D[k]=D[j]+d(v_j,v_k)$。

4. 选取最短路径

根据路径权值选取当前节点到收敛路径上的前驱收敛节点和后继收敛节点的最短路径，即到 S 中节点的最短路径，分别放到 Pathpre 和 Pathpost 中。

5. 选取路径最短的服务节点来扩充

分别从 C 中的前驱收敛节点集合 Pre 和后继收敛节点集合 Post 中选取一个节点 x_j，满足 x_j 到 x_0 的路径最短。选取的节点分别放到 $\text{Select}_{\text{pre}}$ 和 $\text{Select}_{\text{post}}$ 中。可以表示为 $\text{Select}_{\text{pre}}=\text{Select}_{\text{pre}} \cup \{x_j\}$，$\text{Select}_{\text{post}}=\text{Select}_{\text{post}} \cup \{x_j\}$。

6. 循环

重复第 2～5 步，直到满足以下条件之一，算法终止。

（1）Pre 集合和 Post 集合全为空集。

（2）重复执行多次后，S 中的节点对应的 D 值不发生改变。

第 7 章

服务方案的云边端去中心执行与可靠性保障

随着企业业务范围的扩大和跨企业业务应用程序在互联网应用中的快速增长，跨企业、跨组织的服务方案被广泛应用，引起了研究者的高度关注。尤其是在服务互联网体系结构下，服务方案分布式执行和可靠性保障是重要的研究内容。服务方案调度系统作为自动化组织交互的基础架构愈发关键。在传统技术中，工作流管理和调度由单一的集中式服务方案管理引擎来执行。该引擎负责制定任务执行、监控服务方案状态和保证任务相关性。然而，在具有跨组织服务方案的环境中，集中式服务方案管理是不理想的。首先，集中式服务方案管理往往在处理大规模并发工作流及多实例的情况时会出现性能瓶颈；其次，对于跨企业业务应用程序的工作流服务而言，其本质上是分布式、异构和自治的，并不适合集中式控制。因此，一些研究人员已经认识到分布式工作流管理系统的必要性。

本章从服务方案执行，也就是从工作流执行的角度，分别阐述基于微服务的服务协同引擎、服务方案分割及任务放置、服务方案的分布式执行控制、可靠性保障和服务方案运行时部署与优化的相关内容。

7.1 基于微服务的服务协同引擎

构建分布式系统时，微服务在性能、容错、可用性和可伸缩性方面都具有优势（Jin et al. 2018）。基于微服务，本书基于开源工具 Flowable（Alvarez et al. 2018）设计和开发了服务协同引擎。该引擎的架构如图 7-1 所示，其通过控制流结合数据流拓扑的最大割划分功能边界，以微服务模块化提供支撑。主控节点是单点服务，工作节点是无状态的多份服务，此处的分布式状态协同是一种分布式的集群保障服务，用户通过客户端与引擎交互。

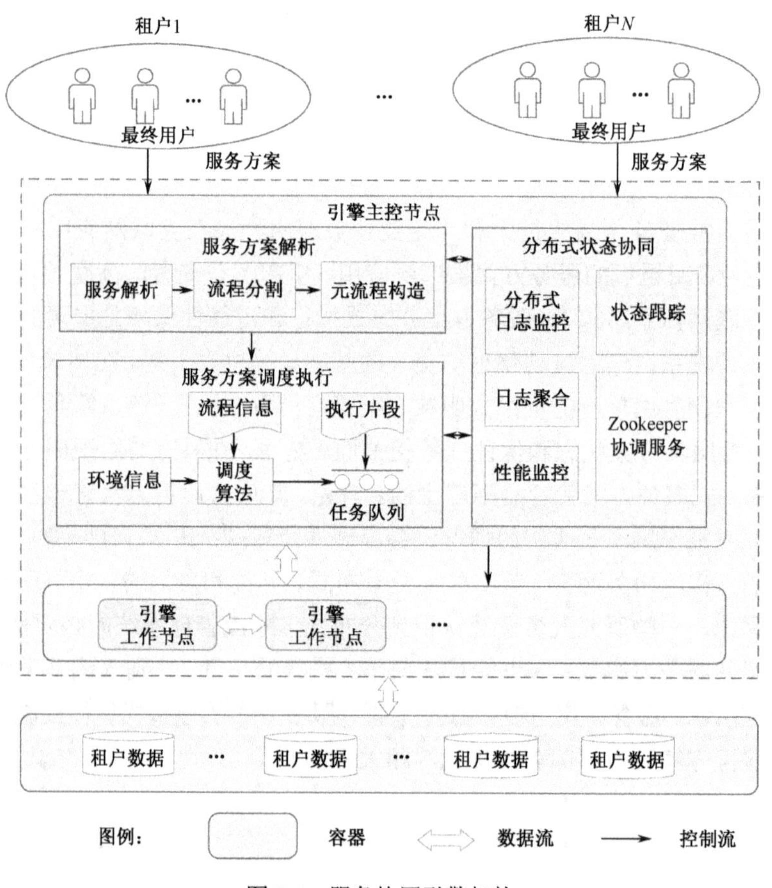

图 7-1 服务协同引擎架构

主控节点负责引擎的控制调度及监控，包含身份认证模块、服务方案建模、引擎监控模块，用于建模服务方案、接收用户请求、部署和实例化服务方案、认证用户身份等。工作节点是服务方案实际执行的环境，包含服务方案执行控制模块，通过守护进程管控流程实例的调度和执行。分布式状态协同服务通过提供最终一致性的状态数据管理，为引擎提供配置信息和状态信息的维护支撑。

主控节点和工作节点需要依赖分布式状态协同服务，用于实现状态监控和协同。通过分布式状态协同服务（Hunt et al. 2010），主控节点可以获知工作节点的活性，周期性获取工作节点的运行状态；工作节点向其注册存储中间结果，并报告状态数据。

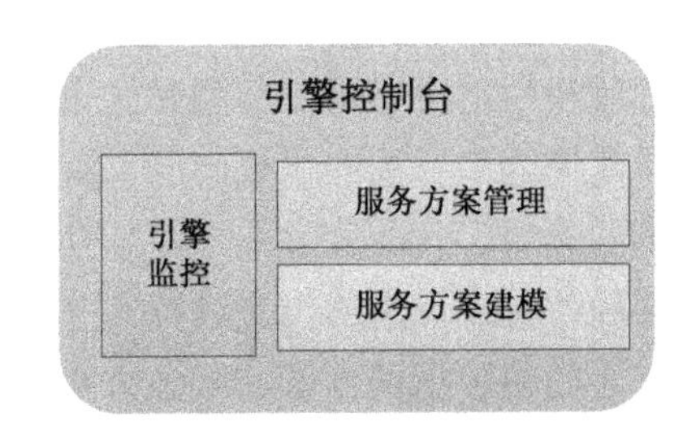

图 7-2　引擎控制台

服务协同引擎通过控制台来使领域技术人员进行服务方案的相关操作。控制台主要实现了三大类功能：服务方案建模、服务方案管理和引擎监控（见图 7-2）。

服务方案建模，即由主控节点建模微服务支持，实现基于 BPMN2.0 规范的建模。领域技术人员可以通过拖曳和编辑 BPMN2.0 的图元来建模服务方案并保存。

服务方案管理使用 Flowable 原生管理接口，用于管理不同领域下构建的服务方案。针对具体的服务方案，可以在任务和流程两个视图中进行操作。所述操作包括启动流程、取消流程、图形化展示流程/任务的状态和执行拓扑。

引擎监控从计算环境、部署、定义、实例、任务和日志六个视角进行多维度的监控。引擎节点的微服务监控可以显示容器名、容器 ID、节点 IP 地址、Pod 值和移除节点。

7.2　服务方案分割及任务放置

服务方案的执行是在跨界、异构、跨组织的多个系统中分段执行的（Tan et al. 2007）。同时，由于先后的逻辑关系，应确保它们顺序执行。因此，研究服务方案分段分布式执行是一项重要的任务（Wu et al. 2020）。

但是，服务方案的执行也面临一些挑战，并具有新的特点。首先，服务方案的执行过程是持续进行的。由于服务方案主要是为服务人的需要产生的，它的执行过程需要满足不同的个体需要，而个人的需求会在不同的时间不定时地发起，因此持续运行服务实例是一个重要的保障。其次，服务方案跨域执行，需要在多个系统中部署执行。服务方案的片段中会调用各组织内部隐私的服务，这些服务的调度只能在某些特定的服务器上运行。因此，它的执行过程需要满足地理位置的约束。最后，服务方案在运行过程中，在服务任务之间会传输相应的数据，需要通过合理的调度分配使数据传输的代价最小。

因此，本节从服务方案的特性出发，进行建模优化，寻找最优分割方案。执行过程中需要考虑服务隐私约束、数据传输量、并行度（任务并行度），因此将其建模为多目标的优化问题，从而确定最优的分割方案。其中，第三方服务涉及不同领域、不同隐私保护级别的数据获取和计算，因此在建模的约束条件中将服务的位置和调用的位置进行充分匹配，优先满足这些约束条件。同时，使服务节点之间的数据传输量、服务方案内部并行度最大化，以达到最高的执行效率。

7.2.1 服务方案模型

定义 7.1 服务方案：服务方案通常建模为有向无环图（direct acyclic graph，DAG）的形式（Bharathi et al. 2008），它可以表示为$G=(S,\mathrm{EX},E)$，一些重要的符号定义如表 7-1 所示。

表 7-1 服务方案建模的符号定义

符号	定义
$S=s_1,s_2,\cdots,s_N$	S表示服务的集合，包含工作流含有的所有服务单元
$\mathrm{EX}=\mathrm{ex}_1,\mathrm{ex}_2,\cdots,\mathrm{ex}_p$ $\mathrm{ex}_p=(v_p)$	EX 表示p个外部数据源，v_p表示ex_p的数据产生速率
$E=e_1,e_2,\cdots,e_M$	E表示边的集合
$e_i=(\mathrm{source}_i,\mathrm{des}_i,p)$	每条边由三元组构成，包括源、目的地、路由的数据比例
$s_n=(\mathrm{MI}_{s_n},\lambda_{s_n},\gamma_{s_n},\mathrm{Model}_{s_n})$	s_n为服务单元。其中，MI_{s_n}表示处理一个单位数据需要的工作量，单位是 MI/MB，即每处理一个单位的数据需要的浮点型操作量；λ_{s_n}表示接入的数据流速率；γ_{s_n}表示该服务产生的数据流速率；两个速率的单位都是 MB/s。

需要说明的是，对于一个具体的外部数据源ex_p来说，它可表示为一个数据产生率，可以模拟传感器实时产生数据。而对于服务单元来说，它接受外部数据或来自上游任务的处理数据，进行实时处理，产生相应的数据并路由到下一个服

务单元。

服务方案执行环境建模的符号定义如表 7-2 所示。

表 7-2　服务方案执行环境建模的符号定义

符号	定义
$w=(C,\boldsymbol{B},\boldsymbol{D})$	C 表示云、边、端的混合环境，可以表示为多个集群的拓扑连接；$\boldsymbol{B},\boldsymbol{D}$ 分别是带宽（MB/s）和数据传输代价（元/MB）矩阵
$c_g=(\text{vm}_1^g,\text{vm}_2^g,\cdots,\text{vm}_K^g,U_g)$	单个集群中心含有 K 个虚拟机和不同的计算能力配置。vm_k^g (k=1,2,···,K) 指某台具体的虚拟机。U_g 是集群中心的各虚拟机内部网络带宽
$\text{vm}_k^g=\left(\text{MIPS}_{\text{vm}_k^g},\text{cost}_{\text{vm}_k^g}\right)$	每台虚拟机 vm_k^g 含有计算能力 $\text{MIPS}_{\text{vm}_k^g}$ 和计算代价 $\text{cost}_{\text{vm}_k^g}$

值得注意的是，对于 $w=(C,\boldsymbol{B},\boldsymbol{D})$，这里将云、边、端环境简化为多个集群中心的全连接环境，只在设置带宽和计算能力时区分云中的主机和边缘服务器上的主机。

接下来对约束条件建模。如果一个服务单元 s_n 被分配到虚拟机 vm_k^g 上进行运行，可以定义该服务单元的接收数据速率和输出数据速率。

同时，对于一个服务处理单元 s_n，它的输入数据速率为 $\text{in}(s_n)$，输出数据速率为 $\text{out}(s_n)$，则有：

$$\text{in}(s_n)=\sum\nolimits_{\text{外部数据源}\text{ex}_p} v_p+\sum\nolimits_{\text{上游任务}S_i}\text{out}(s_i) \tag{7-1}$$

$$\text{out}(s_n)=\gamma_{s_n}\cdot\text{in}(s_n) \tag{7-2}$$

该式表示，一个服务处理单元从外部数据源及上游任务接收数据。

1. 隐私约束

隐私约束为首要约束条件。首先根据隐私约束条件确定约束任务集合，其次进一步确定分割点集合。

将调度范围的位置进行独立编码，每个地理位置都是一个长度为 N 的串，N 为所有位置的个数，该串中只有一个数为 1，其他数均为 0。在这种表示方式下，如果要满足隐私约束，就必须满足式（7-3）。

$$\textbf{location\_privacy}\times\textbf{location\_task}=1 \tag{7-3}$$

式中，**location_privacy** 是受隐私约束的任务的位置向量，这里隐私约束指某任务的依赖数据的约束位置；**location_task** 是对应的任务实际调度的位置向量。

将具有相同隐私约束的任务分割到同一任务集合，即将编码相同的任务添加到同一集合，得到多个隐私约束任务集合；然后由隐私约束任务集合及原始工作流 DAG 结构确定分割边集合，如算法 7-1 所示。

算法 7-1 寻找分割边集合的算法

输入：E（DAG 边集合），CTS（隐私约束任务集合）

输出：CP（分割边集合）

```
1. for 对 E 中的每条边 Ei 的(S,T):
2.     for 对 CTS 中的每个 Cj:
3.         if(S∈Cj and T∈Cj)
4.             flag=1;
5.         else flag=0;
6.         endif
7.     endfor
8. if(flag=0) CP=CP∪{Ei}
9. endfor;
```

2. 数据传输量优化

如图 7-3 所示，DAG 的每条边都有相应的权重，该权重代表任务之间的数据传输量，以所有边的权重的均值作为分割的阈值：

$$e_{\text{th}} = \sum_{i=1}^{n} e_i / n \quad (7\text{-}4)$$

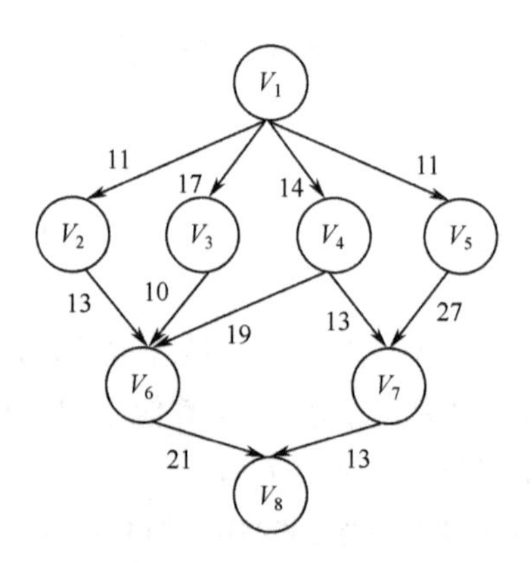

图 7-3 DAG 表示的工作流示意

遍历 DAG 的所有边，将边权重小于阈值 e_{th} 的边作为一个分割边，得到分割边集合。

3. 并行度优化

遍历各个节点的前驱边及后继边，若前驱边的个数为 n，则从该 n 条边中找出（$n-1$）条边作为分割边；若后继边的个数为 m，则从该 m 条边中找出（$m-1$）条边作为分割边，得到分割边集合。

此方案以并行度优化作为首要优化目标，在此基础上考虑传输量，以确定最优分割边集合；然后在此分割边集合的基础上根据隐私约束任务集合，进一步加入分割边，得到最终的分割边集合。

具体步骤如图 7-4 所示。

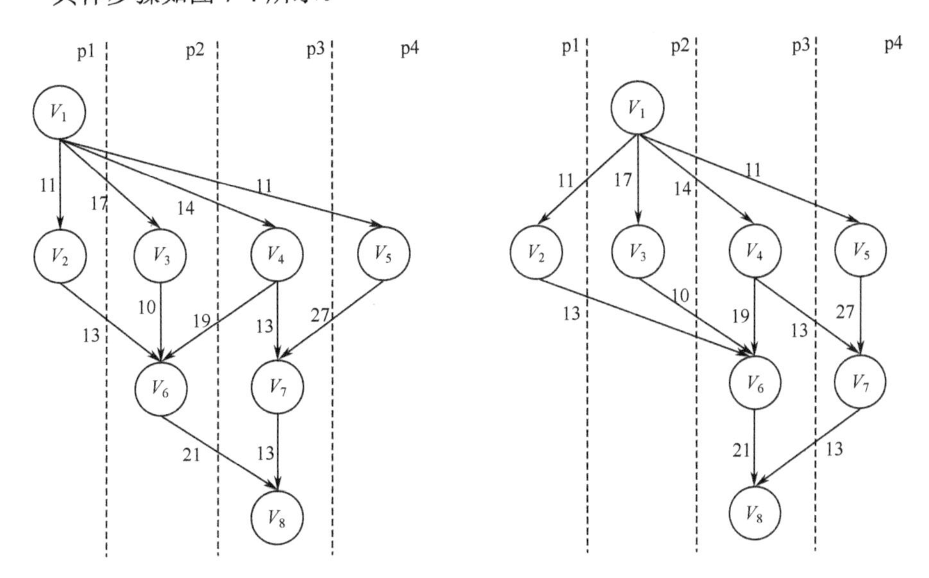

图 7-4　工作流并行度优化示意

分割边集合确定之后，即可对原始工作流 DAG 进行分割，以邻接矩阵表示 DAG，将边的权值作为矩阵值，将要分割的边的权值赋值为 Max，表示断开此边；遍历完成之后即可得到分割后的邻接矩阵，如算法 7-2 所示。

算法 7-2 分割 DAG 的算法

输入：DAG（邻接矩阵），CP（分割边集合）

输出：CDAG（分割后 DAG 的邻接矩阵）；Max（断开边的标记）

---

1. for 对 CP 中的每条边 E_i 的 (S,T):
2. 　　for 对 DAG 的 Matrix:
3. 　　　　begin=S 对应 Uid 的下标;

```
4.          end=T 对应 Uid 的下标;
5.          Matrix[begin][end]=Max;
6.      endfor
7. endfor
```

子流程初始节点的确定：由以上步骤得到 n 条分割边，从而得到（n+1）个子流程，第一个子流程的初始节点为原始流程的初始节点 start，其余 n 个子流程的初始节点为各分割边的结束节点，如算法 7-3 所示。

算法 7-3 确定各段子流程初始节点

输入：CP（分割边集合）

输出：SN（初始节点集合）

```
1. for 对 CP 的每个 Ei(S,T):
2.        SN=SN∪{T}
3. endfor
4. SN=SN∪start
```

得到各段子流程的初始节点后，利用广度优先搜索算法遍历 DAG，得到各段子流程的边集合，以确定最终子流程，如算法 7-4 所示。

算法 7-4 遍历邻接矩阵得到子流程边的算法

输入：CDAG（分割后的邻接矩阵），Matrix[n][n]，SN（初始节点集合）

输出：ES（子流程边集合）

```
1. for 对 SN 的每个 SNi:
2.     for 对 SNi 的每个 SNij:
3.     初始化一个队列 queue 并将 SNij 放入队列;
4.     while (queue 不为空):
5.          访问队头顶点 S;
6.          标记 S 为已遍历;
7.          S 出队列;
8.          for 对 S 的所有邻接顶点 Nk:
9.            if (顶点 Nk 未被访问过):
10.               Nk 入队;
11.               初始化一个边 E=( id, S, Nk, W);
```

```
12.             if(!E∉ESi):
13.                 ESi=ESi∪{E};
14.             endfor
15.         endwhile
16.     endfor
17. endfor
```

最终得到以下四个子流程。由于任务之间具有数据依赖，某任务需要依赖其他任务的数据，所以在调度执行时具有先后顺序，如图 7-5 所示。

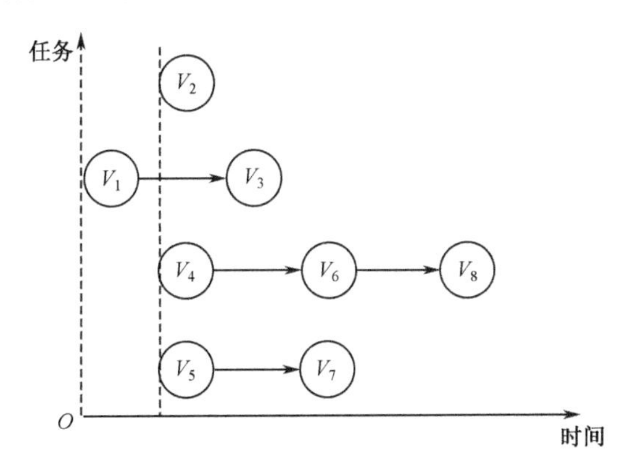

图 7-5　流程分割结果示意

4. 计算能力约束

考虑节点的计算能力与装载该服务的约束，则对应的服务单元的输入数据速率有一个上限，它只能处理相应的接入数据量。如果接入过多的数据量，将会导致实时数据丢失。

$$\varphi(s_n,\mathrm{vm}_K^g)=\frac{\mathrm{MIPS}_{\mathrm{vm}_K^g}}{\mathrm{MI}_{s_n}}(\mathrm{MB/s}) \tag{7-5}$$

式（7-5）定义了 $\varphi(s_n,\mathrm{vm}_K^g)$，表示服务 s_n 分配到虚拟机 vm_K^g 之后，它能接收的最大输入数据速率。

因此约束为

$$\varphi(s_n,\mathrm{vm}_K^g)^3\mathrm{in}(s_n) \tag{7-6}$$

5. 服务单元代价计算

当一个服务单元被部署到一个虚拟机上的时候，流数据源源不断地到来，开始计算过程。这里的代价包括两个部分：首先是当服务单元部署到虚拟机上时，需要将该服务单元对应的程序文件、模型文件和模型数据都打包传输至对应节点，这就产生了初始化的传输时间；其次是当服务实例开始运行后，接入该服务单元的数据带来传输代价，处理过程带来计算代价。因此，对于一个服务单元而言，总的执行代价计算如下：

$$\mathrm{cost}(s_n)=\mathrm{transfer}(s_n)+\mathrm{exec}(s_n) \tag{7-7}$$

$$\mathrm{transfer}(s_n)=\sum_{T_i}\sum_{s_i\in \mathrm{parent}(s_n)} c(s_n) \tag{7-8}$$

$$\mathrm{exec}(s_n)=\sum_{T_i}\mathrm{ec}(s_n,\mathrm{vm}_k^g) \tag{7-9}$$

$$c(s_i)=\begin{cases}0，s_i与s_n在相同的虚拟机上\\ \mathrm{out}(s_n)\cdot D(C_g(s_n),C_g(s_i))，其他\end{cases} \tag{7-10}$$

$$\mathrm{ec}(s_n,\mathrm{vm}_k^g)=\mathrm{cost}_{\mathrm{vm}_k^g}\cdot \mathrm{in}(s_n)\cdot \mathrm{MI}_{s_n}/\mathrm{MIPS}_{\mathrm{vm}_k^g} \tag{7-11}$$

式（7-8）中计算的传输代价指的是由所有的父节点传输到该服务单元中的数据传输代价之和。式（7-9）中计算的执行代价指的是一个服务单元部署到虚拟机第 g 个集群中的第 k 个虚拟机上的执行代价 $\mathrm{ec}(s_n,\mathrm{vm}_k^g)$ 之和。流数据的执行和传输都是在时间控制下进行的，这里采用离散化的时间表示一段时间，即 $T=\{T_1,T_2,\cdots,T_i\}$，其中，T_i 指的是一个最小的时间单位，我们采用的是秒（s）。

式（7-10）中的 $C_g(s_i)$ 指的是服务单元 s_i 部署到的虚拟机所在的集群。

式（7-11）中，服务单元 s_n 的输入数据会根据部署的虚拟机每秒运算的浮点数转化为需要的执行时间，再根据执行时间转化为需要的代价。

6. 服务方案执行时间约束

由于工作流执行必须满足其DAG定义的执行顺序，因此，每个服务单元的执行必须等待前驱服务单元的执行结束后才能开始，即：

$$T_{s_n}^{\mathrm{Begin}}\geqslant \max_{s_i\in \mathrm{parent}(s_n)}\left\{T_{s_i}^{\mathrm{End}}+T_{s_i}^{\mathrm{Trans}}\left(C_g(s_n),C_g(s_i)\right)\right\} \tag{7-12}$$

$$T_{s_0}^{\mathrm{Begin}}=0 \tag{7-13}$$

$$T_{s_n}^{\mathrm{End}}=T_{s_n}^{\mathrm{Begin}}+T_{\mathrm{exec}}(s_n,\mathrm{vm}_k^g) \tag{7-14}$$

对于某个工作流，它总的执行时间为

$$T_S^{\mathrm{Final}}=\max_{s_n\in S}\left\{T_{s_n}^{\mathrm{End}}\right\}\leqslant \mathrm{Threshold} \tag{7-15}$$

对于任何节点来说，计算延时加上通信延时要控制在一定范围内。这里考虑由异构的云中心、多个边缘云组成的执行环境。

7. 服务方案调度优化目标

将工作整体的运算代价和传输代价作为一次调度的优化目标，如式（7-16）所示。

$$\min f(S,T) = \text{TransCost}(S,T) + \text{ExecCost}(S,T) \tag{7-16}$$

7.2.2　优化方法

针对上面提出的以运算代价和传输代价作为优化目标，在不同的约束下（包括时延约束、计算能力约束、隐私约束等），采用如下的优化方法求解最优调度方案。

1. 粒子群算法

粒子群算法模拟鸟群觅食行为，采用粒子更新的方式，为云边协同架构下的各节点提供服务部署策略（Pandey et al. 2010），具体算法流程如下。

步骤 1：以服务部署策略作为粒子，采用随机方法初始化，为边缘节点和云中心分配服务，形成初始粒子群 Pinitial，并给每个粒子赋予随机的初始化位置和速度。

步骤 2：依据式（7-16）计算相应的适应度函数，计算每个粒子的适应值。

步骤 3：对于每个粒子，将其当前位置的适应值与其历史最佳位置 pbest 对应的适应值进行比较，如果当前位置的适应值更大，则用当前位置更新历史最佳位置。

步骤 4：对于每个粒子，将其当前位置的适应值与粒子群的最佳位置 gbest 对应的适应值进行比较，如果当前位置的适应值更大，则用当前位置更新全局最佳位置。

步骤 5：调整每个粒子的位置和速度，得到新的粒子群。

步骤 6：重复步骤 2～步骤 5，直到循环次数达到最大迭代次数，得到最终的粒子群。

2. 遗传算法

遗传算法采用染色体进化的方式，为云边协同架构下的各节点提供服务部署策略（Shi et al. 2019），具体算法流程如下。

步骤 1：以服务部署策略作为染色体，采用随机方法初始化，为边缘节点和云中心分配服务，形成初始种群 Pinitial。

步骤 2：初始种群中的每个个体通过快速非支配排序方法，依据式（7-16）考虑目标函数值，对个体进行排序。

步骤 3：排序后种群通过交叉和变异操作不断进化，根据约束条件修正不可行解，从而得到由初始种群进化而来的子代种群 Pofs。

步骤 4：子代种群与父代种群融合，形成包含 2 倍个体数量的新种群 Pmrg，通过快速非支配排序为每个个体划分层级，并拟定虚拟适应值。

步骤 5：以适应值为选择依据，进行子代个体选择，非支配排序中层级较高的个体具有较大的可能性进入子代。对具有相同层级的个体进行拥挤度计算，根据非支配关系及拥挤度选取新的种群个体。

步骤 6：对新种群采取交叉、变异操作，得到新的子代种群。

步骤 7：重复步骤 4～步骤 6，直到循环次数达到最大进化迭代次数，得到最终的种群。

7.3 服务方案的分布式执行控制

服务方案的分布式执行可以分为垂直分布式执行和水平分布式执行两种，针对垂直分布式执行，我们需要将服务方案进行分段，并把每一段的执行结果输出给后续分段。在控制垂直分布式执行的过程中，为了减少侵入式代码的数量，本书采用了“流程控制流程”的方式，具体设计见 7.3.1 节。对于水平分布式执行，本书采用了负载均衡策略，以保证多个服务方案实例能及时得到响应，具体设计见 7.3.2 节。

7.3.1 服务方案分段分布式执行

本节提出了一种去中心的工作流分布式调度框架。在工作流多实例及多并发的情况下，不需要集中式的工作流管理。模型以“流程控制流程”为核心思想，使用自身构造的主控流程配合服务代理实现工作流分布式调度下发。主控流程是根据某些划分逻辑及约束条件构造的一种特殊工作流，它携带足够的信息，以便由本地服务代理执行。本地服务代理会从其携带的信息中获取相应的子流程调度信息并进行分布式调度管控。主控流程作为一种特殊的工作流，可被下发至任意服务节点进行执行，完成工作流的分布式调度，同时该节点也可作为本地计算引擎接收执行流程服务，实现服务计算节点无差别化。该系统中的节点具有高度自治性，同时节点之间彼此可以自由连接，即任意服务节点都可作为某一实例调度阶段的中心，但不具备强制性的中心控制功能，以此实现去中心控制。

通过服务方案的分割，原服务方案被切分为多个服务方案片段，这些片段之间呈现顺序或并行执行关系，通过控制多个服务方案片段在去中心环境下的跨节点或跨云与端的顺序或并行执行，最终完成原服务方案的执行。

1. 相关定义

定义 7.2　流程任务：服务计算节点使用 Flowable 6.5.0 计算引擎，该计算引擎接收并执行符合 BPMN2.0 规范的工作流程模型，其中包含多种流程任务，如服务任务、用户任务、监听任务、脚本任务和 Http 任务等。本书主要利用服务任务、用户任务、监听任务协同完成分布式调度功能。在工作流系统中，服务任务作为自动化执行任务，当工作流程执行到当前任务节点时会自动执行；用户任务则作为等待任务，需要等待用户主动完成；监听任务则通过设置监听位置及监听事件，在指定位置触发并完成一系列操作。

定义 7.3　流程变量：流程的运转需要依靠流程变量、业务系统和计算引擎的结合。流程变量就是在计算引擎管理工作流时根据管理需要设置的变量。流程变量伴随工作流程开始和结束，本书在实现工作流分布式调度中大量使用了流程变量作为节点及流程之间的通信形式，保证了服务方案分布式调度的控制交互。

2. 服务方案分段执行目标

在分布式执行过程中，每个服务方案片段都是“边部署边执行”，前置服务方案片段的执行结果会以流程变量的形式发送到后置服务方案片段执行的引擎中，从而完成任务之间的数据传递，其示意如图 7-6 所示。当某一个服务方案片段被修改（包括增加、删除、变更连接方式）时，它的前置任务执行结果不会受到影响，只需要重新部署修改后继服务方案片段，并且启动该服务方案片段执行即可。该服务方案片段会接收前置任务的数据变量，继续执行相应的处理任务，并不需要重新执行前置服务方案片段的任务。

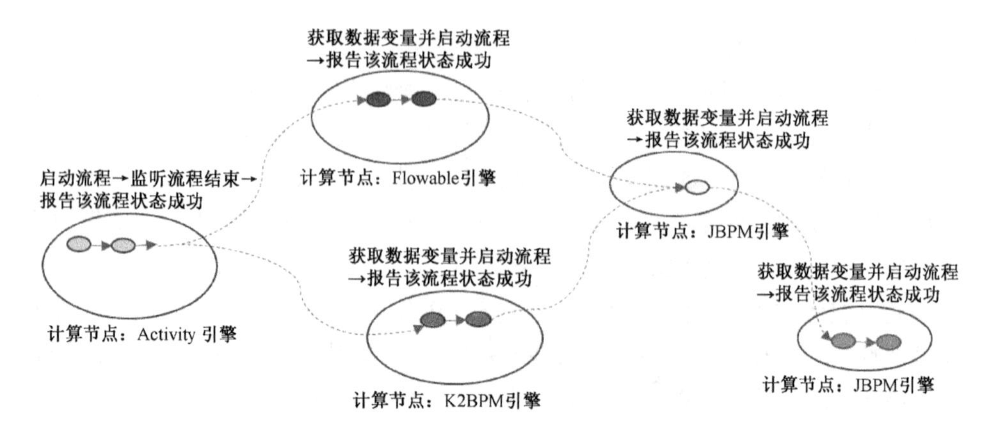

图 7-6　服务方案分段执行示意

3. 去中心的服务方案执行控制设计

为了使服务方案实例在去中心环境下正确运行，需要在多个服务互联网节点实现实例状态同步功能。例如，需要知道服务执行的情况，包括进度、异常等情况。为此，下面设计了任务执行过程中借助流程变量插回主控流程的方案，流程变量的写回操作嵌入到子流程的任务节点监听器中，以非侵入式的方式在节点间进行实例状态的同步。

如图 7-7 所示，该架构由两个核心部分组成：服务解析组合模块和服务计算节点。前者直接交互于符合 BPMN 规范的用户工作流服务，用于实现服务的解析、分割和组合，最终构造主控流程及相应的调度信息。该主控流程作为控制工作流分布式调度的核心服务，可被下发至服务节点的执行引擎执行，通过服务代理实现工作流的分布式调度功能。服务解析组合模块包括以下三个部分。

服务解析器：用于接收用户构造上传的工作流程，对其进行解析并生成分割方案。

服务构造器：获取服务解析器对工作流程的分割逻辑，并进行子流程及主控流程的构造。

服务调度器：根据一定的调度方案生成相应的调度信息，同时下发主控流程，并将调度信息以流程变量的形式存储在主控流程中。

从物理上来看，服务计算节点都是单独分布的，具有高度自治性，节点之间彼此可以自由连接。每个节点都拥有自身独立的工作流服务计算引擎及数据库内存存储，任意节点无差别，这是实现去中心的基础。从逻辑上来看，每个服务节点都包含以下几个要素，用于实现工作流的分布式调度控制。

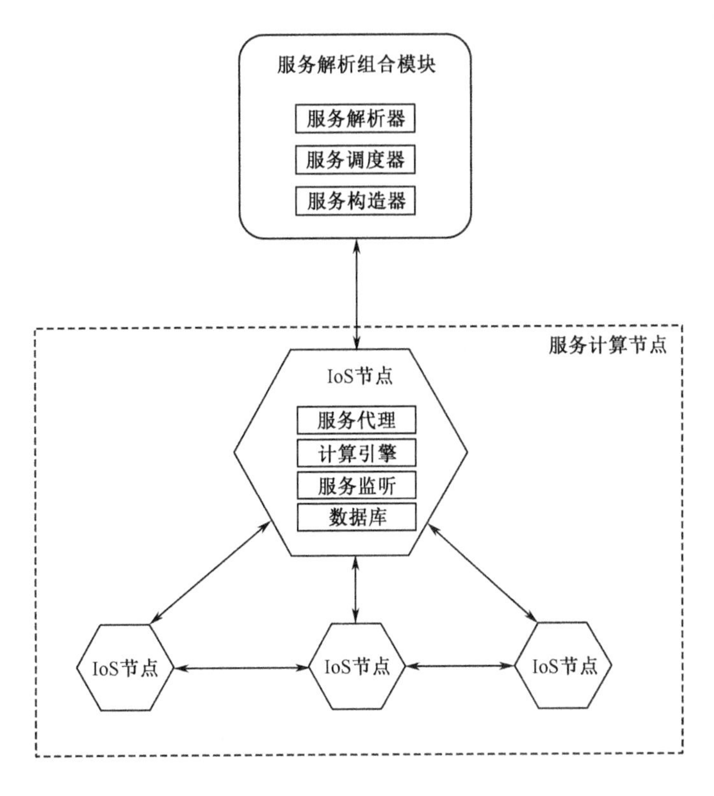

图 7-7　服务调用示意

（1）服务代理：用于接收主控流程的流程信息并进行相应的逻辑判断，同时获取相应的子流程信息，以进行流程分布式调度。

（2）服务监听：实现子流程与主控流程的主动响应式监听通信。

（3）计算引擎：执行服务的计算逻辑，用户的服务逻辑在此处体现，实现上以流程引擎作为载体。

（4）数据库：用于保存服务的临时数据，通常借助流程引擎的数据库来实现。

服务解析组合引擎作为接收并处理用户工作流程服务的核心要素，主要实现对工作流描述文件的解析、分割及组合，构造控制工作流分布式调度的主控流程及相应的分布式调度信息，实现步骤如下。

（1）工作流解析、分割。接收并解析符合 BPMN 规范的工作流描述文件，通过服务解析器将其映射为 DAG，再通过定点分割算法，根据一定的分割约束（网关约束、并行约束）进行工作流划分，最终生成多个子流程。

（2）监听任务插入。遍历步骤（1）所生成的所有子流程，通过监听插入算法在流程结束阶段为该子流程添加监听任务。该监听模式为主动响应式，即在子流程的执行结束阶段主动与主控流程进行交互响应，以保证工作流控制流及数据流的完整性。

（3）主控流程构造。获取步骤（1）对工作流程定点分割的逻辑方案，根据其分割逻辑构造与其结构相似的主控流程。

（4）调度信息生成。调度信息包括两部分，即调度节点信息和子流程信息。针对调度节点信息，本书采用随机调度算法生成子流程调度的服务节点信息；对于子流程信息，在步骤（2）生成后进行存储即可。

（5）主控流程下发。此时将调度相关的所有信息作为主控流程的流程变量进行插入，在主控流程携带所有信息后将其下发，这里选择随机下发策略，服务节点的计算引擎和服务代理可从主控流程的流程变量中获取所有所需的调度信息，并自动化实现工作流分布式调度。

总的来说，以上步骤可概括为：在服务解析组合引擎完成对原始工作流程的解析、分割和组合后，根据一定的约束规则构造主控流程及若干子流程，同时生成相应的调度信息，最终通过服务调度器将主控流程下发至服务计算节点，并将所有的调度信息插入主控流程的流程变量中；服务节点中的计算引擎及服务代理则会接收并执行主控流程，同时获取相应的调度信息，进而进行工作流的分布式调度实现。实质上，主控流程作为工作流程，同样可被下发至任意服务节点中执行。该架构实现了服务计算节点的无差别化，即在多实例的情况下，任意服务节点都可同时执行主控流程或其他节点下发的子流程，任意节点都可成为某一实例阶段的中心。

4. 基于控制流程的分段执行控制系统实现技术

本章提出“流程控制流程”的概念，使用服务解析组合引擎构造的主控流程，自动化完成工作流分布式调度。从本质上看，主控流程与一般的工作流程并无差别，仅在构造逻辑与实现功能上略有特殊。

在构造逻辑上，主控流程的构造基于工作流分割算法的逻辑，通过获取解析分割方案，构造相似结构的主控流程。如图 7-8 和图 7-9 所示，根据图中的分割逻辑，针对每个子流程都会生成对应的服务代理任务 T_i 和用户任务 U_i。

在实现功能上，主控流程的所有服务代理任务 T_i 都可实现对应子流程 W_i 的分布式下发，服务代理任务 T_i 从主控流程的流程变量中获取对应标号的子流程信息及调度信息，完成对子流程调度的下发，同时进行子流程变量数据的插入。每个服务代理任务都通过我们设计的动态代理实现该功能。用户任务 U_i 主要配合子流程的主动响应式监听来保证控制流及数据流的完整性，由子流程的监听任务 L_i 完成。

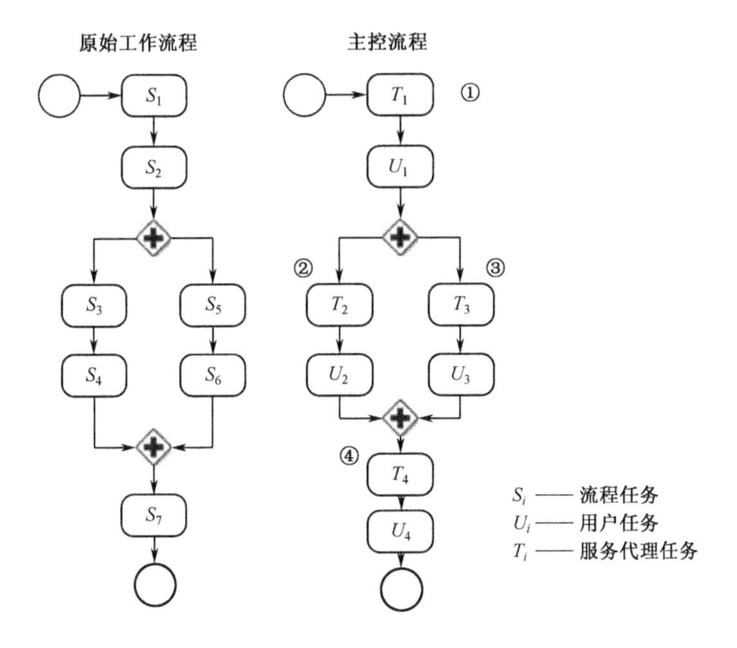

图 7-8　主控流程与原始工作流程对比

图 7-9 所示为主控流程控制过程示意，给出了主控流程实现子流程分布式下发的全部过程。在主控流程执行过程中，服务代理任务 T_i 从流程变量中获取相应流程片段 W_i 的调度信息，实现子流程的下发，之后进入用户任务 U_i，等待子流程 W_i 监听任务的主动响应。子流程 W_i 的监听任务会从流程变量中获取当前 W_i 需要完成的用户任务 U_i 的信息，并进行响应，之后主控流程才会继续执行服务代理任务 T_i+1，保证后置工作流的顺序执行。

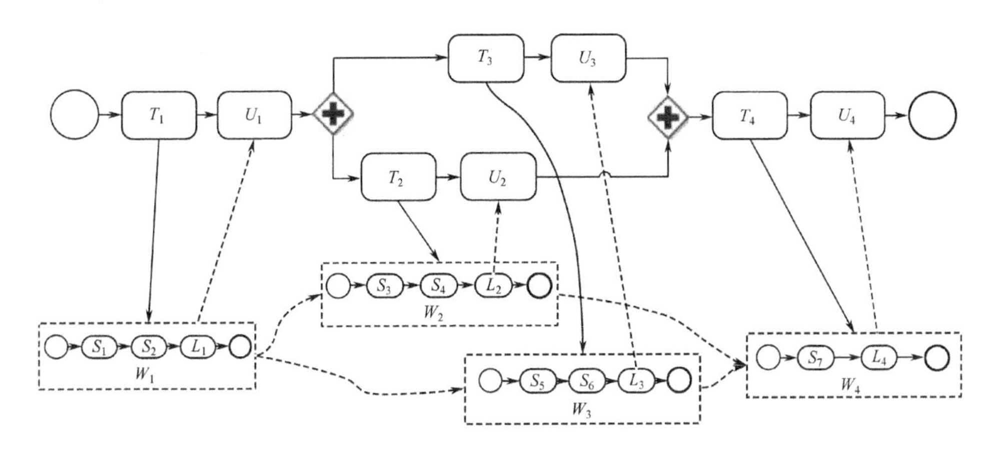

图 7-9　主控流程控制过程示意

定义 7.4 主动响应式监听：在工作流分布式调度技术实现的过程中，需要保证工作流两方面的完整性，即控制流及数据流的完整性。针对“流程控制流程”的技术，主控流程服务代理任务 T_i 对子流程下发与子流程 W_i 的运行是异步的，在这种情况下，T_i 并不会在子流程 W_i 运行结束后再下发后置子流程，从而会破坏控制流，使子流程无法顺序执行。因此，我们使用主控流程中的用户任务及子流程中的主动监听响应服务来保证控制流及数据流的完整性。

主控流程中的每个服务代理任务后继都会添加一个用户任务，同时在每个子流程的结束事件前都会添加一个监听任务。在主控流程的服务代理任务完成后（T_i 下发子流程 W_i），会进入用户任务，等待完成；而子流程在执行完成后会进入监听任务。监听任务主要实现以下几个功能。

（1）流程变量回插。由于原始工作流程被划分为多个子流程，前置子流程的数据输出往往需要作为后置子流程的数据输入。为了保证数据流的完整性，主控流程的服务代理任务 T_i 下发子流程时会携带自身的流程变量数据，将其作为子流程的流程变量进行插入。而子流程的监听任务则会在子流程结束之后将其产生的所有数据结果作为流程变量插回至主控流程的流程变量中。

（2）用户任务完成。在子流程 W_i 结束阶段，监听任务 L_i 会获取控制当前子流程的主控流程信息，完成该主控流程中正在等待的用户任务，以通知主控流程该子流程已执行完成，可下发后置子流程，从而保证控制流的完整性。

为了保证基于控制流程完成服务方案分布式执行功能的可移植性与高可用性，本书提出一种非侵入式动态代理设计，不对工作流执行引擎做任何的源码调整，而是充分利用该引擎的特性，设计服务代理类与监听代理类来实现主控流程对工作流分布式调度的管控。服务代理类部分代码如图 7-10 所示。

```
1   Input: delegateExecution
2   Output:  workflow status
3   status = false;
4   WiWorkFlow = delegateExecution.getWi();
5   serviceNode =  delegateExecution.getServiceNodeInfo();
6   variable = delegateExecution.getVariable();
7   userTaskInfo = delegateExecution.getUersTask();
8   if childrenFlow ≠ null and serviceNode ≠ null then:
9       if serviceNode is offline then:
10          serviceNode = delegateExecution.getNewServiceNodeInfo();
11      else return status;
12      updateVariable(variable);
13      status = dispatch(childrenFlow,serviceNode,variable,userTaskInfo);
14  return status;
```

图 7-10 服务代理类部分代码

服务代理类在服务方案的分布式执行中有重要作用：首先，从主控流程的流程变量中获得相应的子流程信息、调度节点信息和后续等待的用户任务信息（见图 7-10 中的第 4～5 行）；其次，进行调度信息有效性的判别，同时检查该下发节点是否正常，若该节点已离线，则从节点集合中选取正常节点进行下发（见图 7-10 中的第 7～10 行）；再次，对主控流程的流程变量进行更新，其中包括当前运行节点、后置下发子流程、子流程运行进度等变量的更新；最后，携带更新后的变量信息及为该子流程分配的用户任务信息进行子流程的下发执行，最终返回流程状态。

基于控制流程完成服务方案分布式执行的设计使用主控流程自动化实现工作流的分布式调度，而流程变量的使用则为该架构的实现奠定了基础。无论是子流程 W_i 的服务描述信息、流程的调度节点信息，还是流程响应监控的信息，都是以流程变量的方式在子流程与主控流程间进行通信的。部分流程变量设计如图 7-11 所示。

```
1    String Wi = W1,W2,W3....
2    String scheduleInfo = ip1,port1,ip2,port2......
3    String mainNodeIp = ip
4    String mainNodeIp = port
5    String userId = id1,id2......
6    String mainInstanceId = instanceId
7    .......
```

图 7-11　服务实例中的部分流程变量设计

7.3.2　负载均衡

负载均衡（load balancing）是一种保障技术，通常用于为分布式系统中的网络、CPU、磁盘驱动器或其他资源分配负载，以达到优化资源使用、最大化吞吐率、最小化响应时间、避免过载的目的（Poola et al. 2017）。服务协同引擎提供了服务方案实例运行时在节点间的负载均衡保障，作用是将大量并发实例合理地分摊到多个工作节点上执行，从而解决高并发下的可用性问题。

用户向主控节点提交服务方案的执行请求后，引擎的主控节点负责部署服务方案，并执行服务方案实例化，以一定的调度策略将其分配至所管控的多个工作节点。具体地，服务方案被执行后，可以被引擎监控模块发现。引擎监控模块监控正在运行的服务方案实例，查看所述实例被调度的具体工作节点。

引擎提供可插拔的负载均衡实现机制，这使得负载均衡算法可以按需在引擎中使用。以下介绍几种在引擎中内置的负载均衡算法。

1. 轮询法

轮询法将服务方案的执行请求按顺序轮流地分配到工作节点上，它均衡地对待后端的每个工作节点，而不关心工作节点实际的连接数和当前的系统负载。这是引擎默认的调度策略。该算法的伪代码实现如算法 7-5 所示。

算法 7-5 轮询法负载均衡

输入：可用的工作节点

输出：选定的工作节点

```
1. 初始化工作节点列表 servers，加入所有可用的工作节点;
2. 初始化整型变量 pos = 0，用于记录列表中的位置;
3. 初始化变量 server = null，用于保存选择的工作节点;
4. if (pos >= servers.size()) {
5.    pos = 0;
6. }
7. server = servers.get(pos);
8. pos++;
9. return server;
```

轮询的目的在于请求的绝对均衡，但在实际情况中，工作节点的配置可能不同，高配置节点的能力不能完全发挥出来。

2. 随机法

随机法通过系统的随机算法，根据工作节点的列表大小值来随机选取其中的一个工作节点接收服务方案并执行。由概率统计理论可知，随着客户端请求次数的增加，这种算法的实际效果接近于将调用量平均分配到每个工作节点的效果，也就是类似于轮询法的效果。该算法的伪代码实现如算法 7-6 所示。

算法 7-6 随机法负载均衡

输入：可用的工作节点

输出：选定的工作节点

```
1. 初始化工作节点列表 servers，加入所有可用的工作节点;
2. 初始化整型变量 pos = 0，用于记录列表中的位置;
3. 初始化变量 server = null，用于保存选择的工作节点;
4. 获取随机数对象  random = new Random();
5. 生成整型随机数 randomPos = random.nextInt(servers.size());
6. server = servers.get(randomPos);
7. return server;
```

在高并发场景下，由于轮询需要加锁，因此与轮询法相比，随机法具有优势。

3. 源地址哈希法

源地址哈希法的思想是，根据发送请求的客户端 IP 地址，通过哈希函数计算一个数值，用该数值对工作节点列表的大小进行取模运算，就可得到客户端要交互的工作节点序号。采用源地址哈希法进行负载均衡，当工作节点列表不变时，同一个 IP 地址的客户端每次都会映射到同一个工作节点进行访问。该算法的伪代码实现如算法 7-7 所示。

算法 7-7 源地址哈希法负载均衡

输入：可用的工作节点，客户端的 IP 地址 ip

输出：选定的工作节点

1. 初始化工作节点列表 servers，加入所有可用的工作节点;
2. 初始化整型变量 pos = 0，用于记录列表中的位置;
3. 初始化变量 server = null，用于保存选择的工作节点;
4. 得到整型的哈希值 hashCode = ip.hashCode();
5. 为变量赋值 pos = hashCode % servers.size();
6. server = servers.get(pos);
7. return server;

该算法的好处是，在工作节点列表不变的情况下，每次客户端访问的工作节点都是同一个。利用这个特性可以实现有状态的会话，而无须额外的操作。

4. 加权轮询法

对于不同的工作节点，可能机器的配置和当前系统的负载并不相同，因此它们的抗压能力也不相同。加权轮询法能较好地处理这一问题，其给配置高、负载低的节点分配更高的权重，使其处理更多的请求；而给配置低、负载高的节点分配较低的权重，降低其系统负载，并将请求顺序按照权重分配到后端。该算法的伪代码实现如算法 7-8 所示。

算法 7-8 加权轮询法负载均衡

输入：可用的工作节点

输出：选定的工作节点

1. 初始化工作节点哈希映射 serverMap，将工作节点及其权重作为一个元素加入映射;
2. 初始化整型变量 pos = 0，用于记录映射中的位置;
3. 初始化变量 server = null，用于保存选择的工作节点;
4. 获取映射的键集合对象 keySet = serverMap.keySet();

```
5. 获取键集合对象的迭代器 it = keySet.iterator();
6. 初始化列表 servers;
7. while (it.hasNext()) {
8.    String server = it.next();
9.    给定工作节点的权重 weight = serverMap.get(server);
10.    for (int i = 0; i < weight; i++) {
11.       servers.add(server);
12.       }
13. }
14. if (pos >= servers.size()) {
15.    pos = 0;
16. }
17. server = servers.get(pos);
18. pos++;
19. return server;
```

5. 加权随机法

与加权轮询法一样，加权随机法也根据工作节点的配置为系统的负载分配不同的权重。不同的是，它按照权重随机请求工作节点，而非顺序请求。

6. 最小连接数法

最小连接数法较灵活。工作节点的配置不尽相同，对于请求的处理有快有慢，最小连接数法根据后端服务器当前的连接数，动态地选取其中当前积压连接数最小的一个工作节点来处理当前的请求，尽可能地提高工作节点的利用效率。

7.4 可靠性保障

7.4.1 引擎故障类型与可靠性保障效果

作为分布式系统，引擎存在众多的节点，在持续运行的环境下，节点的故障处理是必须的，而不能简单视作“异常”。导致节点不可用的原因有很多，比如物理环境的停电、硬件设备的宕机、软件程序运行时异常退出等。本节根据相关工作（丁维龙 2012），将引擎中的节点故障按影响分为如下两类。

定义 7.5　失效-停止（fail-stop）类故障：这类故障表现为节点服务的功能停止。这类故障出现后，除非存在外在（人工的或非人工的）干预，否则节点无法继续提供服务。

失效-停止类故障是引擎最常见的故障，在很多场景下广泛存在，如物理机器宕机、服务方案实例负载压力过大，甚至网络连接不稳定等。这也是学术界和工业界研究最多的一类故障类型。

定义 7.6　瞬时失效（transient unavailability）类故障：这类故障表现为节点的服务并不停止，但经常性或间歇性（如每 1min 或每 10s）地出现不超过 10s 的暂时停滞。

瞬时失效类故障发生于存在资源竞争的环境中，如虚拟机、容器等基础设施虚拟化的环境或多租户（multi-tenant）等业务资源虚拟化的环境。造成这类故障的原因在于，众多节点共享物理节点的计算资源（CPU、内存和带宽），其服务没有被很合理地调度和分配。故障可在被竞争的资源释放后自动恢复。例如，物理节点 A 部署了多个节点 $n_1,n_2,\cdots,n_i$，假设 n_1 负责接收到达的外部数据，而在时间段 p 内到达的数据规模激增，相应地导致 A 的 CPU 资源更多地被 n_1 占用，导致节点 $n_2,\cdots,n_i$ 在时间段 p 内因 CPU 的瓶颈出现瞬时失效，数据处理明显出现延迟；而当数据速度峰值时段 p 过后，n_1 释放占用的资源，节点 $n_2,\cdots,n_i$ 通过获得更多的 CPU 资源从瞬时失效类故障中恢复。自 2009 年开始，以 IBM 为代表的公司开始针对瞬时失效类故障的可靠性保障进行研究，并将成果应用在 SPC 和 CLASP 等大数据处理系统中。

当前版本的引擎，更多关注失效-停止类节点故障，由于这类故障在实际中更为常见且可导致服务中断，因此相关研究的实际意义更大。

可靠性保障机制通常包括运行时备份和故障恢复两个阶段，其中故障恢复的效果分类如表 7-3 所示。

表 7-3　故障恢复的效果分类

分类标准	名称	特征描述	适用场景
故障恢复效果（精确程度由弱到强）	间隔恢复	保证在故障恢复后节点的服务能继续	对精确性相对不敏感，如数据获取类应用
	回滚恢复	保证恢复后的节点能接收与故障前等价的数据	对结果有明确需求，如告警类应用
	精确恢复	保证恢复后的节点能接收与故障前相同的数据	对结果有高准确性需求，如实时决策类应用

从故障恢复效果视角，可将可靠性保障分为三类：间隔恢复、回滚恢复和精确恢复。假设O,O_f,O_r分别为节点故障前、发生故障时和故障恢复后的输出。

定义 7.7 间隔恢复（gap recovery）：目标是恢复后的节点能够继续服务，即$\exists O_r$。

间隔恢复是最弱的恢复目标，容忍节点恢复后的数据丢失。这在许多对数据精确性要求不高的场景有广泛应用，如传感器网络的监控数据获取。由于开销小和实现相对简单，因此它也应用于当前许多分布式系统，如 HOP 和 S4 等。

定义 7.8 回滚恢复（rollback recovery）：目标是恢复后的节点能够继续服务，且保证故障前、后输出等价的数据，即$O_f+O_r \supseteq O$。

回滚恢复相比间隔恢复，保证了节点恢复后的数据不丢失。它使故障前、后输出数据等价（这也是“回滚”的含义所在），但相比故障前允许存在重复的数据，故适用于对结果有明确需求的应用，如告警类应用。为达到这个目标，需要通过备份相关数据来重建故障节点的状态。

定义 7.9 精确恢复（precise recovery）：目标是恢复后的节点能够继续服务，且保证故障前、后输出完全一致的数据，即$O_f+O_r=O$。

精确恢复相比回滚恢复，保证了节点恢复后的数据不丢失和不重复，适合对数据精确性要求较高的应用，如实时决策类应用。为达到这个目标，需要在回滚恢复的基础上，从欲恢复的数据中移除故障前节点已经确定接收的数据。相比之下，精确恢复的开销最大，恢复延迟最长。

事实上，同一系统在不同配置下可以实现不同的恢复效果，不同的配置存在各自的优势和局限，体现了在不同的可用性需求下性能与开销的折中。本书提出的引擎主要针对失效-停止类故障进行可靠性保障，实现间隔恢复或回滚恢复的效果。

7.4.2 基于微服务的架构可用性保障

Kubernetes 是一个领先的开源编配器，用于管理容器化应用程序（Bernstein 2014）。Kubernetes 集群具有主从架构，其中，主节点负责处理和维护所需的集群状态；从节点（称为节点）与主节点通信并运行应用程序容器。然而，主节点也能够承载应用程序容器。为了获得高可用的 Kubernetes 集群，可以复制主服务器。

Kubernetes 中应用程序的最小单元和构建块称为 Pod。Pod 是由一个或多个共享 Pod 的 IP 地址及其端口空间的容器组成的组。在实践中，微服务被封装并部署在 Kubernetes 集群中，作为 Pod。控制器是维护 Pod 的管理实体，负责根据它们的规范创建和维护所需数量的 Pod。控制器是将集群的当前状态带入所需状态的监视循环。例如，当一个容器崩溃时，控制器将重新调度。Kubernetes 有不同类型的控制器，每种控制器都有特定的用途。例如，StatefulSet 控制器用于管理有状态 Pod，而部署控制器通常用于管理无状态应用程序。

控制器动态地删除和恢复 Pod，并导致 Pod 的 IP 地址经常改变。因此，Pod 的 IP 地址不可靠。在 Kubernetes 中，可以将可定制的标签分配给 Pod，并根据这些标签选择它们。Kubernetes 还定义了一个名为 Service 的抽象，它根据 Pod 的标签选择 Pod 作为其端点列表。业务需要配置静态虚拟 IP 地址。服务的 IP 地址接收到的所有请求都以随机或循环的方式在服务端点之间进行负载均衡。

类似地，Kubernetes 通过提供两个 API 资源，即持久卷（PV）和持久卷声明（PVC）来抽象存储解决方案的细节。PV 是集群中的一段存储，它的生命周期独立于使用它的 Pod。PV 可以动态或静态地提供。PVC 是由 Pod 提出的存储要求。PVC 将 Pod 与符合 PVC 特性的 PV 结合。

使用 Kubernetes 部署有状态应用程序最常见的方法是使用 StatefulSet 控制器。StatefulSet 规范包含 PVC 模板和 Pod 模板，其中 PVC 模板描述了 StatefulSet 的 Pod 可以绑定到的 PV 的标准（容量、访问模式等）。部署 StatefulSet 后，将为每个 Pod 创建一个 PVC，并将其绑定到满足这些标准的专用 PV 上。这意味着一个 Pod 存储在其 PV 中的数据不会与 StatefulSet 中的其他 Pod 共享。需要一种机制，比如保持会话来确保客户端总是由相同的 Pod 提供服务，因为它的状态存储在绑定到该 Pod 的 PV 中。Pod 可以将其状态数据存储在 PV 中。如图 7-12 所示为使用 StatefulSet 部署有状态应用程序的架构，StatefulSet Pod 的名称是其控制器名称（“MS”）和序数索引的组合（MS-0 和 MS-1）。与由其他控制器管理的 Pod 相比，StatefulSet Pod 的一个不同之处在于其具有持久的身份。这意味着，如果将其状态数据存储在 PV1 中的 MS-0 失败了，StatefulSet 将重新启动 Pod，并将给它相同的标识。因此，MS-0 将再次绑定到 PV1 上，并且它将在重新启动之前访问存储在 PV1 上的状态数据。

在可用性方面，图 7-12 中的架构面临一些问题。例如，如果一个 Pod 失败了，其他 Pod 将不知道这个失败。但是，由于 Pod 以相同的标识重新启动，它可以从其关联的 PV 中恢复故障前的状态。这意味着该架构的冗余模型是无冗余的，尽管服务可以恢复，但客户端需要等待失败的 Pod 重新启动，这对于某些高可用应用程序来说可能太慢了。

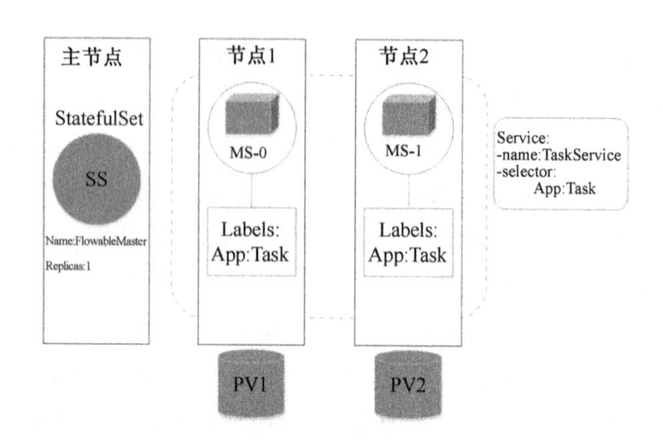

图 7-12　使用 StatefulSet 部署有状态应用程序的架构

此外，如果承载 StatefulSet Pod 的节点发生故障，与部署控制器不同，StatefulSet 将不会创建另一个 Pod 来替换发生故障的 Pod。原因是 Kubernetes 本身无法区分节点故障和网络分区。例如，如果承载 MS-0 的节点由于网络分区而变得无响应，MS-0 将继续在该节点上运行，并将写入 PV1。如果 StatefulSet 在另一个节点上创建了另一个名为 MS-0 的 Pod，这个 Pod 将被绑定到同一个 PV 上，可能会导致数据丢失。因此，为了避免多个具有相同标识的 Pod 操作相同数据，StatefulSet 在节点故障时将不会在另一个节点上重新创建 Pod。但是，如果节点上的 Kubelet 再次响应，它将自动终止 MS-0 并重新创建它；否则，需要管理员强制删除节点对象或 MS-0。

虽然 StatefulSet 更常用来部署有状态应用程序，但对这类应用程序也可使用部署控制器。与 StatefulSet 类似，有状态部署 Pod 将它们的状态数据存储在 PV 中。但是，对于部署控制器来说，所有 Pod 都必须共享单个 PV。在部署控制器规范中不可能包含 PVC 模板。因此，应该在使用部署控制器部署应用程序之前创建 PVC。如图 7-13 所示为使用部署控制器 Deployment 部署有状态应用程序的架构。

从图 7-13 所示架构的可用性角度来看，问题可以总结如下。当使用部署控制器部署基于状态的微服务应用程序时，所有微服务实例都可以访问相同的状态数据。但是，如果一个 Pod 发生故障，那么其他 Pod 不知道该故障，也不知道其数据存储的位置。因此，它们将无法恢复故障 Pod 提供的服务。因为重新启动的 Pod 的标识也发生了变化，所以甚至不能依赖重新启动过程来恢复存储的状态。

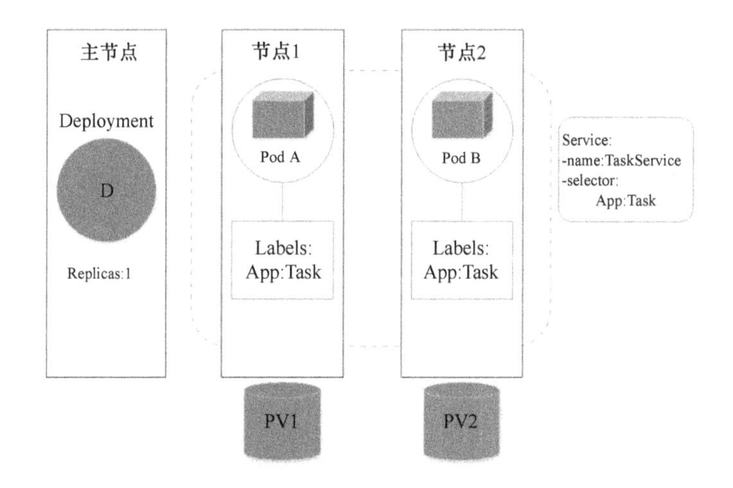

图 7-13　使用部署控制器 Deployment 部署有状态应用程序的架构

于是，基于 Kubernetes 复制容器管理机制，可以提高引擎的可靠性。当容器失败时，Kubernetes 将通过预定义的镜像重新创建它。但是，失败容器的状态不会恢复。引擎可以使用外部存储来维护它们的状态，并保护这些卷不受故障的影响。此外，当提供状态复制时，引擎还考虑了访问卷时的并发性处理问题。

通过上述基于 Kubernetes 的相关能力，服务协同引擎提供了 7×24 小时的不间断服务，实现了引擎服务和服务方案实例的高可用保障。具体地，所述引擎服务，无论是主控节点还是工作节点，一旦出现失效-停止类故障，引擎可以快速捕捉失效事件，秒级重新启动新的服务，恢复服务到故障之前的状态。

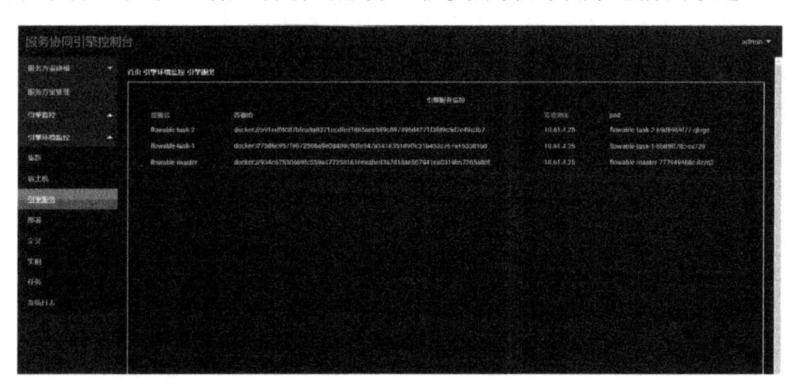

图 7-14　引擎服务列表

其中，针对工作节点的故障，引擎可以保证故障工作节点的服务方案实例被迁移至可用工作节点，继续之前的运行，如图 7-14 所示。所实现的回滚恢复保障效果，无须用户干预，保障服务持续性并保证故障恢复后数据不丢失。在引擎服务发生故障时，中间状态和数据是通过分布式协同服务进行恢复的。

7.5 服务方案运行时部署与优化

为了实现云边协同的服务互联网持续在线性能优化，基于 7.1 节的分布式系统设计，我们讨论在云端和边缘端实现协同的服务执行及持续优化。具体地，针对支持云边的服务协同引擎，参考文献（Ding et al. 2020），我们在两种条件下给出云边资源的近似最优化，用于实现数据处理在云边资源上的自扩缩（auto-scaling）。

7.5.1 负载透明的任务放置算法

该算法是在服务方案提交执行时，由引擎协调节点触发的，用于首次在引擎中部署应用。该算法基于粒子群优化策略，给出了在云边环境下的资源利用率近似最优的方案，降低了时延和通信代价。相应的算法步骤如算法 7-9 所示。

粒子编码：一个粒子 $\boldsymbol{x}_{id}^{t}=(x_1,x_2,\cdots,x_i,\cdots,x_T)$ 是一个 T 维向量，代表在 t^{th} 次迭代的一种任务放置的可行解，T 是应用中任务的数量。向量元素 $x_i=j$ 意味着 t^{th} 次迭代的任务 t_i 将被放置在工作节点 r_j，1≤整数 i≤T，1≤整数 j≤R，R 是工作节点的数量。

粒子解码：在 t^{th} 次迭代中，所有粒子会被解码为资源利用率矩阵 $\boldsymbol{Y}_l$，矩阵元素 $\boldsymbol{Y}_l(i,j)$ 描述了资源 l 被工作节点 r_j 上的任务 t_i 的使用。其中 1≤整数 i≤T，1≤整数 j≤R，资源 l 可选 CPU、MEMORY 或 BANDWIDTH。为了叙述的一致性，矩阵 $\boldsymbol{Y}_0$ 定义为工作节点上的任务放置，其元素 $\boldsymbol{Y}_0(i,j)$ 为 0 或 1。当 $\boldsymbol{Y}_0(i,j)=1$ 时，任务 t_i 被放置在工作节点 r_j。

算法 7-9 基于粒子群优化的任务放置算法

输入：数量为 T 的任务，数量为 R 的工作节点，惯性权重 w，加速常数 c_p 和 c_g

输出：函数 f 最小值下的一种任务放置方案

```
1. for  i=1,…,P
2.   初始化粒子 x_i，均匀分布的随机变量 x_i~U(b_lo,b_up)；
3.   使用初始位置来初始化个体极值：p_i = x_i；
4.   if f(p_i) < f(g)
5.     更新全局极值：g = p_i；
6.   endif
7.   初始化粒子的速度：v_i~U(-|b_up - b_lo|,|b_up - b_lo|)
8. endfor
9. while 终止条件不被满足
10.   for 每个粒子 x_i
11.     for 每个维度 d=1,…,n
12.       选取随机数 r_p,r_g~U(0,1)；
13.       更新 x_i 的速度：v_{i,d} = w v_{i,d} + c_p r_p (p_{i,d} - x_{i,d}) + c_g r_g (g_d - x_{i,d})
14.     endfor
15.     更新粒子：x_i = x_i + v_i；
16.     if f(x_i) < f(p_i) and 在工作节点 i 上的任意资源 l 没有超过阈值 threshold(l,j)
17.       更新粒子的个体极值 p_i = x_i；
18.       if f(p_i) < f(g)
19.         更新全局极值 g = p_i；
20.       endif
21.     endif
22.   endfor
23. endwhile
24. return  g；
```

算法 7-9 描述了算法的实现过程。其中，算法的参数惯性权重 w 和加速常数（c_p 和 c_g）可以通过交叉验证进行调优。在算法第 1～8 行中，初始化时 $f(g)=\infty$，最初粒子被生成，P 是粒子的大小，b_{lo} 和 b_{up} 是搜索空间的下边界和上边界。算法第 9 行是停止条件，即到达最大的迭代次数，或者解已经确定。粒子更新如第 11～15 行所示。最优的粒子和种群在第 16～21 行中被更新。其中，在第 16 行中，工作节点 j 上可用资源 l 的阈值是由协调节点确定的。

7.5.2 负载感知的任务负载预测算法及主动式任务调度

在服务方案实例运行时，协调节点监控获知突发增/降负载。基于 SVR 模型，这里给出一种负载感知的任务负载预测算法。针对发现的瓶颈任务，该算法通过主动式任务调度，在动态环境保持既定 QoS 的稳定。算法具体实现如算法 7-10 所示。

对于任务 t_i，负载描述了在给定时间片内的数据到达速率，并由协调节点进行监控。在当前最近的 N 次观测中，负载突增意味着预测负载值高于高水平阈值 m_h^i 的比例超过上门限 H；负载突降意味着预测负载值低于低水平阈值 m_l^i 的比例超过下门限 L。默认配置下，$H = L = 50\%$，对于任意的任务 t_i，高水平阈值 m_h^i 与所部署的工作节点的带宽相同，低水平阈值 m_l^i 为零。

一个落后任务是具有突增负载的任务；一个空闲任务是一个具有突降负载的任务。这两类任务倾向于成为性能瓶颈，应当在运行时被重新部署。

算法 7-10 任务负载预测算法

输入：任务 t_i 的工作负载向量，惩罚系数 C，高斯核参数 γ，损失参数 ε，时间参数 θ，边界 $\xi^{\wedge}$ 和 $\xi^{\vee}$

输出：任务在下一时间片的工作负载

1. 交叉验证确定参数 $C,\gamma,\varepsilon,\theta$；
2. if 到达时间片 $t(t_l,t_r)$ 的时刻 t_r
3. 获取当前窗口的负载向量 $\boldsymbol{w}_i^t$；
4. 从缓存中获取前 $\theta-1$ 个窗口的负载向量;
5. 在所述负载向量上训练 SVR 模型;
6. 在构建 x_i^{t+1} 后，根据训练的模型，预测下一个时间片的工作负载 y_i^{t+1}；
7. 在缓存中删除最旧窗口的负载向量;
8. 在缓存中加入当前窗口的负载向量 $\boldsymbol{w}_i^t$；
9. return y_i^{t+1}
10. endif

任务负载预测算法是一个流式计算过程。每个任务的负载向量会被协调节点在滚动时间窗口上构建，而且之前 $\theta-1$ 个窗口的数据将被缓存以提高访问性能，如算法 7-10 的第 4，7～8 行所示；第 5 行展示了在最近 θ 个窗口上进行训练；第 6 行展示了模型可以预测任务 t_i 在下一个时刻 $t+1$ 的负载 y_i^{t+1}。

第 8 章

服务互联网运行平台实现与应用案例

本章介绍服务互联网运行平台的原型系统实现与应用。服务协同平台是服务互联网运行平台的一种具体实现，由北方工业大学暨大规模流数据集成与分析北京市重点实验室开发。

本章首先介绍服务协同平台的整体架构，其次针对其中的服务协同平台门户及服务库、服务方案执行引擎与监控中心、服务交付交互工具、服务方案运行时演化工具、服务协同平台基础支撑云环境几个组成部分，介绍各部分的系统结构及工作模式。

为了展示服务互联网运行平台的应用效果，本章以面向生产企业的区域经济发展综合科技服务应用为背景，介绍了面向新能源汽车行业的一站式科技服务的应用案例。

8.1 服务互联网运行平台原型系统

8.1.1 服务协同平台整体架构

服务协同平台由服务协同平台门户及服务库、服务方案执行引擎与监控中心、服务交付交互工具、服务方案运行时演化工具、服务协同平台基础支撑云环境构成，如图 8-1 所示。

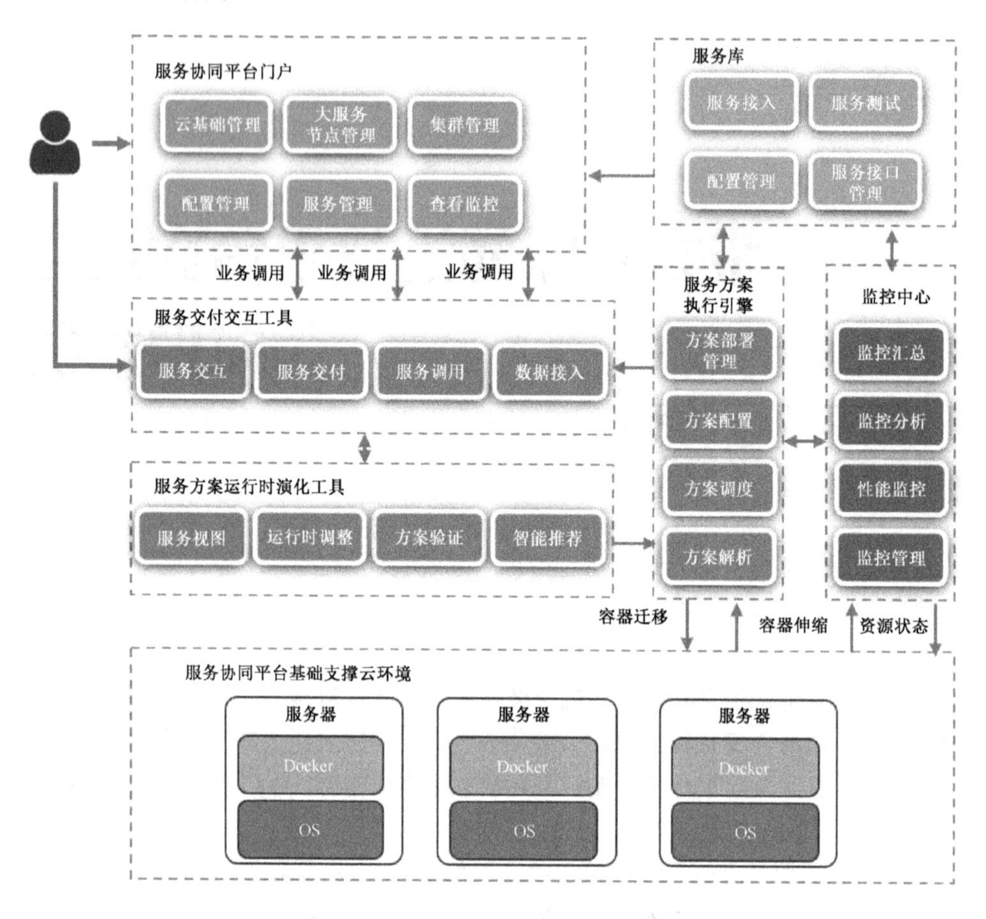

图 8-1　服务协同平台整体架构

（1）服务协同平台门户及服务库：主要实现对服务资源及服务方案的管理，包含对服务及服务方案等基本数据信息的管理及分析；对服务的基本信息及其所属服务方案的基本信息的管理，以及对日志数据信息的分析，挖掘服务间的关联关系，进行可视化展示。

（2）服务方案执行引擎与监控中心：负责服务方案的部署执行，可支持用户选择服务方案部署节点，以及支持跨节点服务方案实例的执行调度，可实现执行结果的实时交互反馈与动态调整，并可执行历史日志管理。

（3）服务交付交互工具：可挖掘服务之间的时空相关、依赖相关、因果相关等多维度关联关系，支持用户智能选择或匹配服务，可实现人在环中的用户需求交互模式，随着用户需求的演化不断推荐合适的服务方案。

（4）服务方案运行时演化工具：针对服务组合逻辑的不确定性，通过用户自主编程和系统智能辅助相结合的方式来组合服务，可支持用户以“边执行边构造”的方式进行服务方案运行时调整，为用户提供编程指导，保证用户编程的正确性。

（5）服务协同平台基础支撑云环境：提供支撑保障及服务互联网运行环境，提供服务协同平台中服务互联网节点的管理、监控和底层云环境的管理功能。

8.1.2 服务协同平台门户及服务库

8.1.2.1 系统架构

服务协同平台门户是服务协同平台的入口，以可视化方式展示服务协同平台上包含的节点、服务方案、服务等各类资源的各类统计信息。服务库是一个服务及服务方案管理工具，支持服务及服务方案的注册、组织管理、检索展示等功能。服务协同平台门户及服务库的系统架构如图 8-2 所示。

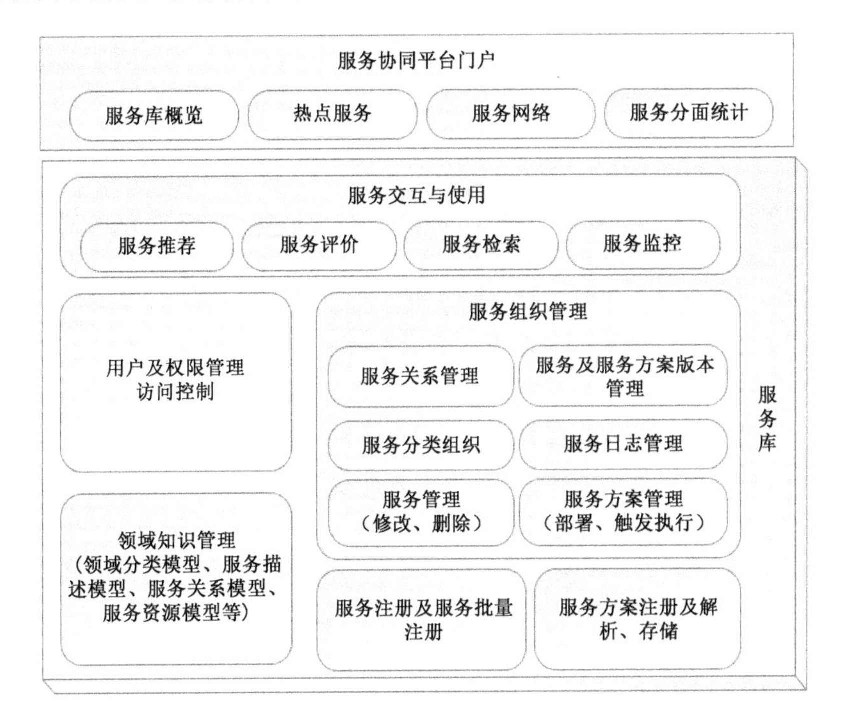

图 8-2　服务协同平台门户及服务库系统架构

服务协同平台门户及服务库包括如下具体模块。

（1）服务注册及服务批量注册：支持服务以规范的方式注册到服务库系统，也支持多个服务的批量注册。

（2）服务方案注册及解析、存储：支持服务方案注册接入并存储至服务库系统，同时支持服务方案同步解析并与服务库中已有服务建立关联。

（3）服务组织管理：支持服务的分类组织、信息更新、删除等基本功能，同时支持服务关系的遍历、管理，支持服务方案的部署、触发执行，以及服务及服务方案的日志记录与管理等操作。

（4）领域知识管理：利用本体、知识图谱等对领域知识进行统一建模管理，包括领域分类模型、服务描述模型、服务关系模型和服务资源模型等。

（5）用户及权限管理访问控制：提供基础的用户及权限管理功能，避免超权限使用。

（6）服务交互与使用：面向服务使用者提供交互功能，包括服务浏览、检索等功能，支持服务的使用评价，同时支持服务状态的监控与更新。

（7）服务协同平台门户：服务协同平台的统一入口，支持服务库中管理的各类服务资源概览与信息统计、服务热点排行、服务网络结构及服务的各类统计信息。

8.1.2.2 工作模式

通过服务协同平台门户，可以管理服务的基本信息及其所属服务方案的基本信息，可以查询相应的日志数据信息，以及通过这些基本信息进行数据分析，挖掘服务间的关联关系，进行可视化展示等。

服务协同平台门户及服务库的主要功能如下。

（1）服务热门排行：根据用户访问服务的次数列出热门服务排行。

（2）服务群落树管理：显示服务的类别，可以对类别进行管理。

（3）支撑环境管理：提供支持所有服务部署的五大节点，通过此功能可以对节点进行管理和监控。

（4）系统管理：包括系统菜单、系统日志、定时任务、敏捷开发、角色管理、用户管理六个部分，主要实现对系统菜单和用户的管理，记录系统和用户的活动状态。

（5）服务注册及服务浏览：服务方案管理提供服务方案注册、服务方案浏览和服务方案实例功能；在服务注册界面可以注册新的服务，如图 8-3 所示；在服务浏览界面可根据不同的实现类型和服务名称关键字进行查询，并可进行服务管理。

图 8-3　服务注册

如图 8-4 所示，在服务方案注册界面可以注册新的服务方案。

图 8-4　服务方案注册

如图 8-5 所示，服务方案浏览界面显示已经注册的服务方案，并可对其进行管理，同时支持服务方案的执行和部署。

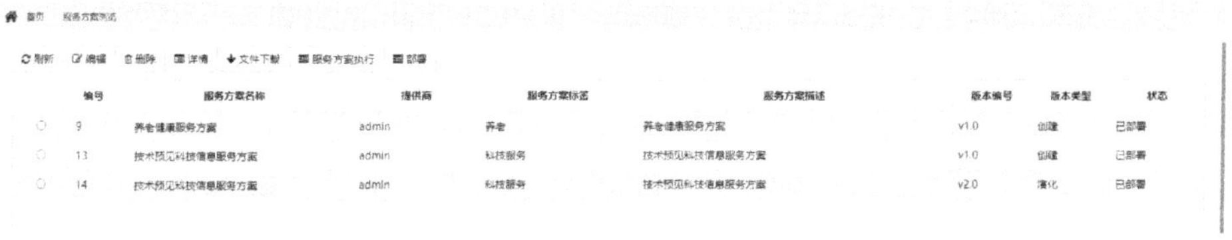

编号	服务方案名称	提供商	服务方案标签	服务方案描述	版本编号	版本类型	状态
9	养老健康服务方案	admin	养老	养老健康服务方案	v1.0	创建	已部署
13	技术预见科技信息服务方案	admin	科技服务	技术预见科技信息服务方案	v1.0	创建	已部署
14	技术预见科技信息服务方案	admin	科技服务	技术预见科技信息服务方案	v2.0	演化	已部署

图 8-5　服务方案浏览

如图 8-6 所示，服务方案实例界面显示已经部署的服务方案的具体信息。如图 8-7 所示，服务方案运行日志记录服务方案的活动状态信息。

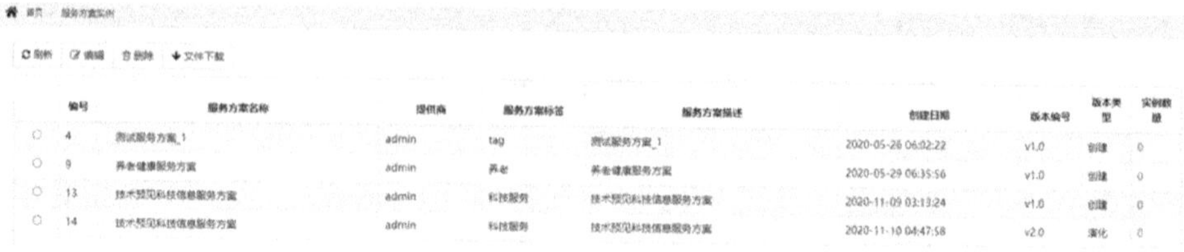

首页 / 服务方案实例

刷新 编辑 删除 文件下载

	编号	服务方案名称	提供商	服务方案标签	服务方案描述	创建日期	版本编号	版本类型	实例数量
○	4	测试服务方案_1	admin	tag	测试服务方案_1	2020-05-26 06:02:22	v1.0	创建	0
○	9	养老健康服务方案	admin	养老	养老健康服务方案	2020-05-29 06:35:56	v1.0	创建	0
○	13	技术预见科技信息服务方案	admin	科技服务	技术预见科技信息服务方案	2020-11-09 03:13:24	v1.0	创建	0
○	14	技术预见科技信息服务方案	admin	科技服务	技术预见科技信息服务方案	2020-11-10 04:47:58	v2.0	演化	0

图 8-6　服务方案实例

首页 服务日志

刷新 详情 删除

☐	服务实例ID	服务ID	服务方案实例ID	Task名称	用户指定	角色指定	服务执行状态	输出流量	当前阈值	开始时间	结束时间	维修状态	失败原因
☐	530	-	779747581465	OrderCenter	-	-	-	-	-	2020-07-03 11:34:22	2020-07-03 11:34:22	success	
☐	748	-	2146130048	OrderCenter	-	-	-	-	-	2020-07-03 11:34:22	2020-07-03 11:34:22	success	
☐	1530	-	578317560458778	OrderCenter	-	-	-	-	-	2020-07-03 11:34:22	2020-07-03 11:34:22	success	
☐	1551	-	2146130048	InventoryCenter	-	-	-	-	-	2020-07-03 11:34:22	2020-07-03 11:34:22	false	&component=java-web servlet&span.kind=server&http.url=http://tracing.console.aliyun.com/createOr
☐	1808	-	63573616874	InventoryCenter	-	-	-	-	-	2020-07-03 11:34:22	2020-07-03 11:34:22	success	
☐	2367	-	40304968101	OrderCenter	-	-	-	-	-	2020-07-03 11:34:22	2020-07-03 11:34:22	false	&component=java-spring-rest-template&span.kind=client&http.url=I id=5&peer.port=9002&http.met
☐	2475	-	1251721248451	PromotionCenter	-	-	-	-	-	2020-07-03 11:34:22	2020-07-03 11:34:22	success	
☐	2485	-	59704964	ItemCenter	-	-	-	-	-	2020-07-03 11:34:22	2020-07-03 11:34:22	false	&component=java-spring-rest-template&span.kind=client&http.url=I id=4&peer.port=9002&http.met
☐	2585	-	542455550519	OrderCenter	-	-	-	-	-	2020-07-03	2020-07-03	false	&component=java-web-servlet&span.kind=server&http.url=http://tra failGetAddress&http.method=GET&db.statement=select t.id, t.order_i

显示第 1 到第 10 条记录，总共 10000 条记录 每页显示 10 ▾ 条记录

上一页 1 2 3 4 5 ... 1000 下一页

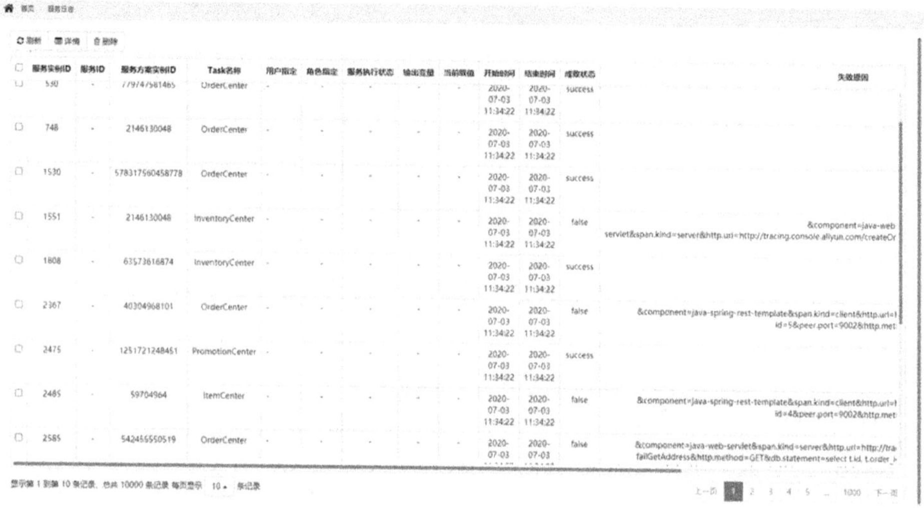

图 8-7　服务方案运行日志

（6）服务关联：可以提供关联网络展示，可使用户根据时间段和服务名称检索有效时间段内与该服务关联的服务的方案信息及联系，可根据访问量对其进行排名。

8.1.3　服务方案执行引擎与监控中心

8.1.3.1　系统架构

随着分布式服务技术在互联网中的高速发展，其支撑的各种分布式架构作为自动化组织交互的基础愈发关键。在当前互联网高速发展的时代，传统的集中式执行引擎技术已远远不能满足当前互联网应用服务的需求。在互联网请求高并发的条件下，传统的集中式执行引擎往往无法根据资源的变换进行响应调整，最终导致瓶颈的出现。同时，由于实际应用环境的不确定性及可变性，服务方案往往不能够被预先定义，通常需要进行即时的构建和调整，这是传统集中式执行引擎技术无法支持的。我们设计的基于分布式流程引擎的服务方案执行引擎与监控中心的架构如图 8-8 所示，包括基础设施层、数据层、服务层、应用支撑层及应用层。

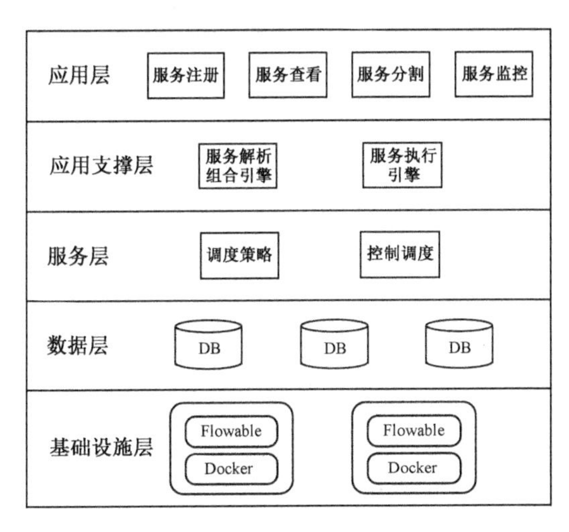

图 8-8　服务方案执行引擎与监控中心架构

（1）应用层：负责提供用户接口，实现便捷的注册、监控和服务方案构建。用户可配置及提交服务方案，通过拖曳可视化界面的方式构建方案。同时，应用层支持个性化的服务方案信息配置，以满足不同场景业务逻辑的需求。服务监控包括服务方案执行引擎和服务方案执行两个角度的监控，用于监控引擎状态和服务方案实例的状态。一方面，针对引擎，需要有多层次细粒度的监控功能，包括 CPU、内存、带宽、磁盘四个粒度，每个粒度存在一批相关的监控指标；另一方面，针对服务方案实例，需要在分布式执行时，即时获取运行时状态。

（2）应用支撑层：实现服务方案的接收、解析、智能化分割及主控流程的自动化组装，是系统的核心功能层。

（3）服务层：主要实现动态调度策略的生成及流程的分布式执行控制。

（4）数据层：为上层提供数据支持，包括流程状态数据、服务方案及调度信息的存储。

（5）基础设施层：是系统的底层计算环境，为上层应用提供计算支持，采用了去中心架构设计，实现了计算集群节点的无差别化。

8.1.3.2 工作模式

服务方案执行引擎允许实现服务方案的分割及分布式调度执行，支持用户提交流程，实现对流程的智能化分割及分布式执行监控。服务方案执行引擎的首页界面如图 8-9 所示。服务方案执行引擎与监控中心的功能如下。

图 8-9 服务方案执行引擎的首页界面

1. 服务方案提交与查看

允许用户提交已构建的符合 BPMN2.0 规范的服务方案定义文件（见图 8-10），同时对服务方案进行查看。

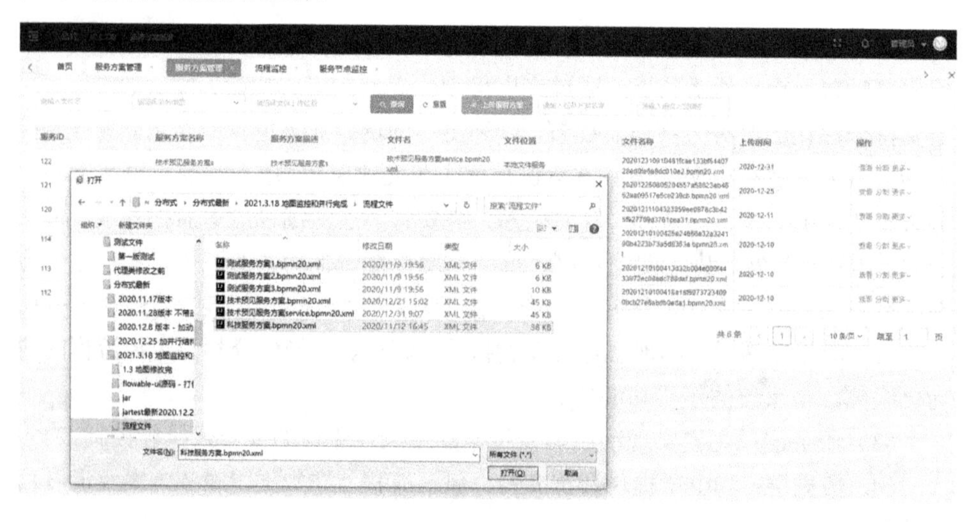

图 8-10 服务方案提交注册

如图 8-11 所示为部署完成后的流程。当一个流程在部署模块部署完成后，定义界面便会显示该流程的相关信息。

服务方案定义　　根据ID排序　显示25结果集

显示2个结果，匹配到的定义总数2

ID	名称	版本	Key	租户
TechnologyV2:7:...	TechnologyV2	7	TechnologyV2	
yanglaoV4:21:ee...	Elder-health-V4	21	yanglaoV4	

图 8-11　所有已部署流程

单击某个流程定义，会进入如图 8-12 所示的界面，会显示这个流程定义的信息，可以预览该流程图片、修改该流程定义的信息等，并且可以直接启动该流程定义。

TechnologyV2 - TechnologyV2:7:e3c144c4-8fa2-11eb-9239-d6d80974a236　　← 返回列表

ID:	TechnologyV2:7:e3c144c4-8fa2-11eb-9239-d6d80974a236	版本:	7
名称:	TechnologyV2	Key:	TechnologyV2
分类:	http://www.flowable.org/processdef	描述:	(None)
部署:	e3a8b3af-8fa2-11eb-9239-d6d80974a236		
开始表单定义:	否	图形符号定义:	是
租户:	(None)	挂起:	否

服务方案实例　Jobs　决策表　表单定义　　显示所有的历程

定义有 3个流程实例正在运行

ID	名称	状态	创建
168fd86c...		Active	Apr 25, 2021 4:49 PM
1077f085...		Active	Apr 25, 2021 4:48 PM
e6f60a4a...		Active	Mar 28, 2021 4:52 PM

图 8-12　单个流程的详细信息

如图 8-13 所示为该流程的具体流程图预览。

启动流程定义后，该流程定义就变成一个实例。在图 8-13 所示的服务方案实例按钮下会显示该实例的相关信息，单击该实例后便会跳转至之后要介绍的实例模块。

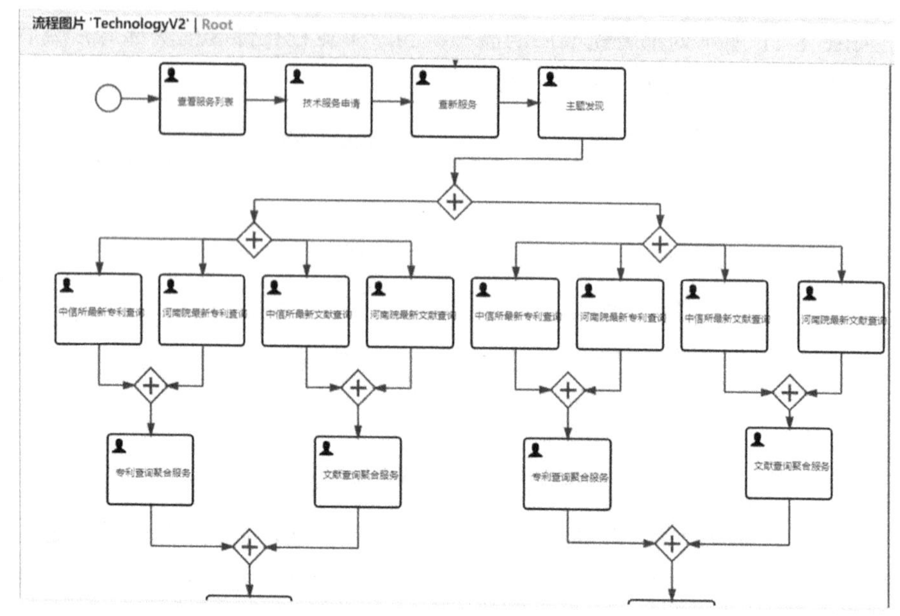

图 8-13　具体流程图预览

2. 服务方案分割

实现对用户服务方案的智能化分割，为服务方案的分布式执行提供支持。

3. 服务方案运行监测

（1）服务引擎的多层级多粒度监控：在服务引擎控制台的“引擎环境”下的集群监控，如图 8-14 所示。

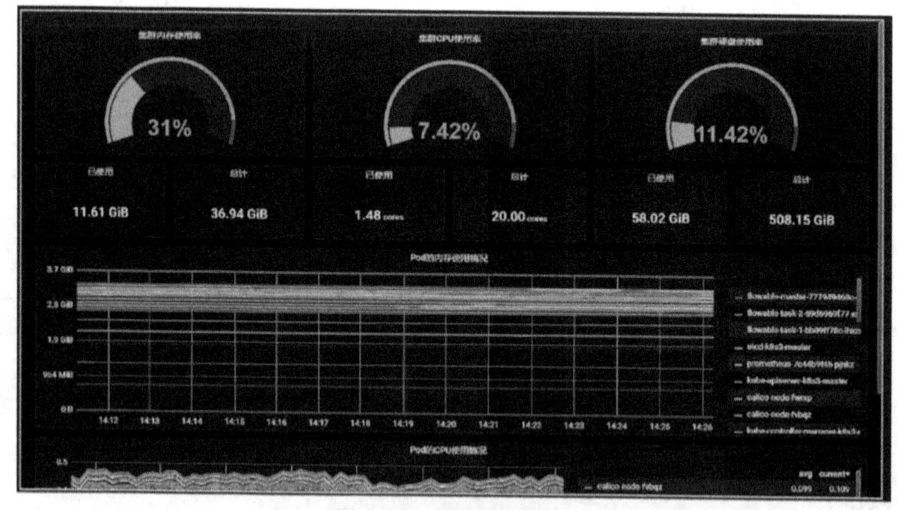

图 8-14　集群监控界面

集群监控界面详细展示了对整个集群的监控信息，显示内容包含集群内存使用率、集群 CPU 使用率、集群硬盘使用率，并且详细展示了每个容器 Pod 的内存使用情况及 CPU 使用情况等。这些监控指标可用于实时决策和故障排查。

集群中每个宿主机的环境监控界面如图 8-15 所示。图中展示了当前主机和其他宿主机的 IP、主机名、运行时间、内存、CPU 核数、5min 负载、CPU 使用率、内存使用率、分区使用率、磁盘读取速率、磁盘写入速率、连接数、TCP_tw、下载带宽、上传带宽等基本信息。各监控指标设置了不同颜色的提示，其中，绿色表示运行流畅；黄色表示资源占用比较紧张；红色表示资源占用比很高。图 8-15 中详细展示了 CPU 使用率、内存信息和系统平均负载。

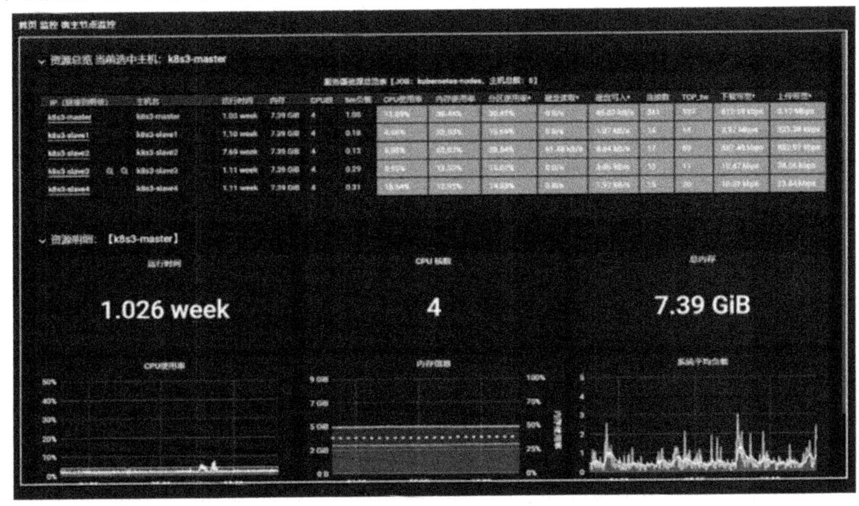

图 8-15　宿主机的环境监控界面

引擎节点监控如图 8-16 所示。图中详细展示了引擎服务所在的容器信息，包括容器名、容器 ID、节点地址、Pod 和操作等信息。该图展示了两类容器节点——主控节点（master）和工作节点（task）。

引擎监控 / 引擎环境 / 引擎服务

容器名	容器ID	节点地址	Pod	操作
flowable-task-2	docker://41cf404cc7fc8e8aa88a483bcc2d155ddb168f79228a9774dd981b87...61e99b	10.61.4.25	flowable-task-2-69d6969f77-qkrgs	删除服务
flowable-task-1	docker://41cf404cc7fc8e8aa88a483bcc2d155ddb168f79228a9774dd981b87...61e99b	10.61.4.25	flowable-task-1-bb89ff78c-2qtfz	删除服务
flowable-task-3	docker://41cf404cc7fc8e8aa88a483bcc2d155ddb168f79228a9774dd981b87...61e99b	10.61.4.25	flowable-task-3-bb89ff78c-68kwz	删除服务
flowable-master	docker://cffd3597bb5177c460a3b674c1a3ca7923de3abaea88f4a229e663c3041ff870	10.61.4.25	flowable-master-777949468c-6d84w	删除服务

图 8-16　引擎节点监控

（2）服务方案分段分布式执行及监控：服务方案部署管控界面如图 8-17 所示。在该界面可以对部署的服务方案进行管控，可以上传和解析流程、部署流程、查询流程。

部署对象

根据ID排序 显示25结果集

显示25 条结果,总计30个匹配到的部署对象.

ID	名称	部署时间	分类	租户
05155aaf-8d69-11eb...	14	Mar 25, 2021 8:52 PM		
068f9c8d-8c71-11eb...	9	Mar 24, 2021 3:17 PM		
0cbe8ab9-8d0c-11e...	14	Mar 25, 2021 9:47 AM		
102929b4-8e21-11e...	9	Mar 26, 2021 6:50 PM		
1cd5c736-8c70-11eb...	9	Mar 24, 2021 3:11 PM		
40411335-8e01-11e...	14	Mar 26, 2021 3:02 PM		
4890bbc3-8d10-11e...	14	Mar 25, 2021 10:17 A...		
5bd13662-8c4d-11e...	9	Mar 24, 2021 11:02 A...		
63d7a0f3-8c50-11eb...	9	Mar 24, 2021 11:24 A...		
6aefe953-8d36-11eb...	9	Mar 25, 2021 2:50 PM		

图 8-17　服务方案部署管控界面

单击某个已经部署的服务方案，会出现如图 8-18 所示的界面，其中显示了流程的详细信息，包含 ID、部署时间、名称等，并且可以在该界面进行删除部署等操作。

当建模好一个服务方案后，部署该流程，就可以在之后的定义界面查看该流程。若单击界面列表中的服务方案，就可以跳转到该流程的详情界面。

图 8-18　单一流程详情界面

另外，可分布式执行服务方案，同时用户可查看服务方案的执行情况。

管理员可对计算节点的信息进行查看和管理。如图 8-19 所示为计算节点总览管理界面。

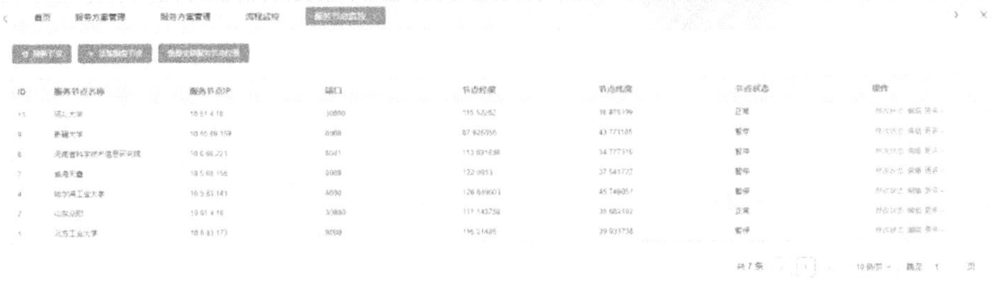

图 8-19　计算节点总览管理界面

如图 8-20 所示为某个服务方案实例的详细信息，其中包含 ID、状态、发起人等。如图 8-20 所示，在任务栏下展示了属于实例的任务，单击后可以跳转到任务界面。

图 8-20　服务方案实例的详情信息

在图 8-20 中，单击“显示流程图片”按钮，会跳转到如图 8-21 所示的界面，可通过可视化图表来实时监控集群中服务方案实例的运行时状态信息。例如，在图 8-21 的上半部分中，可以清楚地看到不同服务方案实例个数的占比及变化；该图的下半部分，针对所有服务方案实例，从引擎服务的工作节点视角，展示了引擎服务的实例数占比和实例数变化。上述所有可视化指标均是实时反映引擎状态的，以图形化方式动态呈现。

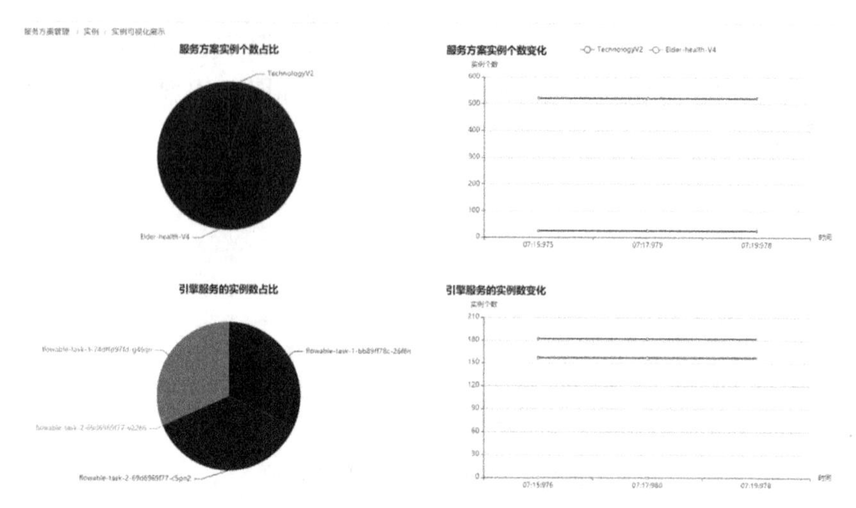

图 8-21　服务方案实例的可视化监控

8.1.4　服务交付交互工具

8.1.4.1　系统架构

如图 8-22 所示为服务交互式推荐工具架构。从图中可以看出，整个工具的架构大致可以分为以下几个层次。

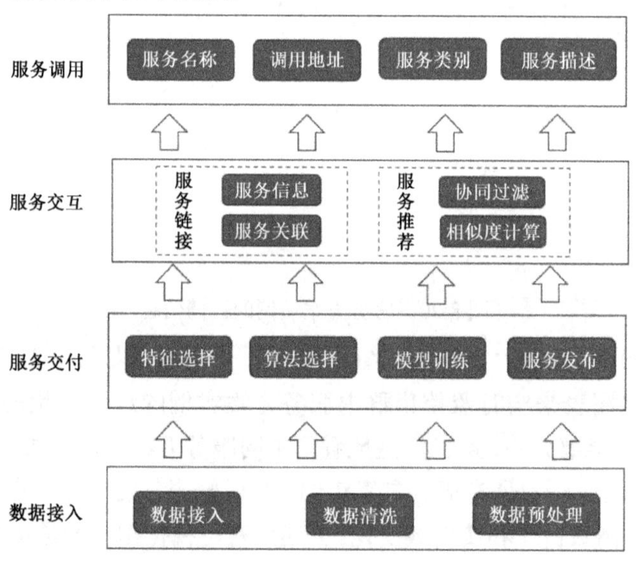

图 8-22　服务交互式推荐工具架构

（1）数据接入：负责接入整个服务交互系统需要使用的数据，并对数据进行初步清洗和预处理。

（2）服务交付：基于 5.2 节介绍的核心技术，将数据及其处理数据的算法以服务的形式进行封装和发布，实现服务的交付。

（3）服务交互：基于 5.3 节介绍的核心技术，挖掘服务之间的关联，建立服务之间的链接，提供服务推荐的能力，实现服务之间的交互式推荐能力。

（4）服务调用：为推荐的服务提供展示能力，允许用户调用相关服务。

8.1.4.2　工作模式

1. 服务交付

服务交付通过选择接入数据的特征、数据处理算法、模型训练和服务发布等步骤将数据交付成服务。

（1）特征选择页面：在进行模型训练之前，通过计算特征变量与目标变量之间的皮尔逊相关系数来筛选特征，并将筛选后的特征保存下来，如图 8-23 所示。

图 8-23　特征选择页面

（2）模型训练页面：使用筛选后的特征变量进行算法模型训练。在该页面可以进行算法选择和算法重要参数，包括学习率、算法训练轮数、卷积核大小等的设置。设定所有算法参数后就可以对算法模型进行训练，如图 8-24 所示。

（3）服务发布页面：可以设定服务名称、所属类别、调用地址及功能描述，如图 8-25 所示。服务发布成功后，通过调用服务地址就能够调用相应的算法服务。

图 8-24　模型训练页面

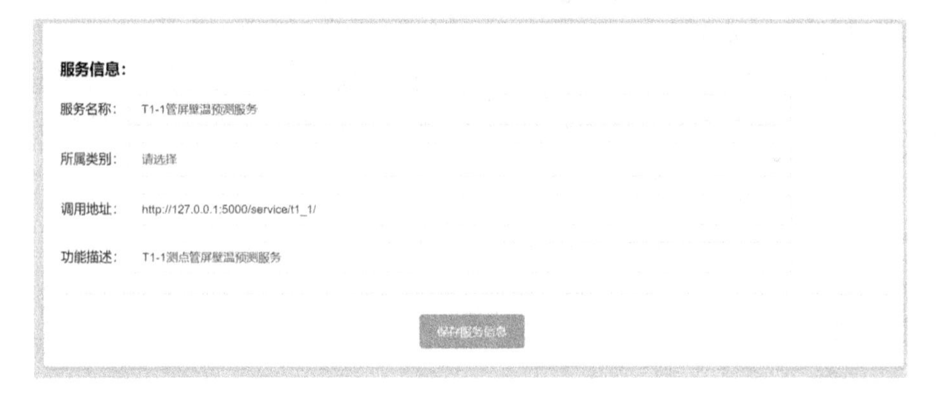

图 8-25　服务发布页面

2. 服务推荐

服务推荐页面分为三个模块：需求描述、服务选取及服务关联。在需求描述模块输入服务类别和关键词，系统即可筛选出符合条件的服务并在服务选取模块进行展示，同时在服务关联模块展示与该服务相关的服务链接信息。

3. 服务预览

服务预览页面可以预览所有已发布的服务信息。单击不同的服务，页面上会显示该服务的具体信息，如图 8-26 所示。用户可以选择推荐的服务并调用。

服务预览

序号	服务名称	服务类别	服务地址	服务输入	服务输出	服务描述
1	A1-1数据获取服务	IoT服务	http://127.0.0.1:5000/service/get_a1_1/	/	A1-1测点减温水排放数据	A1-1减温水排放数据获取服务
2	A1-2数据获取服务	IoT服务	http://127.0.0.1:5000/service/get_a1_2/	/	A1-2测点减温水排放数据	A1-2减温水排放数据获取服务
3	A2-1数据获取服务	IoT服务	http://127.0.0.1:5000/service/get_a2_1/	/	A2-1测点减温水排放数据	A2-1减温水排放数据获取服务
4	A2-2数据获取服务	IoT服务	http://127.0.0.1:5000/service/get_a2_2/	/	A2-2测点减温水排放数据	A2-2减温水排放数据获取服务

图 8-26　服务预览页面

8.1.5　服务方案运行时演化工具

8.1.5.1　系统架构

服务方案运行时演化工具支持知识工作者以“边执行边构造”的方式对服务方案进行运行时调整。在现实生活中，很多领域（如科研协作、医疗诊治、城市应急、网络化制造等）都存在大量边执行边探索、“摸着石头过河”式的问题求解形式。这主要是由于环境和用户需求具有不确定性及多变性，许多业务逻辑难以预先定义完备，需要即时构建或动态调整。为了应对环境和用户需求的不确定性，需要让用户参与服务组合过程，从而增强服务组合的灵活性，打破当前的服务组合以计算机为中心的完全自动化的处理模式。

服务方案运行时演化工具的架构如图 8-27 所示，主要包括以下四个模块。

（1）个性化的服务资源视图：实现与服务库的交互功能及服务资源视图在用户端的呈现功能，允许用户定制其感兴趣的服务资源，形成用户自主定制的服务资源视图，为服务方案运行时演化构造奠定服务资源基础。

（2）可视化的运行时实例调整环境：提供一体化的服务组合环境，支持用户以“边构造边执行”的方式执行服务方案、查看运行结果及调整服务方案实例；分为数据视图和流程视图两部分，用户可分别对数据视图和流程视图进行操作。

（3）智能服务推荐工具：根据实例的不同阶段（某时刻特定实例环境所具有的不同上下文），通过分析服务相关性，提供与当前阶段用户最相关的服务关系网络视图，为用户推荐与其当前情景相匹配的服务资源。

（4）用户端应用即时运行支撑环境：实现向服务方案执行引擎提交执行请求、接收执行结果等交互功能，以驱动服务方案执行引擎完成服务方案实例片段的执行。

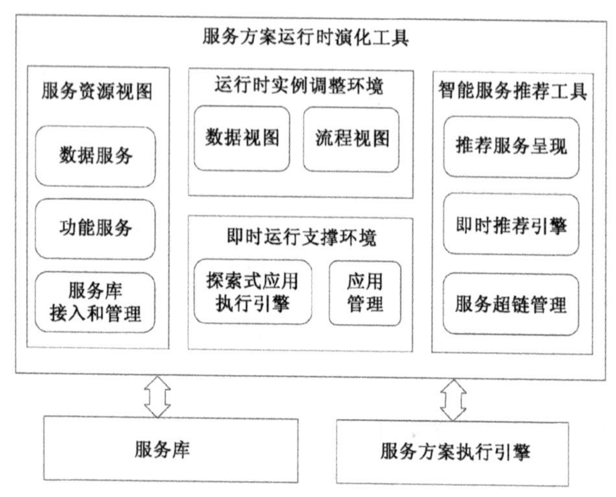

图 8-27 服务方案运行时演化工具架构

8.1.5.2 工作模式

服务方案运行时演化工具的主要功能如下。

1. 查看服务方案实例

用户可查看可使用的服务方案实例列表，单击某实例后，可查看实例的具体信息。

2. 调整服务方案实例

单击“视图”按钮，进入工具的主界面（见图 8-28），该主界面包括四个部分：工具栏、资源视图、实例编辑区和服务推荐区。

工具栏：提供对服务方案实例的基本操作。

资源视图：提供可供用户使用的资源目录，用户可以浏览和使用资源目录中提供的资源。

实例编辑区：显示服务方案实例的流程图，供用户探索式编程。

服务推荐区：为用户推荐与其当前情景相匹配的服务资源，辅助用户编程，用户可选择推荐服务，并将其拖曳至实例编辑区来构建流程。

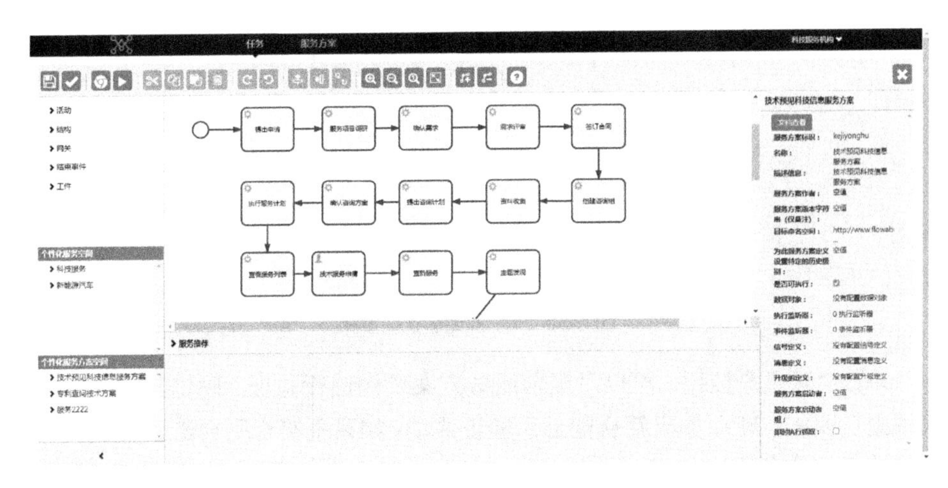

图 8-28　服务方案运行时演化工具主界面

单击不同的服务群落（如科技服务群落），对应的流程实例会将相同服务群落的服务节点进行高亮显示。

单击不同的服务节点，会出现“推荐”按钮（见图 8-29），单击“推荐”按钮，服务推荐区左部会推荐对应的服务节点。单击对应的推荐节点，服务推荐区右部会出现选择节点的详细信息，可以将节点拖曳到实例编辑区。

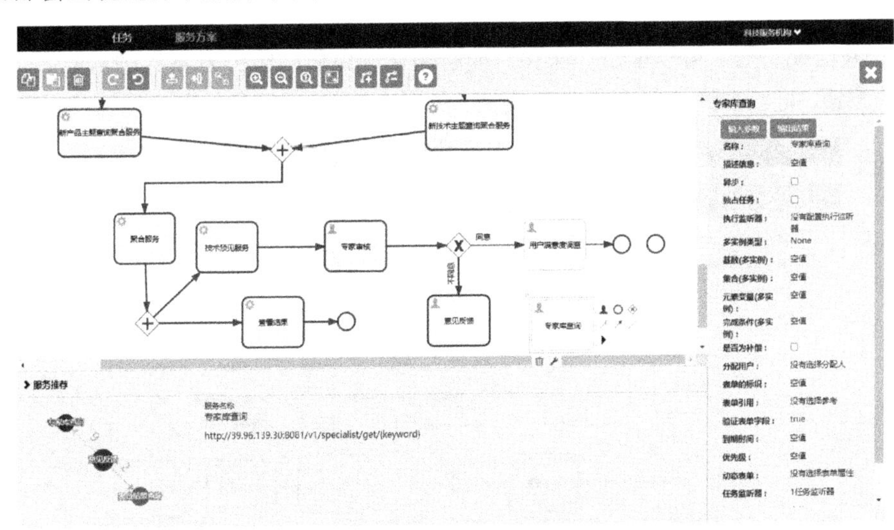

图 8-29　服务推荐

将选中的服务节点拖曳到编辑页面，单击对应的服务节点，然后单击右侧的“输入参数”按钮，在弹出的输入参数框中输入参数，单击“保存”按钮进行保存（见图 8-30）。

请填写该API类服务输入参数表单

参数名称	参数类型	参数取值
专家姓名	String	请输入取值
工作单位	String	请输入取值
职务	String	请输入取值
专业学位	String	请输入取值
研究领域	String	请输入取值

取消 保存

图 8-30　填写服务节点参数

单击“验证”按钮，可以对当前服务方案实例进行验证，确定其是否符合约束规则（见图 8-31），如果符合则显示验证成功；如果不符合则会给出错误提示，且无法保存服务方案实例。

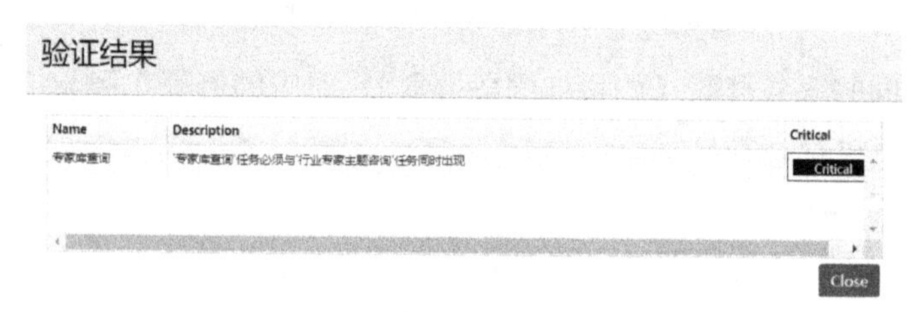

图 8-31　约束规则验证

验证成功后，可以单击“保存”按钮保存调整后的服务方案实例。单击“运行”按钮，可以继续执行服务方案实例（见图 8-32）。运行完的节点以蓝色显示。

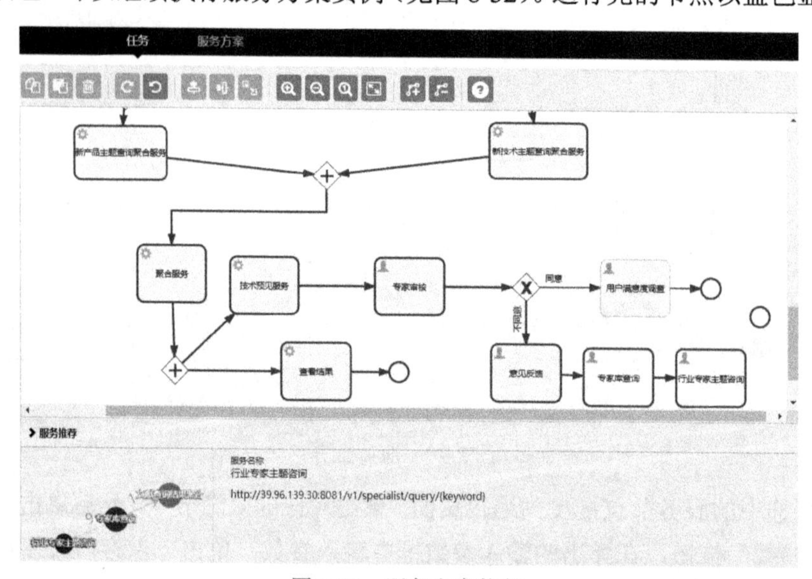

图 8-32　服务方案执行

3. 服务方案演化

单击“演化”按钮，可以将调整后的服务方案实例保存成新版本（见图 8-33），以供下次重用。用户下次可以直接使用该新版本的服务方案进行启动。

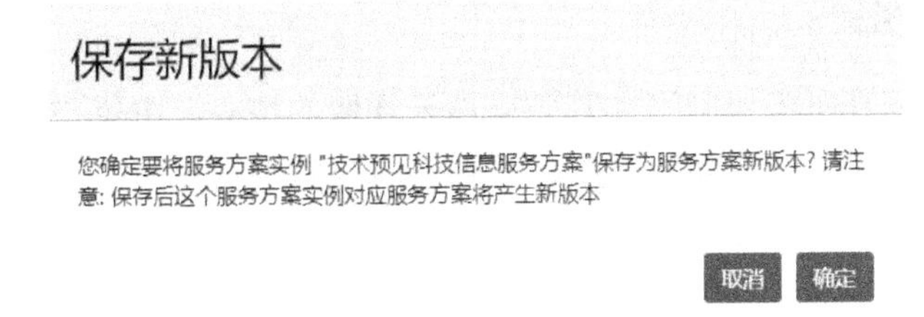

图 8-33　服务方案演化

8.1.6　服务协同平台基础支撑云环境

8.1.6.1　系统架构

服务协同平台基础支撑云环境作为服务集成、托管和运行的基础环境，目标是通过监控服务相关运行环境的状态，保障服务运行性能。服务协同平台基础支撑云环境的基础架构如图 8-34 所示，由容器集群、监控服务器和监控可视化系统构成。

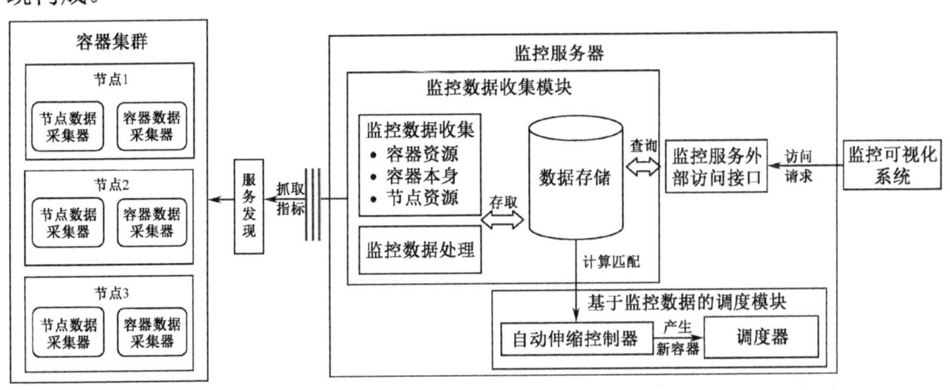

图 8-34　服务协同平台基础支撑云环境的基础架构

1. 容器集群

容器集群作为服务协同平台基础支撑云环境的基础环境，是监控的对象。服务协同平台基础支撑云环境以基于 Docker 构建的 Kubernetes 集群作为容器集群。

具体地，容器集群由一组物理节点构成，且每个物理节点安装并配置kubernetes。为了获取多粒度的服务相关运行环境的状态信息，服务协同平台基础支撑云环境采用Kubernetes的节点数据采集器和容器数据采集器收集节点和容器的运行情况。

2. 监控服务器

监控服务器是服务协同平台基础支撑云环境的核心，由监控数据收集模块、基于监控数据的调度模块和监控服务外部访问接口构成，提供各类监控数据收集、监控数据外部访问，以及基于监控数据的服务资源自动伸缩控制功能。

（1）监控数据收集模块。监控数据收集模块由监控数据收集、监控数据处理和数据存储三个部分构成。为了全面获取服务相关运行环境的状态，监控数据收集部分从节点粒度级和容器粒度级开展基础资源及延时等服务运行状态数据的采集工作。一方面，通过服务发现机制访问Kubernetes容器服务，利用配置的容器数据采集器获取容器内部资源指标和基于容器本身的运行状态数据；另一方面，利用配置的节点数据采集器抓取Kubernetes容器集群中各主机节点的节点资源指标数据。此外，监控数据收集模块具有良好的可扩展性，可以自定义配置第三方exportor来获取所需指标。完成监控数据收集后，监控数据处理部分负责将监控数据存储于时序数据库，再基于数据存储部分提供查询接口。

（2）监控服务外部访问接口。监控服务外部访问接口负责以接口的形式将监控数据收集模块采集的服务相关运行环境状态数据对外发布，以方便外部系统或应用的检索。

（3）基于监控数据的调度模块。基于监控数据的调度模块由自动伸缩控制器和调度器构成。自动伸缩控制器设置有监控响应机制，当发现监控数据出现异常时（如集群节点或容器资源使用不在限额内时），自动伸缩控制器将进行相应处理，包括自动触发伸缩，并将新生成的容器交给调度器进行调度。自动伸缩的触发机制是基于规则的，采用了预设阈值的方式。由于一个容器化服务可能拥有多个副本，因此可以将提供相同服务的多个副本视为一个服务，先为服务所持各项资源的利用率设定阈值范围，当服务实际的资源利用率超过设定阈值时，触发自动伸缩控制器响应。具体的响应方式是自动伸缩控制器计算副本增减数量并执行伸缩操作，以使资源利用率维持在阈值范围内。

3. 监控可视化系统

监控可视化系统主要提供服务互联网节点管理、服务互联网节点监控和容器云环境管理功能。服务互联网节点管理负责服务互联网节点的接入和监控，并对服务互联网节点的相关信息进行配置；服务互联网节点监控负责对采集的服务互联网节点的相关指标数据，包括服务互联网节点的运行状态、日志等进行展示；容器云环境管理负责从容器运行环境层面对监控数据，如容器、物理机和镜像的实时运行状态等进行展示。

8.1.6.2　工作模式

服务协同平台基础支撑云环境管理系统是部署在应用服务器上的Web系统。服务协同平台基础支撑云环境管理系统主要用于服务协同平台中服务互联网节点的管理和监控，并提供对底层 Kubernetes 容器云环境的监控和镜像管理功能。

1. 服务互联网节点管理

服务互联网节点管理功能由接入和配置功能构成。

（1）服务协同平台基础支撑云环境管理系统的接入。页面上侧提供服务互联网节点的接入功能，接入时需要提供的信息包括（服务互联网）节点名称、地理位置、所属群落、是否为主节点、（服务互联网节点）描述、K8S 集群 IP、K8S 集群端口、K8S 监控端口，如图 8-35 所示。页面下侧为已接入的服务互联网节点信息列表，如图 8-36 所示。

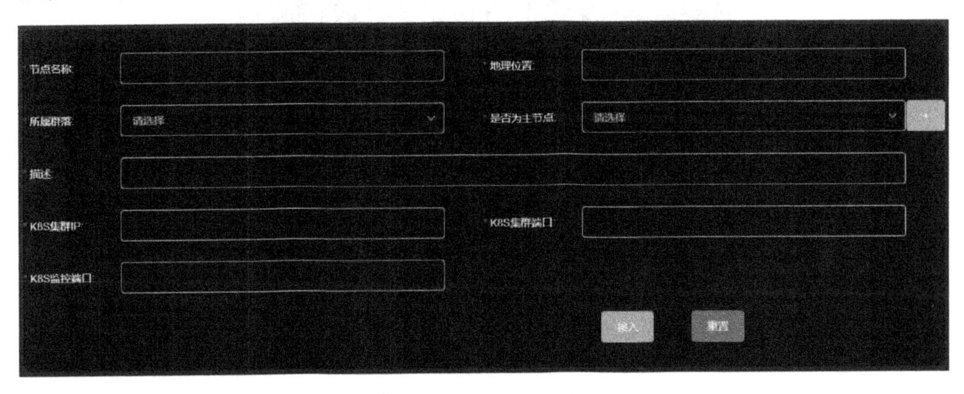

图 8-35　服务互联网节点接入页面

序号	服务互联网节点名称	IP	所属群落	地理位置	描述	是否为主节点	删除
01202...	北方工业大学服务互联网节点	10.61.4.36	养老	北方工业大学	北方工业大学服务互联网节点节点提供...	是	删除
10202...	河南院服务互联网节点	10.61.4.38	科技	河南	河南院服务互联网节点节点提供以技术...	否	删除

图 8-36　服务互联网节点信息列表页面

(2)服务协同平台基础支撑云环境管理系统的配置功能由服务互联网节点管理和系统服务部署功能构成。

服务互联网节点管理页面如图 8-37 所示，针对已接入的服务互联网节点，提供信息维护功能，并提供按群落的服务互联网节点检索功能。

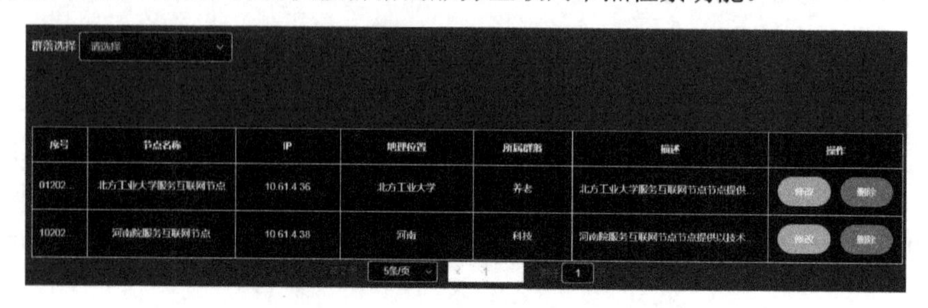

图 8-37 服务互联网节点管理页面

系统服务部署页面如图 8-38 所示，部署系统服务需要提供的信息包括节点/群落、服务名称、镜像、映射端口、Pod 副本数、CPU 数、内存量和服务存储卷。

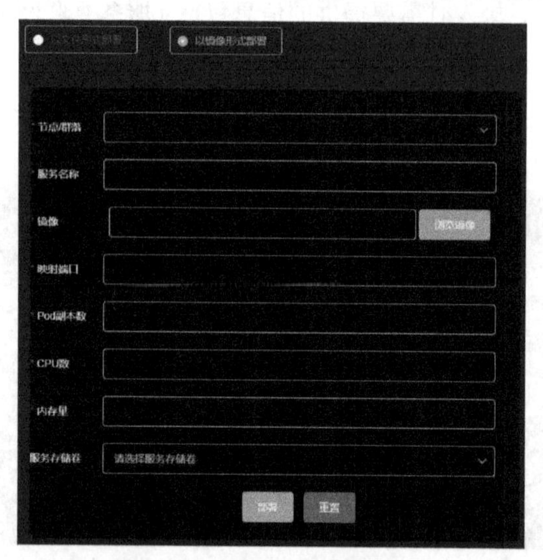

图 8-38 系统服务部署页面

2. 服务互联网节点监控

服务互联网节点监控功能由总览和状态监控功能构成。

(1) 服务互联网节点监控总览页面如图 8-39 所示，页面以列表形式呈现部署在服务互联网节点上的服务的基本信息，包括服务名、服务组件、服务地址、服务端口，并提供按群落/节点名称的服务检索功能。

图 8-39　服务互联网节点监控总览页面

（2）服务互联网节点状态监控页面如图 8-40 所示，页面左侧呈现按群落/节点名称筛选后的服务互联网节点上所有服务的服务方案名称、服务方案实例名称。选择相应服务后，页面右侧将以仪表盘的形式呈现所选服务的 CPU 和内存使用情况。

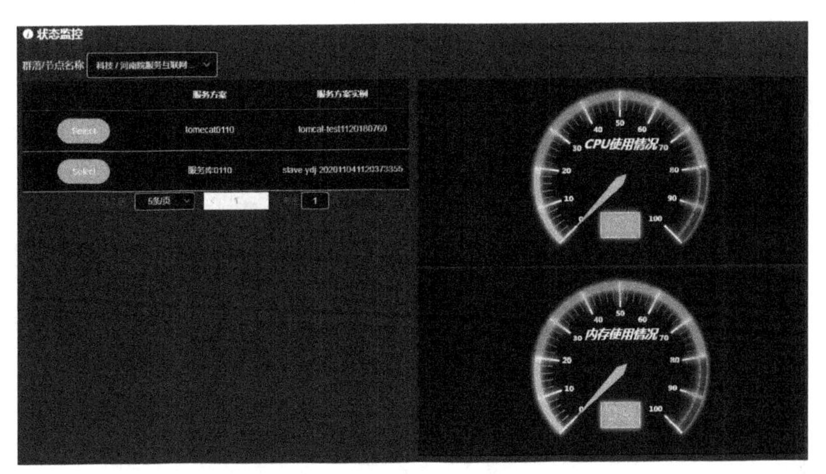

图 8-40　服务互联网节点状态监控页面

3. 容器云环境管理

容器云环境管理功能主要指针对容器、物理机、镜像进行监控和管理，由容器运行状态监控、物理机运行状态监控、镜像管理功能构成。

（1）容器运行状态监控：页面左上侧是容器列表，页面右上侧为容器占用的 CPU 和内存的使用情况，如图 8-41 所示；页面下侧为图形化呈现的容器占用的 CPU、内存、网络 I/O 情况，如图 8-42 所示。此外，通过选择指定容器，可以呈现相应容器的运行状态信息，并提供按照群落/节点的容器检索功能。

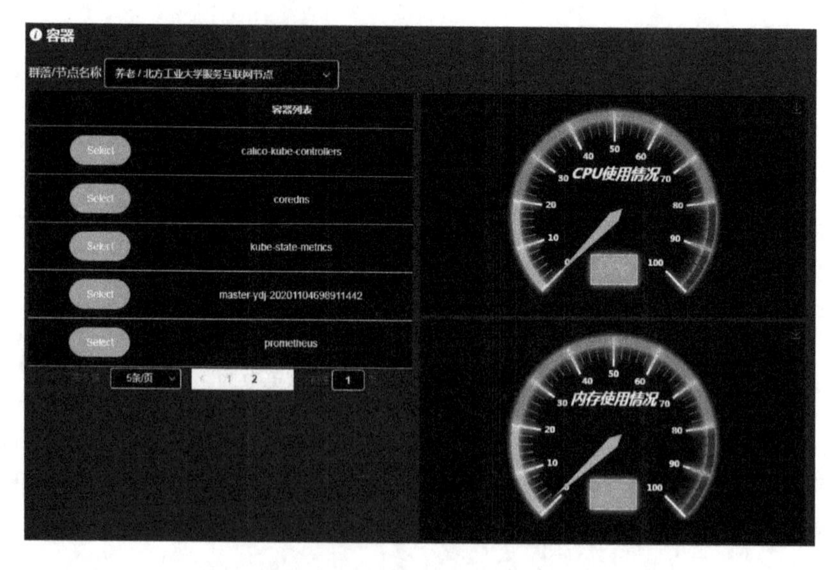

图 8-41　容器运行状态监控页面（一）

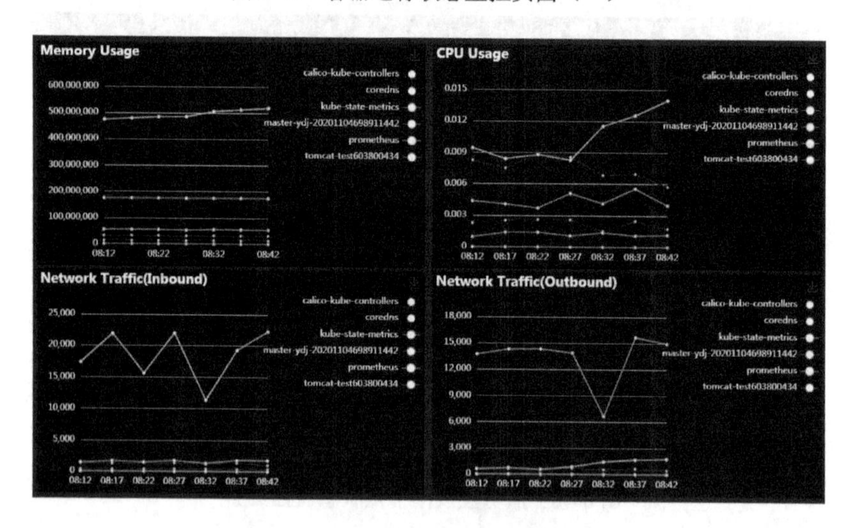

图 8-42　容器运行状态监控页面（二）

（2）物理机运行状态监控：如图 8-43 所示，支持按集群/节点名称的物理机检索，并可以呈现服务互联网节点对应的 Kubernetes 集群所包含的物理机运行状态，包括 CPU 和内存使用情况，以及容器列表及副本情况。

（3）镜像管理：由镜像库管理、镜像管理构成。镜像库管理页面如图 8-44 所示，提供镜像库的管理和接入功能。页面上侧为镜像库信息列表，呈现了已接入服务协同平台基础支撑云环境的镜像库信息，包含镜像库名称、namespace、仓库地址和接入时间，还包含浏览库内镜像操作和删除镜像库功能。页面下侧提供镜像库接入功能，接入镜像库需要提供的信息包括仓库名称、namespace、仓库地址、账户和密码。

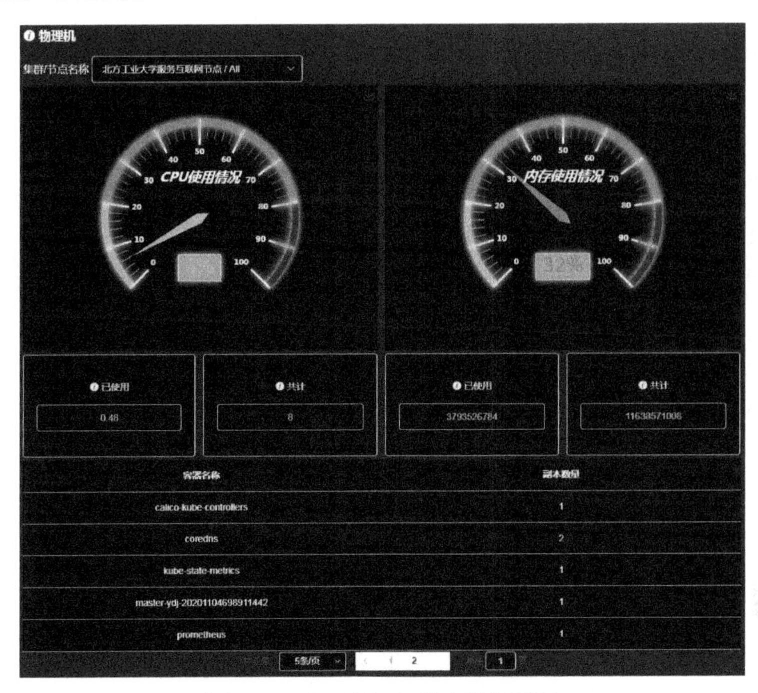

图 8-43　物理机运行状态监控页面

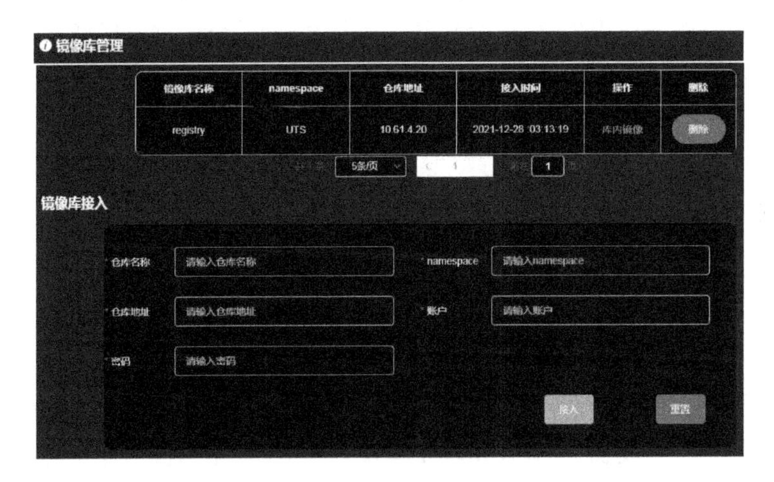

图 8-44　镜像库管理页面

镜像管理页面如图 8-45 所示，提供镜像信息浏览和镜像上传功能。页面上侧为库内镜像列表，包含的镜像信息有镜像名称、版本号、描述信息和创建时间。

页面下侧提供镜像上传功能，镜像上传需要提供的信息包括镜像名、仓库地址、tag 信息、目标 ip、描述信息。

图 8-45　镜像管理页面

8.2　服务互联网运行平台应用案例

为了展示服务互联网运行平台的应用效果，本节以面向生产企业的区域经济发展综合科技服务应用为背景，介绍基于服务互联网运行平台搭建的面向新能源车企新产品/新项目研究开发的一站式科技服务，并介绍面向新能源汽车行业的科技服务在平台上的实例。

8.2.1　面向新能源车企新产品/新项目研究开发的一站式科技服务

科技服务业具有人才智力密集、科技含量高、产业附加值大、辐射带动作用强等特点。近年来，我国科技服务业发展势头良好，服务内容不断丰富，服务模式不断创新，新型科技服务组织和服务业态不断涌现，服务质量和能力稳步提升，但总体上仍处于发展初期，存在市场主体发育不健全、服务机构专业化程度不高、高端服务业态较少、缺乏知名品牌、发展环境不完善、复合型人才缺乏等问题。在这种背景下，加快科技服务业发展，是推动科技创新和科技成果转化、促进科技经济深度融合的客观要求，是调整优化产业结构、培育新经济增长点的重要举措，是实现科技创新引领产业升级、推动经济向中高端水平迈进的关键一环，对于深入实施创新驱动发展战略、推动经济提质增效升级具有重要意义。

本章介绍的应用案例“一站式科技服务”是面向大型区域、双创平台载体、创新型人才团队和四类科技型企业（创新型龙头企业、“小巨人”培育企业、高新技术企业和科技型中小企业），内容涵盖研究开发、创业孵化、知识产权、检验检测、科技金融、科技咨询、科学普及等国家规定的科技服务主要领域，整合集聚政府、高校、科研院所、投资平台、服务机构等资源的双创服务。

从整体上，应用案例面向新能源车企，结合企业新产品/新项目研究开发涉及的需求分析、可行性论证、方案设计、平台搭建、研究开发、整机联调、结题验收、成果评价、成果转化、产品中试、批量生产、市场化应用及升级迭代等全流程，整合大专院校、科研机构、投资机构、专家团队、科技成果、仪器设备等资源，打造智慧科技大服务系统，组织政府专业科技服务机构及其他第三方服务机构开展一站式科技服务，服务类型主要包括科技咨询、研究开发、技术转移、检验检测、科技金融、知识产权、创业孵化、科学普及等。具体内容如图 8-46 所示。

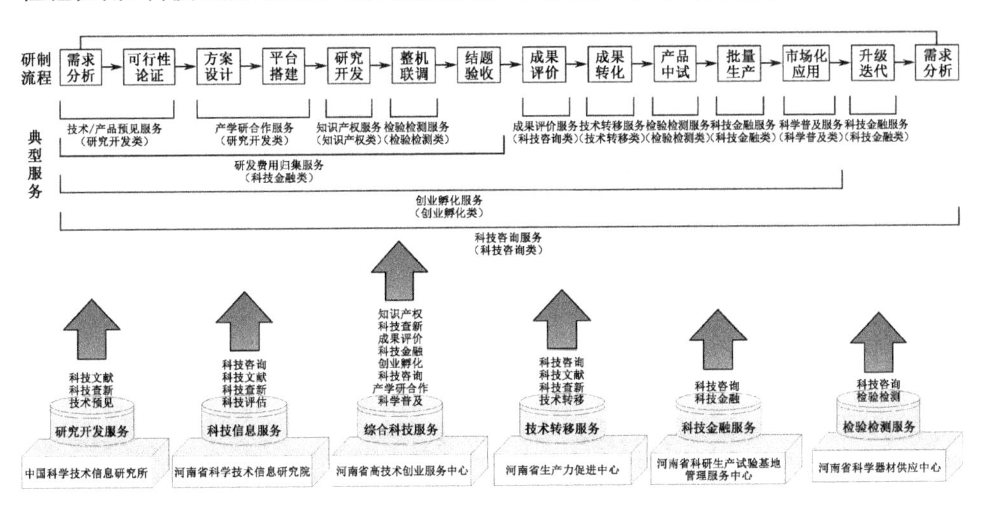

图 8-46　面向新能源车企新产品/新项目研究开发的一站式科技服务

在上述应用背景下，案例具体包括以下两项主要内容。

（1）一是技术预见示范。基于专利数据驱动的新能源汽车科技情报分析研究，针对情报分析基础，进一步对新能源汽车的科技发展趋势进行预见研判，为新能源领域相关行业/企业创新决策、开拓国际化科技视野提供助力。

（2）二是创新型企业培育精准化服务（以下简称精准化服务）示范。精准化服务针对企业的科技创新短板、弱项进行服务，旨在推进企业创新管理的数字化、规范化和标准化，挖掘和保护知识产权及核心竞争力，培育一批拥有核心技术和持续创新能力的创新型企业，引导服务企业走创新驱动发展道路，增强企业的自主创新能力，有效提升企业技术产品的科技含量，着力促进被服务企业产品量质齐升和附加值提高，实现企业转型升级，继而推动区域经济高质量发展。

8.2.2 技术预见服务流程构建

以技术预见服务为例，技术预见服务以与新能源汽车研发相关的文献资料（专利、论文、行业报告、技术报告等）为基础，由科技服务机构助理通过专题组织和查询形成专题文献数据集，并根据这些文献数据得到技术成熟度曲线的初步结果，再结合大数据分析报告，引入专家进行评估和分析，最终生成技术预见报告。技术预见的场景如图 8-47 所示。

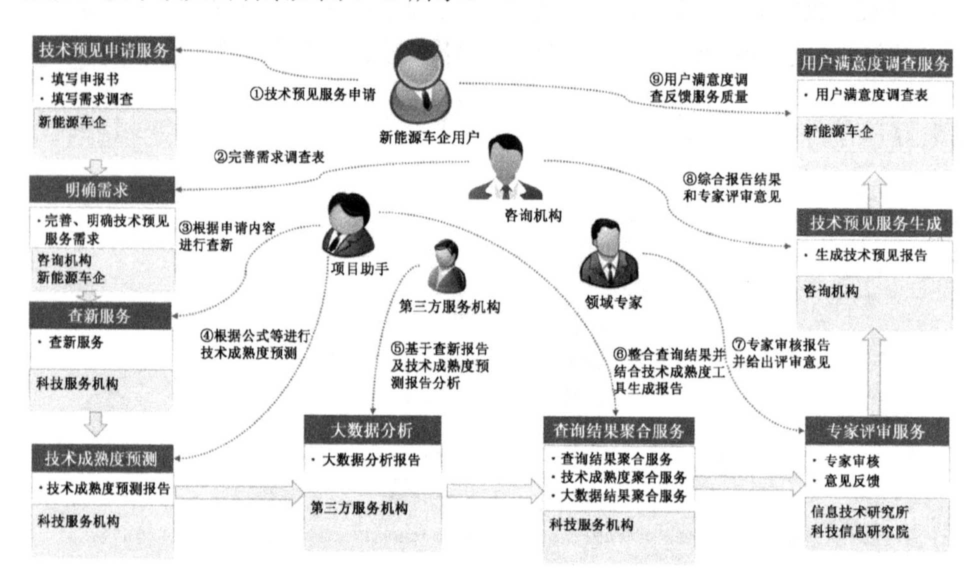

图 8-47 技术预见场景

上述场景凸显了跨网跨域的科技服务资源、多方用户需求，服务来源过于分散；各类服务缺乏统一的标准体系、质量规范、技术接口；服务质量良莠不齐，缺少针对某些个性化需求、细分领域、特定质量的服务提供；用户的需求和价值期望难以得到完全满足、满意度降低等现象。

过程中涉及的角色包括企业用户、咨询机构、科技服务机构、第三方服务机构和专家。根据场景设计的技术预见业务流程如下（见图 8-48）。

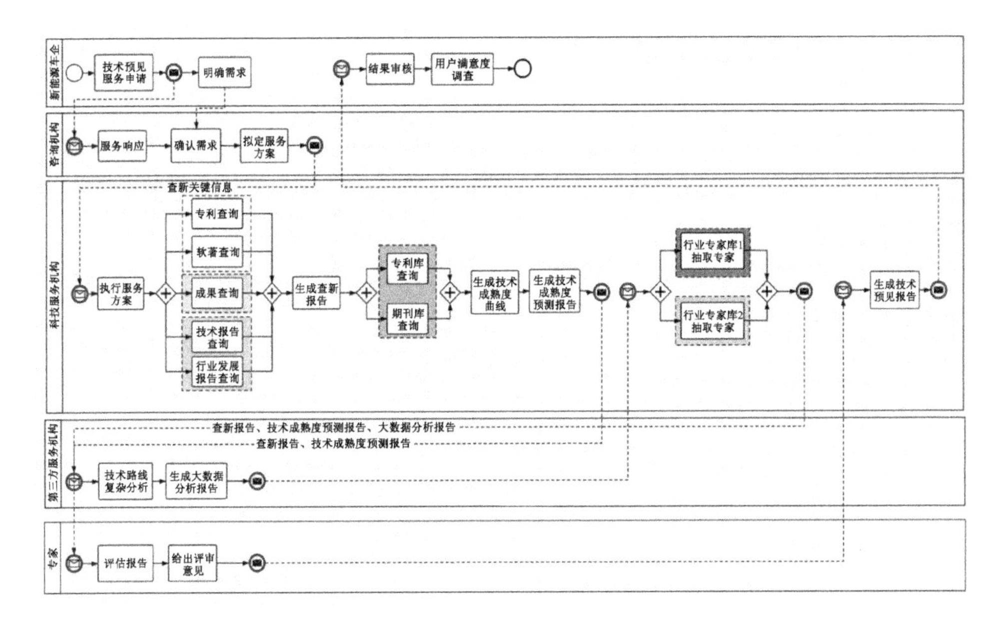

图 8-48　技术预见业务流程

（1）某新能源车企提出“氢燃料电池集成与控制”的技术预见服务申请。

（2）咨询机构响应，与新能源车企的项目负责人共同明确技术预见服务需求。

（3）需求确认后，咨询机构拟定技术预见服务方案，并交由科技服务机构执行。

（4）科技服务机构的项目助手将搜索由多家服务机构提供的专利、软件著作权（简称“软著”）、成果、技术报告和行业发展报告等文献资料，并在此基础上生成一份基于文献检索结果的查新报告。

（5）项目助手搜索专利和论文进行文献计量，根据公式计算生成技术成熟度曲线，并生成技术成熟度预测报告。

（6）引入第三方服务机构，其根据查新报告和技术成熟度预测报告对技术路线进行综合分析，并生成大数据分析报告。

（7）项目助手通过行业专家库提取了“氢燃料电池”相关领域的专家，邀请专家对报告进行评估。专家对报告结果（查新报告、技术成熟度预测报告、大数据分析报告）进行评估，并给予意见反馈。

（8）咨询机构对报告结果和专家评估意见进行整理，形成“氢燃料电池集成与控制”的技术预见报告。

（9）新能源车企完成用户对这项技术预见服务的满意度调查。

8.2.3 技术预见服务运行时交互

在该流程中，涉及的角色包括：企业（例子中为车企）用户、咨询机构人员、第三方服务机构人员、项目助手及参与评审的专家。完成技术预见服务的主要交互过程描述如下。

（1）单击左侧导航栏中的“新建项目”选项，用户即可开始创建一个新项目，如图 8-49 所示。

图 8-49　新建项目界面

（2）项目创建完成后，用户填写需求调查表，如图 8-50 所示。

图 8-50　需求调查表界面

（3）需求调查表提交后，由咨询机构进行服务需求确认，如图 8-51 所示。

项目进程信息

项目名称：　氢燃料电池集成与控制系统

项目类型：

当前进程：　服务项目调研

需上传附件：　服务需求文档

上传：　选取文件

只能上传pdf/doc/docx/txt文件

进程描述：　咨询机构根据企业用户所提供的需求调查以及项目申请书，对项目进行调查研究，生成服务需求文档。

意见反馈：

处理　完成

图 8-51　服务需求确认界面

（4）用户与科技服务机构签订合同，如图 8-52 所示。

项目进程信息

项目名称：　氢燃料电池集成与控制系统

项目类型：

当前进程：　合同签订

需上传附件：

上传：　选取文件

只能上传pdf/doc/docx/txt文件

进程描述：　咨询机构和企业用户确认合同信息，在线下签订合同信息之后，在线上确认完成。

意见反馈：

处理　完成

图 8-52　签订合同界面

（5）项目助手输入查新词，进入文献数据库查询，如图 8-53 所示。

项目进程信息

项目名称：氢燃料电池集成与控制系统

项目类型：

当前进程：输入查新词

需上传附件：查新词文本

输入查新词：

查新词之间请用顿号隔开

上传：选取文件

只能上传pdf/doc/docx/txt文件

进程描述：咨询机构根据项目所需，输入要查询的查新词

意见反馈：

处理 完成

图 8-53　输入查新词界面

（6）项目助手进行查新，完成查新服务，如图 8-54 所示。

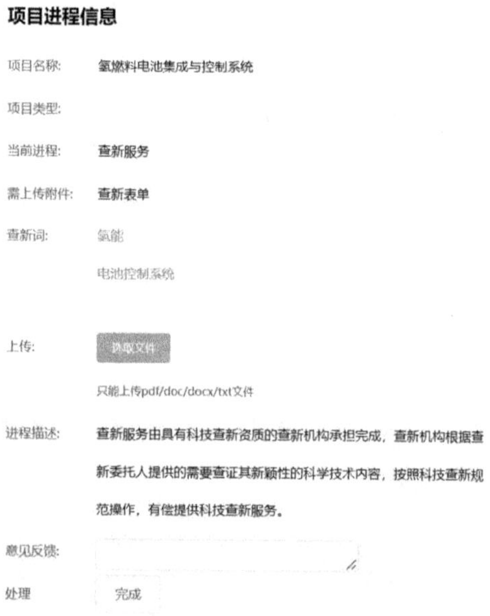

项目进程信息

项目名称：氢燃料电池集成与控制系统

项目类型：

当前进程：查新服务

需上传附件：查新表单

查新词：氢能

电池控制系统

上传：选取文件

只能上传pdf/doc/docx/txt文件

进程描述：查新服务由具有科技查新资质的查新机构承担完成，查新机构根据查新委托人提供的需要查证其新颖性的科学技术内容，按照科技查新规范操作，有偿提供科技查新服务。

意见反馈：

处理 完成

图 8-54　查新服务界面

（7）项目助手根据查新报告的内容选出主题词，进入主题发现页面，如图 8-55 所示。

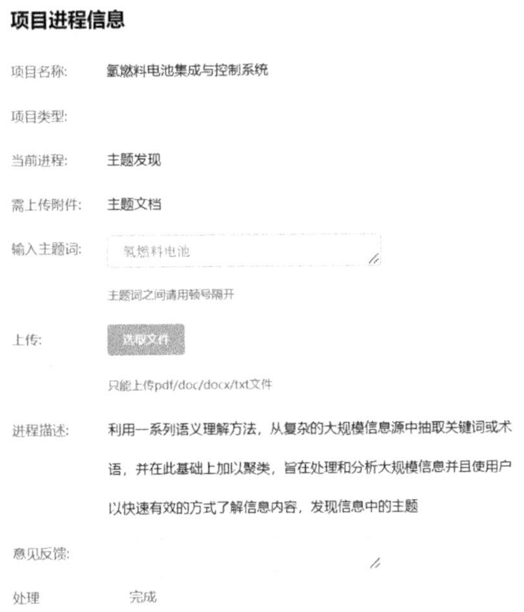

项目进程信息
项目名称:
氢燃料电池集成与控制系统
项目类型:
当前进程:
主题发现
需上传附件:
主题文档
输入主题词:
氢燃料电池
主题词之间请用顿号隔开
上传:
选取文件
只能上传pdf/doc/docx/txt文件
进程描述:
利用一系列语义理解方法，从复杂的大规模信息源中抽取关键词或术语，并在此基础上加以聚类，旨在处理和分析大规模信息并且使用户以快速有效的方式了解信息内容，发现信息中的主题
意见反馈:
处理
完成

图 8-55　主题发现界面

（8）项目助手根据主题词，进入文献数据库进行查新求精，获取查询结果，如图 8-56 所示。

主题词列表:
当前状态:
氢能
电池控制系统
氢燃料电池
期刊查询:
标题
关键词
专利查询:
专利名称
专利类型
成果查询:
成果名称
应用行业
法规查询:
法规标题
内容分类
企业机构查询:
机构名称
产品信息
科研机构查询:
机构名称
学科研究范围
专家查询:
姓名
完成

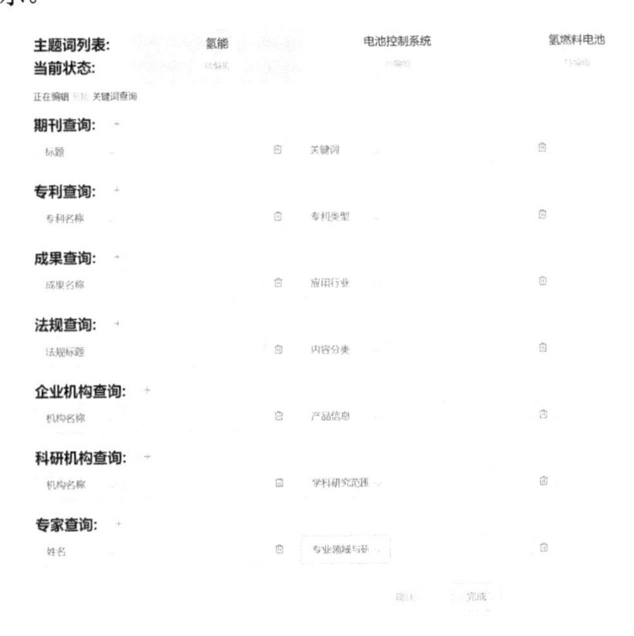

图 8-56　查新求精界面

（9）科技服务机构将查询结果进行聚合，初步得到技术预见报告，如图 8-57 所示。

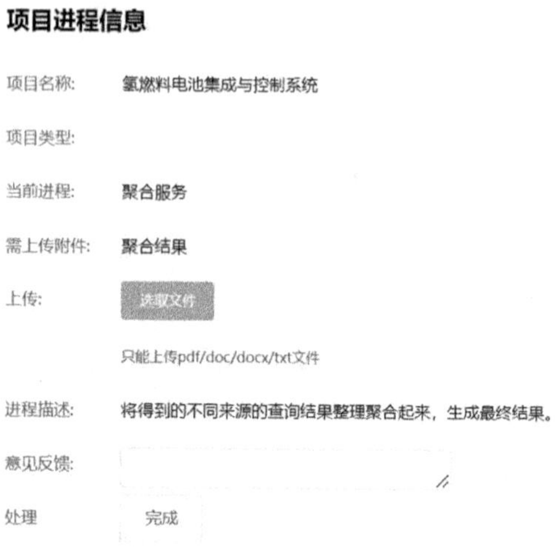

项目进程信息

项目名称: 氢燃料电池集成与控制系统

项目类型:

当前进程: 聚合服务

需上传附件: 聚合结果

上传: 选取文件

只能上传pdf/doc/docx/txt文件

进程描述: 将得到的不同来源的查询结果整理聚合起来，生成最终结果。

意见反馈:

处理 完成

图 8-57　查询结果聚合界面

（10）项目助手抽取专家进行技术预见报告审核与评估，如图 8-58 所示。

项目进程信息

项目名称: 氢燃料电池集成与控制系统

项目类型:

当前进程: 结果审核

需上传附件:

上传: 选取文件

只能上传pdf/doc/docx/txt文件

进程描述: 专家对最终得出的结果进行审核，提出专家意见。

意见反馈:

处理 通过 不通过

图 8-58　专家意见反馈界面

（11）用户完成满意度调查，对服务中的各项结果进行评价，如图 8-59 所示。

满意度调查表

一、总体评价

项目的总体管理：

项目团队的知识技能和专业性：

与专业人员的合作与沟通：

项目责任承担体现：

二、项目进行时

业务需求是否被清晰理解：

项目进度控制的及时准确：

项目过程中的问题解决效率：

服务响应速度：

三、项目完工

项目准时交付：

合同义务是否有效实施：

研究结果的完整性和符合性：

研究结果的前瞻性和创新性：

整体评价：

您的评价与反馈：

0/100

完成

图 8-59　满意度调查界面

上述步骤中涉及的科技信息服务如表 8-1 所示，这些服务均预先在服务互联网运行平台中的科技服务库中注册并发布，表中只给出了部分服务属性信息。

表 8-1　技术预见科技信息服务一览表

服务名称	接口	部署位置	提供者	发布/订阅	功能描述
专利文献抽取服务	输出专利标题及摘要	网关 1	科技服务机构	订阅抽取结果	返回专利标题及摘要
专利文献检索与筛选服务	输入查询条件（检索日期、检索时间段、中英文关键词）	网关 2	科技服务机构	发布查询结果	返回专利文献查询结果
专利文献专题分类服务	输入筛选条件（关键词结合 IPC 分类）	网关 2	科技服务机构	发布查询结果	返回专利文献分类结果
技术成熟度预测服务	输出专利文献个数（按类别、年份）		科技服务机构	发布技术成熟度曲线	返回技术成熟度预测报告
专利文献数据分析服务	输入查询条件（引用度、文献数量）	网关 3	第三方服务机构	发布分析结果	返回分析报告
专家评估服务	输出专家信息、评价意见	网关 4	科技服务平台、科技服务机构	订阅评审意见	发送评审意见
技术预见组合服务	输入聚合服务（专家评估、专利文献数据分析服务）	网关 5	咨询机构	发布技术预见报告	返回技术预见报告

如图 8-60 所示，当有新的服务资源出现时，用户可通过服务方案动态演化工具发现和使用新服务来重构服务方案。例如，当一个新服务“电动汽车行业专家主题咨询”注册进入服务库时，个性化服务方案空间将高亮显示此新注册的服务，服务推荐区也将根据服务关联关系推荐此新服务。用户可自主选择此新服务来调整服务方案实例，以适应资源的变化。保存服务方案实例后，可继续执行此调整后的实例，查看服务的执行结果，从而以“边执行边构造”的方式对服务方案实例进行增量调整，实现不确定情况下灵活的服务方案演化重构。调整后得到的新服务方案实例可以保存到用户的个性化服务方案空间中，存储为服务方案的新版本，以供后续重用。

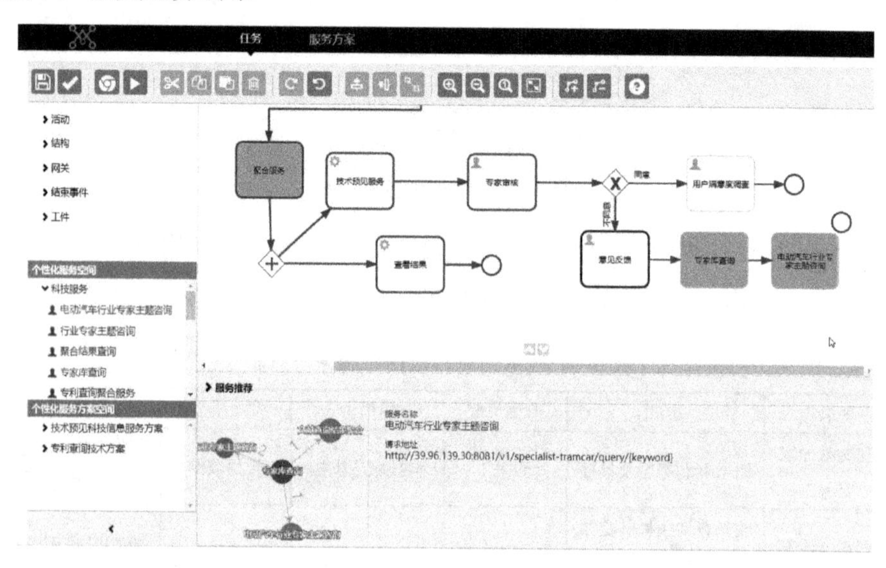

图 8-60　服务方案动态演化

8.2.4 技术预见服务运行支撑保障

上述业务流程执行方案部署在 IoS 节点集群，其中执行引擎负责方案的运行支撑保障。每个执行引擎都采用了基于集群的架构，即每个执行引擎都由一个主引擎节点和几个工作引擎节点组成。主引擎节点负责服务方案的解析、分段，以及实现多个工作引擎节点的调度及不同 IoS 节点之间的状态同步。工作引擎节点负责执行服务方案实例。

服务方案解析模块可实现服务方案的解析、分割和组合。通过分割服务方案，原始的服务方案被分为多个服务方案片段，为服务方案的分布式执行提供支持。

分割得到的服务方案由服务方案调度模块部署调度并进行分布式执行。服务方案调度模块从两个方面对服务方案的执行进行调度：对于一个服务方案，它负责在多个 IoS 节点上部署和调度服务方案片段；对于一个 IoS 节点，它负责在多个工作引擎节点上调度服务方案片段的实例。

当一个服务方案（或其片段）被实例化时，主引擎节点根据工作引擎节点的负载情况选择执行的工作引擎节点。工作引擎节点可以随实例的增加实现横向扩展。主引擎节点接收到终端用户的服务方案后，对其进行解析、分割和组合，并构造一个特殊的控制流程，称为“主控流程”。该流程控制多个工作引擎节点上的服务方案片段的执行和协调。此流程可以被发送到任何工作引擎节点执行，以完成服务方案的分布式调度。同时，工作引擎节点也可以作为本地计算节点，执行来自服务方案的任务，从而实现计算节点的无差异化。系统中的节点是高度自治的，并且节点之间可以同时自由连接。也就是说，任何一个工作引擎节点都可以作为某个服务方案实例的调度节点，但任何节点都不会被强制作为调度节点，从而实现了分散控制。这种方法可以避免单点故障，提高可靠性。在服务方案片段和控制流程之间，主动式响应的监测通信被用来确保控制流和数据流的顺序完整性。

8.2.5　技术预见服务应用效果

技术预见服务应用案例反映了服务协同平台相关关键技术的应用效果。

一方面，此应用案例提出了科技服务“中介”需要快速利用已有多方资源提供新型科技服务的需求，并且第三方服务机构出于资源保护的原因，部分服务/数据仅限在所属节点内部部署运行或使用。去中心环境下的服务互联网演化机制能够支撑此类需求，支持去中心、跨节点的服务方案就近部署和运行，并实现动态部署和优化。

另一方面，场景中的大量活动（如技术成熟度分析研判等）属于知识密集型任务，无法预先进行流程的完整定义。在此应用案例中，若意见涉及更深入的专业知识，需要引入专家协同解决，则进入专家库搜索、寻找相应的专家进行协同解决；若意见涉及内容陈旧、建议使用更新的关键词，则业务人员完善主题发现服务的输入；若意见涉及内容太少、建议使用某新的知识产权库（如某专业机构或某国外库），则需要快速引入新的第三方服务机构进行协同。针对此种需求，本书提出的“预先定义”和“动态探索”相结合的服务方案运行时演化方法能够实现运行时调整，并且将成熟知识反馈到服务库，实现服务方案的持续优化。

参考文献

白琳，魏峻，黄翔，等. 2015. 一种面向移动应用的探索式服务组合方法[J]. 软件学报，26(9): 2191-2211.

曹桂芳. 2018. 基于内容的发布订阅系统匹配算法研究[D]. 开封：河南大学.

丁维龙. 2012. 实时数据流处理的可靠链路保障研究[D]. 北京：中国科学院大学.

韩燕波，王红翠，王建武，等. 2006. 一种支持最终用户探索式组合服务的方法及其实现机制[J]. 计算机研究与发展，43(11): 1895-1903.

胡海涛. 2006. 支持业务级、大粒度服务组合的知识管理和主动推荐研究[D]. 北京：中国科学院计算技术研究所.

黄罡，梅宏. 2016. 云-端融合：一种云计算新模式[J]. 中国计算机学会通讯，12(11): 20-22.

李娜. 2018. Docker 容器技术的发展及应用研究[J]. 数字技术与应用, 36(11): 95-96.

路甬祥，陈鹏. 1994. 人机一体化系统与技术——21 世纪机械科学发展的方向[J]. 机械工程学报, 30(5): 1-7.

梅宏，申峻嵘. 2006. 软件体系结构研究进展[J]. 软件学报，17(6): 1257-1275.

钱诗友. 2015. 大规模发布/订阅系统匹配算法研究[D]. 上海：上海交通大学.

王和全. 2010. EDA 和 SOA 的融合以及实践[EB/OL]. (2010-11-16)[2021-10-18]. http://www.uml.org.cn/soa/201011164.asp.

王洪翠. 2006. 面向科研领域的一种探索式服务组合支撑系统[D]. 北京：中国科学院研究生院（计算技术研究所）.

徐晓飞，王忠杰. 2011. 未来互联网环境下的务联网[J]. 中国计算机学会通讯，7(6): 8-12.

徐志伟，廖华明，余海燕，等. 2008. 网络计算系统的分类研究[J]. 计算机学报, 31(9), 1509-1515.

薛涛，冯博琴. 2005. 内容发布订阅系统路由算法和自配置策略研究[J]. 软件学报, (2): 251-259.

薛小平，张思东，张宏科，等. 2008. 基于内容的发布订阅系统路由算法[J]. 电子学报, (5): 953-961.

闫淑英. 2009. 最终用户参与的探索式服务编排关键技术研究[D]. 北京：中国科学院研究生院（计算技术研究所）.

尹建伟，施冬材，钱剑锋，等. 2008. 结构化 P2P 网络上语义发布/订阅事件路由算法[J]. 浙江大学学报（工学版）, (9): 1616-1624.

喻坚，韩燕波. 2006. 面向服务的计算——原理和应用[M]. 北京：清华大学出版社.

AALST W M P. 2014. 过程挖掘：业务过程的发现、合规和改进[M]. 王建民, 闻立杰, 等, 译. 北京：清华大学出版社.

AALST W M P, WESKE M, GRÜNBAUER D. 2005. Case handling: A new paradigm for business process support[J]. Data and Knowledge Engineering, 53(2):129-162.

ADAMS M, HOFSTEDE A H M T, EDMOND D, et al. 2006. Worklets: A service-oriented implementation of dynamic flexibility in workflows[C]. Montpellier, France: OTM Confederated International Conferences.

AGUILERA M K, STROM R E, STURMAN D C, et al. 1999. Matching events in a content-based subscription system[C]. Atlanta: ACM Press.

AHN K J, CORMODE G, GUHA S, et al. 2015. Correlation clustering in data streams[C]. Proceedings of the 32nd International Conference on Machine Learning, Lile, France: International Machine Learning Society: 2227-2246.

ALAM S, CHOWDHURY M M, NOLL J. 2010. Senaas: An event-driven sensor virtualization approach for internet of things cloud[C]. In Proceedings of the Networked Em bedded Systems for Enterprise Applications. Suzhou, China: IEEE: 1-6.

ALI Z H, ALI H A, BADAWY M M. 2017. A new proposed the internet of things (IoT) virtualization framework based on sensor-as-a-service concept[J]. Wireless Personal Communications, 97 (1): 1419-1443.

ALVAREZ J, MAIER S. 2018. Multitenancy in Flowable[EB/OL]. (2018-09-11)[2021-10-18]. https://blog.flowable.org/2018/09/11/multitenancy-in-flowable/.

ALVES A, ARKIN A, ASKARY S, et al. 2007. Web services business process execution language version 2.0[S], OASIS: 64-71.

ANDERSON C. 2014. Docker [software engineering] [J]. IEEE Software, 32(3): 102-c3.

ARSANJANI A. 2004. Service-oriented modeling and architecture[J]. IBM developer works: 1-15.

BANERJEE P, FRIEDRICH R, BASH C, et al. 2011. Everything as a service: Powering the new information economy [J]. Computer, 44 (3): 36-43.

BARABÁSI A L, ALBERT R. 1999. Emergence of scaling in random networks[J]. science, 286(5439): 509-512.

BARABÁSI A L. 2016. Network science[M]. Cambridgeshire: Cambridge University Press.

BERNSTEIN D. 2014. Containers and cloud: From lxc to docker to kubernetes[J]. IEEE Cloud Computing, 1(3): 81-84.

BHARATHI S, CHERVENAK A, DEELMAN E, et al. 2008. Characterization of scientific workflows[C]. Austin, TX: 2008 third workshop on workflows in support of large-scale science. IEEE: 1-10.

BIANCONI G, BARABÁSI A L. 2001. Competition and multiscaling in evolving networks[J]. EPL (Europhysics Letters), 54(4): 436.

BING L, XIA Y, YU P S. 2005. Clustering via decision tree construction[M]. Berlin: Springer Berlin Heidelberg.

BOUGUETTAYA A, SINGH M, HUHNS M, et al. 2017. A service computing manifesto: The next 10 years[J]. Communications of the ACM, 60(4): 64-72.

CAMPAILLA A, CHAKI S, CLARKE E, et al. 2001. Efficient filtering in publish-subscribe systems using binary decision diagrams[C]. Canada: IEEE Comput. Soc.

CAO B, LIU X F, RAHMAN M D M, et al. 2017. Integrated content and network-based service clustering and web apis recommendation for mashup development[J]. IEEE Transactions on Services Computing, 13(1): 99-113.

CAO L, RUNDENSTEINER E A. 2013. High performance stream query processing with correlation-aware partitioning[J]. Proceedings of the VLDB Endowment, 7(4): 265-276.

CASATI F, ILNICKI S, JIN L J, et al. 2000. Adaptive and dynamic service composition in eFlow[C]. London, UK, In: Proc. of the 12th International Conference on Advanced Information Systems Engineering.

CHANG C C, YANG S R, YEH E H, et al. 2017. A kubernetes-based monitoring platform for dynamic cloud resource provisioning[C]. GLOBECOM 2017-2017 IEEE Global Communications Conference. IEEE: 1-6.

CHATTERJEE S, MISRA S. 2014. Dynamic and adaptive data caching mechanism for virtualization within sensor-cloud[C]. In Proceedings of the Advanced Networks and Telecommuncations Systems. New Delhi, India: IEEE: 1-6.

CHATTERJEE S, MISRA S. 2016. Adaptive data caching for provisioning sensors-as-a-service[C]. In Proceedings of the Black Sea Conference on Communications and Networking. Varna, Bulgaria: IEEE: 1-5.

CHEN Q, HSU M. 2010. Data stream analytics as cloud service for mobile applications[C]. In Proceedings of the OTM Confederated International Conferences On the Move to Meaningful Internet Systems. Crete, Greece: Springer: 709-726.

CHEN W, PAIK I, HUNG P C. 2015. Constructing a global social service network for better quality of web service discovery[J]. IEEE transactions on services computing, 8(2): 284-298.

CHEN Y G, WANG W, DU X Y, et al. 2011. Continuously monitoring the correlations of massive discrete streams[C]. Proceedings of 2011 ACM International Conference on Information and Knowledge Management, Glasgow, United Kingdom: Association for Computing Machinery: 1571-1576.

CHOI H S, RHEE W S. 2014. IoT-based user-driven service modeling environment for a smart space management system[J]. Sensors, 14 (11): 22039-22064.

DADAM P, REICHERT M. 2009. The ADEPT Project: A decade of research and development for robust and flexible process support[J]. Computer Science Research and Development, 23(2): 81-97.

DICKERSON R, LU J, LU J, et al. 2008. Stream feeds: An abstraction for the world wide sensor web[C]. In Proceedings of the The Internet of Things. Zurich, Switzerland: Springer: 360-375.

DING W, WANG J, HAN Y. 2010. Vipen: A model supporting knowledge provenance for exploratory service composition[C]. Miami: 2010 IEEE International Conference on Services Computing. IEEE: 265-272.

DING W, ZHAO Z, WANG J, et al. 2020. Task allocation in hybrid big data analytics for urban IoT applications[J]. ACM Transactions on Data Science, 1(3): 1-22.

EUGSTER P T, FELBER P A, GUERRAOUI R, et al. 2003. The many faces of publish/subscribe[J]. ACM computing surveys (CSUR), 35(2): 114-131.

FABRET F, JACOBSEN H A, LLIRBAT F, et al. 2001. Filtering algorithms and implementation for very fast publish/subscribe systems[J]. ACM SIGMOD Record, 30(2): 115-126.

FALLATAH H, BENTAHAR J, ASL E K. 2014. Social network-based framework for web services discovery[C]. In 2014 international conference on future internet of things and cloud: 159-166.

FENG Z, LAN B, ZHANG Z, et al. 2015. A study of semantic web services network[J]. The Computer Journal, 58(6): 1293-1305.

FERREIRA D, ZACARIAS M, MALHEIROS M, et al. 2007. Approaching process mining with sequence clustering: Experiments and findings[C]. Business Process Management; Lecture Notes in Computer Science; 4714. IST-Technical University of Lisbon, Taguspark, Portugal; Universidade do Algarve, ADEEC-FCT, Faro, Portugal; Organizational Engineering Center, INOV, Lisbon, Portugal.

FIELDING R T. 2000. Architectural styles and the design of network-based software architectures[D]. Irvine: University of California.

GE Y, LIANG X, ZHOU Y C, et al. 2016. Adaptive analytic service for real-time internet of things applications[C]. In Proceedings of the International Conference Web Services. San Francisco, United States: IEEE: 484-491.

GUO T, SATHE S, ABERER K. 2015. Fast distributed correlation discovery over streaming time-series data[C]. Proceedings of the 24th ACM International Conference on Information and Knowledge Management, Melbourne, VIC, Australia: Association for Computing Machinery: 1161-1170.

HAAS H, BROWN A. 2004. Web services glossary[EB/OL]. (2004-02-11)[2021-09-01]. http://www.w3.org/TR/ws-gloss/.

HE M, CHEN Y, LIU Q, et al. 2018. Understand and assess people's procrastination by mining computer usage log[C]. International Conference on Knowledge Science, Engineering and Management. Springer, Cham: 187-199.

HEINL P, HORN S, NEEB J, et al. 1999. A comprehensive approach to flexibility in workflow management systems[C]. New York, NY, USA, In: Proc. of the International Joint Conference on Work Activities Coordination and Collaboration (WACC'99).

HOHPE G. 2006. Programming without a call stack-event-driven architectures[J]. Object-Oriented Programming, Systems, Languages and Applications: 12-21.

HUANG G, MEI H, YANG F. 2004. Runtime software architecture based on reflective middleware[J]. Sci China Series F, 47: 555-576.

HUANG J M, ZHOU B, WU Q Y, et al. 2012. Contextual correlation based thread detection in short text message streams[J]. Journal of Intelligent Information Systems, 38(2): 449-464.

HUANG K, FAN Y, TAN W. 2014. Recommendation in an evolving service ecosystem based on network prediction[J]. IEEE Transactions on Automation Science and Engineering, 11(3): 906-920.

HUNT P, KONAR M, JUNQUEIRA F P, et al. 2010. ZooKeeper: Wait-free coordination for Internet-scale systems[C]. Boston: USENIX annual technical conference, 8(9).

ISS BOARD. 2000. IEEE recommended practice for architectural description of software-intensive systems[C]. IEEE, IEEE Std: 1471-2000.

JIE M, LI Z T, LI W M. 2008. Real-time alert stream clustering and correlation for discovering attack strategies[C]. Proceedings of the 5th International Conference on Fuzzy Systems and Knowledge Discovery, Jinan, Shandong, China: IEEE Computer Society: 379-384.

JIN W, LIU T, ZHENG Q, et al. 2018. Functionality-oriented microservice extraction based on execution trace clustering[C]. San Francisco: 2018 IEEE International Conference on Web Services (ICWS). IEEE: 211-218.

JOSHUA B T, VIN D S, JOHN C L. 2000. A global geometric framework for nonlinear dimensionality reduction[J]. Science, 290(5500): 2319-2323.

KAMEL I, AGHBARI Z A, AWAD T. 2010. MG-join: Detecting phenomena and their correlation in high dimensional data streams[J]. Distributed and Parallel Databases, 28(1): 67-92.

KRUCHTEN P, OBBINK H, STAFFORD J. 2006. The past, present, and future of software architecture[J]. IEEE Software, 23(2): 22-30.

LEE K S, LEE C G. 2010. Lazy approaches for interval timing correlation of sensor data streams[J]. Sensors, 10(6): 5329-5345.

LEE S, WANG T D, HASHMI N, et al. 2007. Bio-sTEER: A semantic web workflow tool for grid computing in the life sciences[J]. Future Generation Computer Systems, 23: 497-509.

LI F F, SUN J M, PAPADIMITRIOU S, et al. 2007. Hiding in the crowd: Privacy preservation on evolving streams through correlation tracking[C]. Proceedings of the 23rd International Conference on Data Engineering, Istanbul, Turkey: IEEE Computer Society: 686-695.

LI L, CHOU W, CAI T, et al. 2013. Hyperlink pipeline: Lightweight service composition for users[C]. Proceedings of 2013 IEEE/WIC/ACM International Conference on Web Intelligence, Atlanta, GA, United States: IEEE Computer Society: 509-514.

LI W P, YANG J, ZHANG J P. 2015. Uncertain canonical correlation analysis for multi-view feature extraction from uncertain data streams[J]. Neurocomputing, 149(Part C): 1337-1347.

LUDÄSCHER B, ALTINTAS I, BERKLEY C, et al. 2006. Scientific workflow management and the kepler system[J]. Concurrency and Computation: Practice & Experience, Special Issue on Scientific Workflows, September: 1039-1065.

MERENTITIS A, ZEIGER F, HUBER M, et al. 2013. Wsn trends: Sensor infrastructure virtual ization as a driver towards the evolution of the internet of things[C]. In Proceed ings of the International Conference on Mobile Ubiquitous Computing, Systems, Services and Technologies. Porto, Portugal: UBICOMM: 113-118.

MICHELSON B. 2006. Event-driven architecture overview[J]. Patricia Seybold Group: 681.

MILLER T. 2019. Explanation in artificial intelligence: Insights from the social sciences[J]. Artificial intelligence, 267: 1-38.

MIRYLENKA K, CORMODE G, PALPANAS T, et al. 2015. Conditional heavy hitters: Detecting interesting correlations in data streams[J]. Proceedings of the VLDB Endowment, 24(3): 395-414.

MUNIRUZZAMAN A N M. 1957. On measures of location and dispersion and tests of hypotheses in a pare to population[J]. Calcutta Statistical Association Bulletin, 7(3): 115-123.

MUTHUSAMY V, JACOBSEN H A. 2014. Infrastructure-free content-based publish/subscribe[J]. IEEE/ACM Transactions on Networking, 22(5): 1516-1530.

NEWMAN M E J. 2001. Clustering and preferential attachment in growing networks[J]. Physical review E, 64(2): 025102.

OGC. 2019. OGC SensorML: Model and XML Encoding Standard[S/OL]. (2019-09-09) [2021-10-18]. http://docs.ogc.org/is/12-000r2/12-000r2.html.

OMG. 2013. Business process modeling notation (bpmn). Version 2.0.2.[S]. OMG.

PANDEY S, WU L, GURU S M, et al. 2010. A particle swarm optimization-based heuristic for scheduling workflow applications in cloud computing environments[C]. Perth: 2010 24th IEEE international conference on advanced information networking and applications. IEEE: 400-407.

PAPADOPOULOS F, KITSAK M, SERRANO M Á, et al. 2012. Popularity versus similarity in growing networks[J]. Nature, 489(7417): 537-540.

PATIDAR S, RANE D, JAIN P. 2012. A survey paper on cloud computing[C]. In Proceedings of the International Conference on Advanced Computing and Communication Technologies. Haryana, India:IEEE: 394-398.

PAUTASSO C, WILDE E. 2009. Why is the web loosely coupled? A multi-faceted metric for service design[C]. Proceedings of the 18th international conference on World wide web: 911-920.

PERERA C, ZASLAVSKY A, CHRISTEN P, et al. 2014. Sensing as a service model for smart cities supported by internet of things[J]. Transactions on Emerging Telecommu-nications Technologies, 25 (1): 81-93.

PERRY D E, WOLF A L. 1992. Foundations for the study of software architecture[J]. ACM SIGSOFT Software Engineering Notes, 17(4): 40-52.

PESIC M, SCHONENBERG M H, AALST W M P. 2007. DECLARE: Full support for loosely-structured processes[C]. Washington, DC, USA, Proc. of the 11th IEEE International Enterprise Distributed Object Computing Conference (EDOC'07).

PETROVIC M, LIU H, JACOBSEN H A. 2005. G-ToPSS: Fast filtering of graph-based metadata[C] .Chiba, Japan: ACM Press.

PHAM T, SHERIDAN P, SHIMODAIRA H. 2015. PAFit: A statistical method for measuring preferential attachment in temporal complex networks[J]. PloS one, 10(9): e0137796.

PHAM T, SHERIDAN P, SHIMODAIRA H. 2016. Joint estimation of preferential attachment and node fitness in growing complex networks[J]. Scientific Reports, 6(1): 1-13.

PLANTEVIT M, ROBARDET C, SCUTURICI V M. 2016. Graph dependency construction based on interval-event dependencies detection in data streams[J]. Intelligent Data Analysis, 20(2): 223-256.

POOLA D, SALEHI M A, RAMAMOHANARAO K, et al. 2017. A taxonomy and survey of fault-tolerant workflow management systems in cloud and distributed computing environments[M]// Software architecture for big data and the cloud. Morgan Kaufmann: 285-320.

QIAN S, CAO J, ZHU Y, et al. 2015. H-Tree: An efficient index structure for event matching in content-based publish/subscribe systems[J]. IEEE Transactions on Parallel and Distributed Systems, 26(6): 1622-1632.

QIAO X, ZHANG Y, WU B. 2013. An EDSOA-based services provisioning approach for Internet of Things[J]. Scientia Sinica Informationis, 43(10): 1219-1243.

RAMDHANY R, COULSON G. 2013. Towards the coexistence of divergent applications on smart city sensing infrastructure[C]. In Proceedings of the International Workshop on Networks of Cooperating Objects for Smart Cities. United States: CONET: 26-30.

RICHARDSON L, RUBY S. 2007. Restful web service[M]. Sebastopol: O'Reilly.

ROSING M V, WHITE S, CUMMINS F, et al. 2015. Business process model and notation (BPMN)[M]. Berlin: Springer Berlin Heidelberg.

ROX J, ERNST R. 2010. Exploiting inter-event stream correlations between output event streams of non-preemptively scheduled tasks[C]. Proceedings of 2010 Design, Automation and Test in Europe, Dresden, Germany: IEEE Computer Society: 226-231.

RUSSELL N, HOFSTEDE A H M T, EDMOND D, et al. 2007. newYAWL: Achieving comprehensive patterns support in workfow for the control-flow, data and resource perspectives[R]. Technical Report BPM Center Report BPM-07-05, BPMcenter.org.

SADIQ S, SADIQ W, ORLOWSKA M E. 2001. Pockets of flexibility in workflow specification[C]. London, UK, Proc. of the 20th International Conference on Conceptual Modeling (ER'01).

SADOGHI M, JACOBSEN H A. 2011. BE-tree: an index structure to efficiently match boolean expressions over high-dimensional discrete space[C]. Athens, Greece: ACM Press.

SAKURAI Y I, FALOUTSOS C, PAPADIMITRIOU S. 2010. Fast discovery of group lag correlations in streams[J]. ACM Transactions on Knowledge Discovery from Data, 5(1): 5:1-5:43.

SCHONENBERG M H, MANS R S, RUSSELL N, et al. 2008. Process flexibility: A survey of contemporary approaches[C]. Montpellier, France, Proc. of the 4th International Workshop CIAO! and 4th International Workshop EOMAS.

SCHONENBERG M H, MANS R S, RUSSELL N, et al. 2008. Towards a taxonomy of process flexibility[C]. Montpellier, France, Proc. of the 20th International Conference on Advanced Information Systems Engineering (CAiSE'08).

SHI T, MA H, CHEN G. 2019. A seeding-based GA for location-aware workflow deployment in multi-cloud environment[C]. Wellington: 2019 IEEE Congress on Evolutionary Computation (CEC). IEEE.

SONG M, GUNTHER C W, AALST W M P. 2009. Trace clustering in process mining[C]. Ardagna D, Mecella M, Yang J. Business Process Management Workshops. Berlin, Heidelberg: Springer: 109-120.

STAFFWARE. 2002. Using the staffware process client[R]. Staffware, plc, Berkshire, United Kingdom, May.

STEEN M V, TANENBAUM A S. 2007. Distributed systems: principles and paradigms[M]. New York: Pearson Education inc.

STEINAU S, ANDREWS K, REICHERT M. 2020. Coordinating large distributed relational process structures[J]. Software and Systems Modeling: 1-33.

STOICA I, MORRIS R, KARGER D, et al. 2001. Chord: A scalable peer-to-peer lookup service for internet applications[J]. ACM SIGCOMM Computer Communication Review, 31(4): 149-160.

TAN W, FAN Y. 2007. Dynamic workflow model fragmentation for distributed execution[J]. Computers in Industry, 58(5): 381-391.

TAYLOR I, SHARP J L, WHITE D L, et al. 2013. Monitoring sensor measurement anomalies of streaming environmental data using a local correlation score[C]. Proceedings of the 4th International Conference on Computing for Geospatial Research and Application, San Jose, CA, United states: IEEE Computer Society: 136-137.

TERPSTRA W W, BEHNEL S, FIEGE L, et al. 2003. A peer-to-peer approach to content-based publish/subscribe[C]. San Diego, California: ACM Press.

THOMAS E. 2009. 致“SOA 宣言工作组”[EB/OL]. (2009-01)[2021-10-18]. http://www. soa-manifesto.org/aboutmanifesto_chinese.html.

THÖNES J. 2015. Microservices[J]. IEEE software, 32(1): 116.

URBIETA A, GONZÁLEZ-BELTRÁN A, MOKHTAR S B, et al. 2017. Adaptive and context-aware service composition for IoT-based smart cities[J]. Future Generation Computer Systems, 76: 262-274.

WANG G L, YANG S H, HAN Y B, et al. 2009. End-user mashup programming using nested tables[J]. Proceedings of the 2009 International World Wide Web (WWW 2009): 861-870.

WANG G, HAN Y, ZHANG Z, et al. 2015. A dataflow-pattern-based recommendation framework for data service mashup[J]. IEEE Transactions on Services Computing, 8(6):1.

WANG H, FENG Z, CHEN S, et al. 2010. Constructing service network via classification and annotation[C]. In 2010 fifth ieee international symposium on service oriented system engineering: 69-73.

WANG M, WANG X S. 2003. Efficient evaluation of composite correlations for streaming time series[C]. Proceedings of the 4th International Conference on Advances in Web-Age Information Management, Chengdu, China: Springer Verlag: 369-380.

WANG X Y, ZHANG Y, ZHANG W J, et al. 2014. Selectivity estimation on streaming spatio-textual data using local correlations[J]. Proceedings of the VLDB Endowment, 8(2): 101-112.

WANG Y L, ZHANG G X, QIAN J B. 2011. ApproxCCA: An approximate correlation analysis algorithm for multidimensional data streams[J]. Knowledge-Based Systems, 24(7): 952-962.

WFMC. 1995. The workflow reference model[C]. Workflow Management Coalition Specification, Inc: John Wiley & Sons：TC00-1003.

WU B, LIU R, LIN R, et al. 2020. A distributed business process fragmentation method based on community discovery[J]. Future generation computer systems, 108(7): 372-389.

WU S S, LIN H Z, WANG W X, et al. 2017. RLC: Ranking lag correlations with flexible sliding windows in data streams[J]. Pattern Analysis and Applications, 20(2): 601-611.

WU Z, YIN J, DENG S, et al. 2016. Modern service industry and crossover services: Development and trends in China[J]. IEEE Transactions on Services Computing, 9(5): 664-671.

XIE Q, SHANG S, YUAN B, et al. 2013. Local correlation detection with linearity enhancement in streaming data[C]. Proceedings of the 22nd ACM International Conference on Information and Knowledge Management, San Francisco, CA, United states: Association for Computing Machinery: 309-318.

XU X, SHENG Q Z, ZHANG L J, et al. 2015. From big data to big service[J]. Computer, 48(7): 80-83.

YAMAGUCHI Y, AMAGASA T, KITAGAWA H, et al. 2014. Online user location inference exploiting spatiotemporal correlations in social streams[C]. Proceedings of 2014 ACM International Conference on Information and Knowledge Management, Shanghai, China: Association for Computing Machinery: 1139-1148.

YAN S, HAN Y, WANG J, et al. 2007. Service hyperlink for exploratory service composition[C]. Proceedings of 2007 IEEE International Conference on e-Business Engineering and the Workshops SOAIC 2007, SOSE 2007, SOKM 2007, Hong Kong, China: IEEE Computer Society: 581-588.

YAN S, HAN Y, WANG J, et al. 2008. A user-steering exploratory service composition approach[C]. In 2008 IEEE International Conference on Services Computing: 309-316.

YANG J, FAN J, LI C, et al. 2017. A novel index structure to efficiently match events in large-scale publish/subscribe systems[J]. Computer Communications, 99: 24-36.

YEH M Y, DAI B R, CHEN M S. 2007. Clustering over multiple evolving streams by events and correlations[J]. IEEE Transactions on Knowledge and Data Engineering, 19(10): 1349-1362.

YU J, HAN Y, HAN J, et al. 2008. Synthesizing service composition models on the basis of temporal business rules[J]. Journal of Computer Science and Technology, 23(6): 885-894.

YURIYAMA M, KUSHIDA T. 2010. Sensor-cloud infrastructure-physical sensor manage ment with virtualized sensors on cloud computing[C]. In Proceedings of the International Conference on Network-Based Information Systems. Takayama, Japan: IEEE: 1-8.

ZENG D, GUO S, CHENG Z. 2011. The web of things: A survey[J]. JCM, 6 (6): 424-438.

ZHANG J, IANNUCCI B, HENNESSY M, et al. 2013. Sensor data as a service——a federated plat form for mobile data-centric service development and sharing[C]. In Proceedings of the Services Computing. Santa Clara, United States: IEEE: 446-453.

ZHANG T C, YUE D J , GU Y, et al. 2007. Boolean representation based data-adaptive correlation analysis over time series streams[C]. Proceedings of the 16th ACM Conference on Information and Knowledge Management, Lisboa, Portugal: Association for Computing Machinery: 203-212.

ZHANG T C, YUE D J, GU Y, et al. 2009. Adaptive correlation analysis in stream time series with sliding windows[J]. Computers and Mathematics with Applications, 57(6): 937-948.

ZHANG Y, CHEN J L. 2015. Constructing scalable Internet of Things services based on their event-driven models[J]. Concurrency and Computation: Practice and Experience, 27(17): 4819-4851.

ZHENG H T, ZHANG H Y. 2016. Online streaming feature selection using sampling technique and correlations between features[C]. Proceedings of the 18th Asia-Pacific Web Conference on Web Technologies and Applications, Suzhou, China: Springer: 43-55.

ZHOU X K, JIN Q. 2017. A heuristic approach to discovering user correlations from organized social stream data[J]. Multimedia Tools and Applications, 76(9): 11487-11507.

ZHU M, CHEN L, WANG J, et al. 2017. Service hyperlink: Modeling and reusing partial process knowledge by mining event dependencies among sensor data services[C]. Proceedings of 2017 IEEE International Conference on Web Services, Honolulu, HI, United States: IEEE Computer Society: 902-905.

ZHU M, CHEN L, WANG J, et al. 2018. A service-oriented approach to modeling and reusing event correlations[C]. Proceedings of the 42nd IEEE International Conference on Computer, Software and Applications, Tokyo, Japan: IEEE Computer Society: 498-507.

反侵权盗版声明

电子工业出版社依法对本作品享有专有出版权。任何未经权利人书面许可，复制、销售或通过信息网络传播本作品的行为；歪曲、篡改、剽窃本作品的行为，均违反《中华人民共和国著作权法》，其行为人应承担相应的民事责任和行政责任，构成犯罪的，将被依法追究刑事责任。

为了维护市场秩序，保护权利人的合法权益，我社将依法查处和打击侵权盗版的单位和个人。欢迎社会各界人士积极举报侵权盗版行为，本社将奖励举报有功人员，并保证举报人的信息不被泄露。

举报电话：（010）88254396；（010）88258888

传　　真：（010）88254397

E-mail:　　dbqq@phei.com.cn

通信地址：北京市万寿路 173 信箱

　　　　　电子工业出版社总编办公室

邮　　编：100036